수능특강

수학영역 수학Ⅱ

기획 및 개발

권태완(EBS 교과위원)
김미나(EBS 교과위원)
최희선(EBS 교과위원)

감수

한국교육과정평가원

책임 편집

임영선

정답과 풀이는 EBSi 사이트(www.ebsi.co.kr)에서 다운로드 받으실 수 있습니다.

교재 내용 문의	**교재 정오표 공지**	**교재 정정 신청**
교재 및 강의 내용 문의는 EBSi 사이트(www.ebsi.co.kr)의 학습 Q&A 서비스를 활용하시기 바랍니다.	발행 이후 발견된 정오 사항을 EBSi 사이트 정오표 코너에서 알려 드립니다. 교재 → 교재 자료실 → 교재 정오표	공지된 정오 내용 외에 발견된 정오 사항이 있다면 EBSi 사이트를 통해 알려 주세요. 교재 → 교재 정정 신청

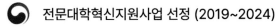

ALL BARUN 참 인재 양성을 위한
유연한 학사제도

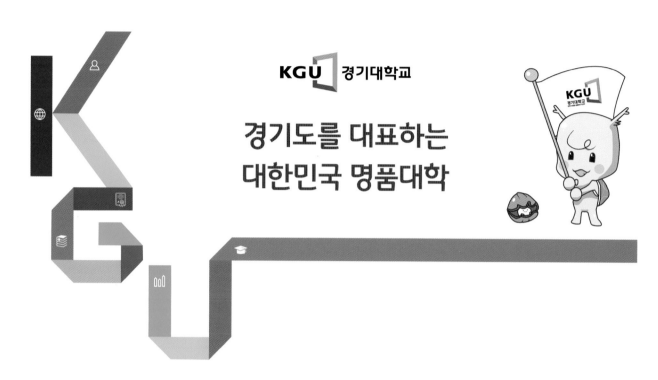

KGU 경기대학교

경기도를 대표하는
대한민국 명품대학

신입생 학부 내 전공선택 완전 자율화

재학중 학과(전공) 변경이 가능한 전공선택 유연화

캠퍼스 구분 없이 전과(부) 가능

캠퍼스 간 교차수강 가능

홈페이지 **enter.kyonggi.ac.kr**   상담문의 **031-249-9997~9**

KGU
KYONGGI
UNIVERSITY

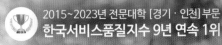 

BUCHEON UNIVERSITY

**부천대학교
2025학년도
신입생모집**

수시1차	2024. 09. 09. (월) ~ 10. 02. (수)	
수시2차	2024. 11. 08. (금) ~ 11. 22. (금)	
정 시	2024. 12. 31. (화) ~ 2025. 01. 14. (화)	
입학문의	032-610-0700 ~ 2	

입학홈페이지

카카오톡 상

수능특강

수학영역 수학Ⅱ

이 책의 **차례** Contents

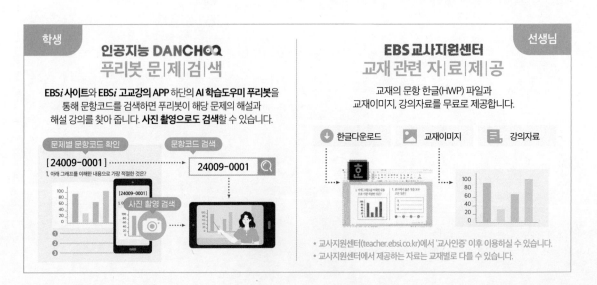

학생

인공지능 DANCHOQ
푸리봇 문|제|검|색

EBS*i* 사이트와 EBS*i* 고교강의 APP 하단의 **AI 학습도우미 푸리봇**을 통해 문항코드를 검색하면 푸리봇이 해당 문제의 해설과 해설 강의를 찾아 줍니다. **사진 촬영으로도 검색**할 수 있습니다.

문제별 문항코드 확인   문항코드 검색

[24009-0001]

1. 아래 그래프를 이해한 내용으로 가장 적절한 것은?

24009-0001

[24009-0001]

사진 촬영 검색

선생님

EBS 교사지원센터
교재 관련 자|료|제|공

교재의 문항 한글(HWP) 파일과 교재이미지, 강의자료를 무료로 제공합니다.

⬇ 한글다운로드   🖼 교재이미지   ☰, 강의자료

• 교사지원센터(teacher.ebsi.co.kr)에서 '교사인증' 이후 이용하실 수 있습니다.
• 교사지원센터에서 제공하는 자료는 교재별로 다를 수 있습니다.

이 책의 **구성과 특징** Structure

개념 정리

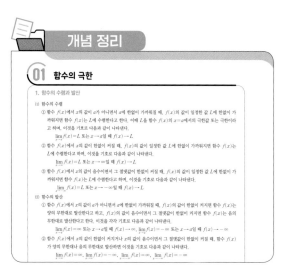

여러 종의 교과서를 통합하여 핵심 개념만을 체계적으로 정리하였고 **설명**, **참고**, **예** 를 제시하여 개념에 대한 이해와 적용에 도움이 되게 하였다.

예제 & 유제

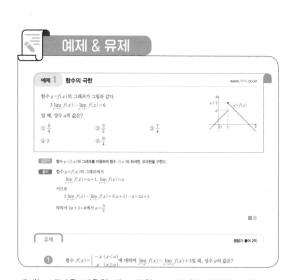

예제는 개념을 적용한 대표 문항으로 문제를 해결하는 데 필요한 주요 개념 및 풀이 전략을 길잡이로 제시하여 풀이 과정의 이해를 돕도록 하였고, 유제는 예제와 유사한 내용의 문제나 일반화된 문제를 제시하여 학습 내용과 문제에 대한 연관성을 익히도록 구성하였다.

Level 1 - Level 2 - Level 3

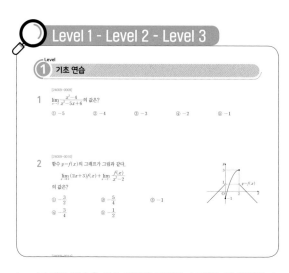

Level 1 기초 연습은 기초 개념을 제대로 숙지했는지 확인할 수 있는 문항을 제시하였으며, Level 2 기본 연습은 기본 응용 문항을, 그리고 Level 3 실력 완성은 수학적 사고력과 문제 해결 능력을 함양할 수 있는 문항을 제시하여 대학수학능력시험 실전에 대비할 수 있도록 구성하였다.

대표 기출 문제

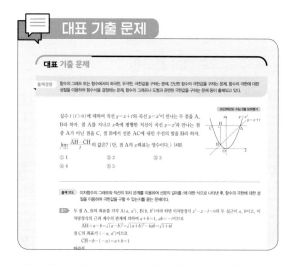

대학수학능력시험과 모의평가 기출 문항으로 구성하였으며 기존 출제 유형을 파악할 수 있도록 출제 경향과 출제 의도를 제시하였다.

01 함수의 극한

1. 함수의 수렴과 발산

(1) 함수의 수렴

① 함수 $f(x)$에서 x의 값이 a가 아니면서 a에 한없이 가까워질 때, $f(x)$의 값이 일정한 값 L에 한없이 가까워지면 함수 $f(x)$는 L에 수렴한다고 한다. 이때 L을 함수 $f(x)$의 $x=a$에서의 극한값 또는 극한이라고 하며, 이것을 기호로 다음과 같이 나타낸다.

$$\lim_{x \to a} f(x) = L \text{ 또는 } x \to a \text{일 때 } f(x) \to L$$

② 함수 $f(x)$에서 x의 값이 한없이 커질 때, $f(x)$의 값이 일정한 값 L에 한없이 가까워지면 함수 $f(x)$는 L에 수렴한다고 하며, 이것을 기호로 다음과 같이 나타낸다.

$$\lim_{x \to \infty} f(x) = L \text{ 또는 } x \to \infty \text{일 때 } f(x) \to L$$

③ 함수 $f(x)$에서 x의 값이 음수이면서 그 절댓값이 한없이 커질 때, $f(x)$의 값이 일정한 값 L에 한없이 가까워지면 함수 $f(x)$는 L에 수렴한다고 하며, 이것을 기호로 다음과 같이 나타낸다.

$$\lim_{x \to -\infty} f(x) = L \text{ 또는 } x \to -\infty \text{일 때 } f(x) \to L$$

(2) 함수의 발산

① 함수 $f(x)$에서 x의 값이 a가 아니면서 a에 한없이 가까워질 때, $f(x)$의 값이 한없이 커지면 함수 $f(x)$는 양의 무한대로 발산한다고 하고, $f(x)$의 값이 음수이면서 그 절댓값이 한없이 커지면 함수 $f(x)$는 음의 무한대로 발산한다고 한다. 이것을 각각 기호로 다음과 같이 나타낸다.

$$\lim_{x \to a} f(x) = \infty \text{ 또는 } x \to a \text{일 때 } f(x) \to \infty, \ \lim_{x \to a} f(x) = -\infty \text{ 또는 } x \to a \text{일 때 } f(x) \to -\infty$$

② 함수 $f(x)$에서 x의 값이 한없이 커지거나 x의 값이 음수이면서 그 절댓값이 한없이 커질 때, 함수 $f(x)$가 양의 무한대나 음의 무한대로 발산하면 이것을 기호로 다음과 같이 나타낸다.

$$\lim_{x \to \infty} f(x) = \infty, \ \lim_{x \to \infty} f(x) = -\infty, \ \lim_{x \to -\infty} f(x) = \infty, \ \lim_{x \to -\infty} f(x) = -\infty$$

2. 함수의 우극한과 좌극한

(1) 함수 $f(x)$에서 x의 값이 a보다 크면서 a에 한없이 가까워질 때, $f(x)$의 값이 일정한 값 L에 한없이 가까워지면 L을 함수 $f(x)$의 $x=a$에서의 우극한이라고 하며, 이것을 기호로 다음과 같이 나타낸다.

$$\lim_{x \to a+} f(x) = L \text{ 또는 } x \to a+ \text{일 때 } f(x) \to L$$

(2) 함수 $f(x)$에서 x의 값이 a보다 작으면서 a에 한없이 가까워질 때, $f(x)$의 값이 일정한 값 L에 한없이 가까워지면 L을 함수 $f(x)$의 $x=a$에서의 좌극한이라고 하며, 이것을 기호로 다음과 같이 나타낸다.

$$\lim_{x \to a-} f(x) = L \text{ 또는 } x \to a- \text{일 때 } f(x) \to L$$

(3) 함수 $f(x)$의 $x=a$에서의 우극한과 좌극한이 모두 존재하면서 그 값이 L로 서로 같으면 $\lim_{x \to a} f(x)$가 존재하고, 그 극한값은 L이다. 또 그 역도 성립하므로 다음이 성립한다.

$$\lim_{x \to a+} f(x) = \lim_{x \to a-} f(x) = L \iff \lim_{x \to a} f(x) = L$$

참고 함수 $f(x)$의 $x=a$에서의 우극한과 좌극한이 모두 존재하더라도 그 값이 같지 않으면 $\lim_{x \to a} f(x)$는 존재하지 않는다.

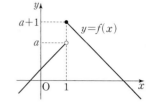

www.ebsi.co.kr

함수 $y=f(x)$의 그래프가 그림과 같다.

$$3\lim_{x \to 1+} f(x) - \lim_{x \to 1-} f(x) = 6$$

일 때, 양수 a의 값은?

① $\dfrac{5}{4}$　　　　　② $\dfrac{3}{2}$　　　　　③ $\dfrac{7}{4}$

④ 2　　　　　⑤ $\dfrac{9}{4}$

길잡이 함수 $y=f(x)$의 그래프를 이용하여 함수 $f(x)$의 좌극한, 우극한을 구한다.

풀이 함수 $y=f(x)$의 그래프에서

$$\lim_{x \to 1+} f(x) = a+1, \ \lim_{x \to 1-} f(x) = a$$

이므로

$$3\lim_{x \to 1+} f(x) - \lim_{x \to 1-} f(x) = 3(a+1) - a = 2a+3$$

따라서 $2a+3=6$에서 $a=\dfrac{3}{2}$

답 ②

 유제

정답과 **풀이 2**쪽

1

[24009-0001]

함수 $f(x) = \begin{cases} -x & (x<a) \\ x & (x \ge a) \end{cases}$ 에 대하여 $\lim_{x \to a-} f(x) = \lim_{x \to a+1} f(x) + 3$일 때, 상수 a의 값은?

① -5　　　　② -4　　　　③ -3　　　　④ -2　　　　⑤ -1

2

[24009-0002]

함수 $y=f(x)$의 그래프가 그림과 같다.

$$\lim_{x \to 0-} f(x) + \lim_{x \to 0+} f(x+1)$$

의 값은?

① 0　　　　　② 1　　　　　③ 2

④ 3　　　　　⑤ 4

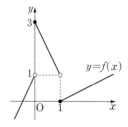

3. 함수의 극한에 대한 성질

두 함수 $f(x)$, $g(x)$에 대하여 $\lim\limits_{x \to a} f(x) = \alpha$, $\lim\limits_{x \to a} g(x) = \beta$ (α, β는 실수)일 때

(1) $\lim\limits_{x \to a} cf(x) = c\lim\limits_{x \to a} f(x) = c\alpha$ (단, c는 상수)

(2) $\lim\limits_{x \to a} \{f(x) + g(x)\} = \lim\limits_{x \to a} f(x) + \lim\limits_{x \to a} g(x) = \alpha + \beta$

(3) $\lim\limits_{x \to a} \{f(x) - g(x)\} = \lim\limits_{x \to a} f(x) - \lim\limits_{x \to a} g(x) = \alpha - \beta$

(4) $\lim\limits_{x \to a} f(x)g(x) = \lim\limits_{x \to a} f(x) \times \lim\limits_{x \to a} g(x) = \alpha\beta$

(5) $\lim\limits_{x \to a} \dfrac{f(x)}{g(x)} = \dfrac{\lim\limits_{x \to a} f(x)}{\lim\limits_{x \to a} g(x)} = \dfrac{\alpha}{\beta}$ (단, $\beta \neq 0$)

예 ① $\lim\limits_{x \to 1}(x^2 + 2x) = \lim\limits_{x \to 1} x^2 + \lim\limits_{x \to 1} 2x = \lim\limits_{x \to 1} x \times \lim\limits_{x \to 1} x + 2\lim\limits_{x \to 1} x = 1 \times 1 + 2 \times 1 = 3$

② $\lim\limits_{x \to 1} \dfrac{2x - 3}{x + 2} = \dfrac{\lim\limits_{x \to 1}(2x - 3)}{\lim\limits_{x \to 1}(x + 2)} = \dfrac{2\lim\limits_{x \to 1} x - \lim\limits_{x \to 1} 3}{\lim\limits_{x \to 1} x + \lim\limits_{x \to 1} 2} = \dfrac{2 \times 1 - 3}{1 + 2} = -\dfrac{1}{3}$

참고 (1) 함수의 극한에 대한 성질은 $x \to a+$, $x \to a-$, $x \to \infty$, $x \to -\infty$인 경우에도 성립한다.

(2) 함수의 극한에 대한 성질은 각 함수의 극한값이 모두 존재할 때에만 성립한다.

① $c = 0$, $f(x) = \dfrac{1}{x}$이면 $\lim\limits_{x \to 0} cf(x) = \lim\limits_{x \to 0}\left(0 \times \dfrac{1}{x}\right) = \lim\limits_{x \to 0} 0 = 0$이지만

극한값 $\lim\limits_{x \to 0} f(x)$가 존재하지 않으므로 $\lim\limits_{x \to 0} cf(x) = c\lim\limits_{x \to 0} f(x)$가 성립하지 않는다.

② $f(x) = \dfrac{1}{x}$, $g(x) = -\dfrac{1}{x}$이면 $\lim\limits_{x \to 0}\{f(x) + g(x)\} = \lim\limits_{x \to 0}\left\{\dfrac{1}{x} + \left(-\dfrac{1}{x}\right)\right\} = \lim\limits_{x \to 0} 0 = 0$이지만

두 극한값 $\lim\limits_{x \to 0} f(x)$, $\lim\limits_{x \to 0} g(x)$가 모두 존재하지 않으므로 $\lim\limits_{x \to 0}\{f(x) + g(x)\} = \lim\limits_{x \to 0} f(x) + \lim\limits_{x \to 0} g(x)$가 성립

하지 않는다.

③ $f(x) = x$, $g(x) = \dfrac{1}{x}$이면 $\lim\limits_{x \to 0} f(x)g(x) = \lim\limits_{x \to 0}\left(x \times \dfrac{1}{x}\right) = \lim\limits_{x \to 0} 1 = 1$이지만

극한값 $\lim\limits_{x \to 0} g(x)$가 존재하지 않으므로 $\lim\limits_{x \to 0} f(x)g(x) = \lim\limits_{x \to 0} f(x) \times \lim\limits_{x \to 0} g(x)$가 성립하지 않는다.

④ $f(x) = x$, $g(x) = \dfrac{1}{x}$이면 $\lim\limits_{x \to 0} \dfrac{f(x)}{g(x)} = \lim\limits_{x \to 0} \dfrac{x}{\dfrac{1}{x}} = \lim\limits_{x \to 0} x^2 = 0$이지만

극한값 $\lim\limits_{x \to 0} g(x)$가 존재하지 않으므로 $\lim\limits_{x \to 0} \dfrac{f(x)}{g(x)} = \dfrac{\lim\limits_{x \to 0} f(x)}{\lim\limits_{x \to 0} g(x)}$가 성립하지 않는다.

두 함수 $f(x)$, $g(x)$가 $\lim\limits_{x \to 1} \dfrac{f(x)}{x-1} = 3$, $\lim\limits_{x \to 1} \dfrac{f(x)-g(x)}{f(x)} = \dfrac{5}{3}$를 만족시킬 때, $\lim\limits_{x \to 1} \dfrac{g(x)}{x-1}$의 값은?

① -2　　　② -1　　　③ 0　　　④ 1　　　⑤ 2

길잡이　두 함수 $f(x)$, $g(x)$에 대하여 $\lim\limits_{x \to a} f(x) = \alpha$, $\lim\limits_{x \to a} g(x) = \beta$ (α, β는 실수)일 때

(1) $\lim\limits_{x \to a} \{f(x)+g(x)\} = \alpha + \beta$　　　　(2) $\lim\limits_{x \to a} \{f(x)-g(x)\} = \alpha - \beta$

(3) $\lim\limits_{x \to a} f(x)g(x) = \alpha\beta$　　　　(4) $\lim\limits_{x \to a} \dfrac{f(x)}{g(x)} = \dfrac{\alpha}{\beta}$ (단, $\beta \neq 0$)

풀이　$\lim\limits_{x \to 1} \dfrac{f(x)-g(x)}{f(x)} = \lim\limits_{x \to 1} \left\{ 1 - \dfrac{g(x)}{f(x)} \right\} = \dfrac{5}{3}$이므로

$\lim\limits_{x \to 1} \dfrac{g(x)}{f(x)} = \lim\limits_{x \to 1} \left[1 - \left\{ 1 - \dfrac{g(x)}{f(x)} \right\} \right] = \lim\limits_{x \to 1} 1 - \lim\limits_{x \to 1} \left\{ 1 - \dfrac{g(x)}{f(x)} \right\}$

$= 1 - \dfrac{5}{3} = -\dfrac{2}{3}$

따라서

$\lim\limits_{x \to 1} \dfrac{g(x)}{x-1} = \lim\limits_{x \to 1} \left\{ \dfrac{f(x)}{x-1} \times \dfrac{g(x)}{f(x)} \right\} = \lim\limits_{x \to 1} \dfrac{f(x)}{x-1} \times \lim\limits_{x \to 1} \dfrac{g(x)}{f(x)}$

$= 3 \times \left(-\dfrac{2}{3} \right) = -2$

답 ①

유제

정답과 풀이 2쪽

3
[24009-0003]

두 함수 $f(x)$, $g(x)$가 $\lim\limits_{x \to 1}(x+1)f(x) = 1$, $\lim\limits_{x \to 1} \dfrac{g(x)}{2x+1} = \dfrac{1}{9}$을 만족시킬 때, $\lim\limits_{x \to 1} \dfrac{f(x)}{f(x)+g(x)}$의 값은?

① $\dfrac{1}{5}$　　　② $\dfrac{2}{5}$　　　③ $\dfrac{3}{5}$　　　④ $\dfrac{4}{5}$　　　⑤ 1

4
[24009-0004]

두 함수 $f(x)$, $g(x)$가 $\lim\limits_{x \to 1} \{f(x)-g(x)\} = -\dfrac{7}{6}$, $\lim\limits_{x \to 1} f(x)g(x) = -\dfrac{1}{3}$을 만족시킬 때, $\lim\limits_{x \to 1} \left\{ \dfrac{1}{f(x)+g(x)} \right\}^2$의 값을 구하시오.

4. 함수의 극한값의 계산

(1) $\dfrac{0}{0}$ 꼴의 극한값

$\displaystyle\lim_{x\to a}\dfrac{f(x)}{g(x)}$ 에서 $\displaystyle\lim_{x\to a}f(x)=0$, $\displaystyle\lim_{x\to a}g(x)=0$ 인 경우

① $f(x)$, $g(x)$가 다항식이면 각각 인수분해하여 공통인수를 약분한 후 극한값을 구한다.

② $f(x)$ 또는 $g(x)$가 무리식이면 무리식이 있는 쪽을 유리화한 다음 분모, 분자의 공통인수를 약분한 후 극한값을 구한다.

(2) $\dfrac{\infty}{\infty}$ 꼴의 극한값

$\displaystyle\lim_{x\to\infty}\dfrac{f(x)}{g(x)}$ 에서 $\displaystyle\lim_{x\to\infty}f(x)=\infty$, $\displaystyle\lim_{x\to\infty}g(x)=\infty$ 인 경우

$f(x)$, $g(x)$가 다항식이면 분모의 최고차항으로 분모, 분자를 각각 나누어 극한값을 구한다.

> **참고** $f(x)$, $g(x)$가 다항식이면 $\displaystyle\lim_{x\to\infty}\dfrac{f(x)}{g(x)}$ 는 다음과 같다.
>
> ① ($f(x)$의 차수)<($g(x)$의 차수)이면 $\displaystyle\lim_{x\to\infty}\dfrac{f(x)}{g(x)}=0$
>
> ② ($f(x)$의 차수)=($g(x)$의 차수)이면 $\displaystyle\lim_{x\to\infty}\dfrac{f(x)}{g(x)}=\dfrac{(f(x)\text{의 최고차항의 계수})}{(g(x)\text{의 최고차항의 계수})}$
>
> ③ ($f(x)$의 차수)>($g(x)$의 차수)이면 $\displaystyle\lim_{x\to\infty}\dfrac{f(x)}{g(x)}=\infty$ 또는 $\displaystyle\lim_{x\to\infty}\dfrac{f(x)}{g(x)}=-\infty$

> **예** $\displaystyle\lim_{x\to\infty}\dfrac{3x^2+2}{x^2+x+1}=\lim_{x\to\infty}\dfrac{3+\dfrac{2}{x^2}}{1+\dfrac{1}{x}+\dfrac{1}{x^2}}=\dfrac{3+0}{1+0+0}=3$

(3) $\infty-\infty$ 꼴의 극한값

$\displaystyle\lim_{x\to\infty}\{f(x)-g(x)\}$ 에서 $\displaystyle\lim_{x\to\infty}f(x)=\infty$, $\displaystyle\lim_{x\to\infty}g(x)=\infty$ 인 경우

① $f(x)-g(x)$가 다항식이면 $f(x)-g(x)$의 최고차항으로 묶어 극한값을 구한다.

② $f(x)-g(x)$가 무리식이면 분모가 1인 분수 꼴의 식으로 생각하여 분자를 유리화한 후 극한값을 구한다.

> **예** $\displaystyle\lim_{x\to\infty}(\sqrt{x^2+3x}-x)=\lim_{x\to\infty}\dfrac{(\sqrt{x^2+3x}-x)(\sqrt{x^2+3x}+x)}{\sqrt{x^2+3x}+x}=\lim_{x\to\infty}\dfrac{(x^2+3x)-x^2}{\sqrt{x^2+3x}+x}$
>
> $=\displaystyle\lim_{x\to\infty}\dfrac{3x}{\sqrt{x^2+3x}+x}=\lim_{x\to\infty}\dfrac{3}{\sqrt{1+\dfrac{3}{x}}+1}=\dfrac{3}{1+1}=\dfrac{3}{2}$

(4) $0\times\infty$ 꼴의 극한값

$\displaystyle\lim_{x\to a}f(x)g(x)$ 에서 $\displaystyle\lim_{x\to a}f(x)=0$, $\displaystyle\lim_{x\to a}g(x)=\infty$ 인 경우는 식을 $\dfrac{0}{0}$, $\dfrac{\infty}{\infty}$, $\dfrac{c}{\infty}$ (c는 상수)의 꼴로 변형하여 극한값을 구한다.

> **예** $\displaystyle\lim_{x\to 0}\dfrac{1}{x}\left(1+\dfrac{1}{x-1}\right)=\lim_{x\to 0}\dfrac{1}{x}\left(\dfrac{x-1}{x-1}+\dfrac{1}{x-1}\right)=\lim_{x\to 0}\dfrac{x}{x(x-1)}=\lim_{x\to 0}\dfrac{1}{x-1}=\dfrac{1}{0-1}=-1$

예제 3   함수의 극한값의 계산

$\lim\limits_{x\to 2}\dfrac{\sqrt{x+2}+x-4}{x^2-4}$ 의 값은?

① $\dfrac{1}{16}$ ② $\dfrac{1}{8}$ ③ $\dfrac{3}{16}$ ④ $\dfrac{1}{4}$ ⑤ $\dfrac{5}{16}$

길잡이 분자를 유리화하고 분모와 분자의 공통인수를 약분한 후 극한값을 구한다.

풀이

$$\lim_{x\to 2}\frac{\sqrt{x+2}+x-4}{x^2-4}=\lim_{x\to 2}\frac{(\sqrt{x+2}+x-4)(\sqrt{x+2}-x+4)}{(x-2)(x+2)(\sqrt{x+2}-x+4)}$$
$$=\lim_{x\to 2}\frac{(\sqrt{x+2})^2-(x-4)^2}{(x-2)(x+2)(\sqrt{x+2}-x+4)}$$
$$=\lim_{x\to 2}\frac{-(x^2-9x+14)}{(x-2)(x+2)(\sqrt{x+2}-x+4)}$$
$$=\lim_{x\to 2}\frac{-(x-2)(x-7)}{(x-2)(x+2)(\sqrt{x+2}-x+4)}$$
$$=\lim_{x\to 2}\frac{-(x-7)}{(x+2)(\sqrt{x+2}-x+4)}$$
$$=\frac{5}{4\times 4}=\frac{5}{16}$$

답 ⑤

유제

정답과 **풀이** 2쪽

5
[24009-0005]
$\lim\limits_{x\to -1}\dfrac{x^3+3x^2+5x+3}{x+1}$ 의 값은?

① 1   ② 2   ③ 3   ④ 4   ⑤ 5

6
[24009-0006]
좌표평면 위의 두 점 A$(a,\ 2a-1)$, B$(a+1,\ 2a)$에 대하여 선분 OA의 길이를 $f(a)$, 선분 AB의 길이를 $g(a)$라 하자. $\lim\limits_{a\to 1}\dfrac{f(a)-g(a)}{a-1}$ 의 값은? (단, O는 원점이다.)

① $\dfrac{\sqrt{2}}{2}$ ② $\sqrt{2}$ ③ $\dfrac{3\sqrt{2}}{2}$ ④ $2\sqrt{2}$ ⑤ $\dfrac{5\sqrt{2}}{2}$

5. 미정계수의 결정

(1) 두 함수 $f(x)$, $g(x)$에 대하여 $\lim\limits_{x \to a} \dfrac{f(x)}{g(x)} = \alpha$ (α는 실수)일 때

① $\lim\limits_{x \to a} g(x) = 0$이면 $\lim\limits_{x \to a} f(x) = 0$이다.

② $\lim\limits_{x \to a} f(x) = 0$이고 $\alpha \neq 0$이면 $\lim\limits_{x \to a} g(x) = 0$이다.

설명 ① $\lim\limits_{x \to a} \dfrac{f(x)}{g(x)} = \alpha$ (α는 실수)이고, $\lim\limits_{x \to a} g(x) = 0$이면 함수의 극한에 대한 성질에 의하여

$$\lim_{x \to a} f(x) = \lim_{x \to a} \left\{ \frac{f(x)}{g(x)} \times g(x) \right\} = \lim_{x \to a} \frac{f(x)}{g(x)} \times \lim_{x \to a} g(x) = \alpha \times 0 = 0$$

② $\lim\limits_{x \to a} \dfrac{f(x)}{g(x)} = \alpha$ (α는 0이 아닌 실수)이면 $\lim\limits_{x \to a} \dfrac{g(x)}{f(x)} = \dfrac{1}{\alpha}$이다.

이때 $\lim\limits_{x \to a} f(x) = 0$이면 함수의 극한에 대한 성질에 의하여

$$\lim_{x \to a} g(x) = \lim_{x \to a} \left\{ \frac{g(x)}{f(x)} \times f(x) \right\} = \lim_{x \to a} \frac{g(x)}{f(x)} \times \lim_{x \to a} f(x) = \frac{1}{\alpha} \times 0 = 0$$

예 ① 상수 a에 대하여 $\lim\limits_{x \to 1} \dfrac{ax-2}{x-1} = 2$이면 $\lim\limits_{x \to 1}(x-1) = 1-1 = 0$이므로

$\lim\limits_{x \to 1}(ax-2) = a-2 = 0$이어야 한다.

따라서 $a = 2$이다.

② 상수 a에 대하여 $\lim\limits_{x \to 1} \dfrac{x-1}{x^2+ax} = 1$이면 $\lim\limits_{x \to 1}(x-1) = 1-1 = 0$이고 $\lim\limits_{x \to 1} \dfrac{x-1}{x^2+ax} \neq 0$이므로

$\lim\limits_{x \to 1}(x^2+ax) = 1+a = 0$이어야 한다.

따라서 $a = -1$이다.

(2) 두 다항함수 $f(x)$, $g(x)$에 대하여 $\lim\limits_{x \to \infty} \dfrac{f(x)}{g(x)} = \alpha$ (α는 0이 아닌 실수)이면

$(f(x)$의 차수$) = (g(x)$의 차수$)$이고 $\alpha = \dfrac{(f(x)의\ 최고차항의\ 계수)}{(g(x)의\ 최고차항의\ 계수)}$이다.

예 상수 a에 대하여 $\lim\limits_{x \to \infty} \dfrac{ax^2+x}{2x^2+3} = 4$이면 $\dfrac{a}{2} = 4$에서 $a = 8$이다.

6. 함수의 극한의 대소 관계

두 함수 $f(x)$, $g(x)$에 대하여 $\lim\limits_{x \to a} f(x) = \alpha$, $\lim\limits_{x \to a} g(x) = \beta$ (α, β는 실수)일 때, a에 가까운 모든 실수 x에 대하여

(1) $f(x) \leq g(x)$이면 $\alpha \leq \beta$이다.

(2) 함수 $h(x)$에 대하여 $f(x) \leq h(x) \leq g(x)$이고 $\alpha = \beta$이면 $\lim\limits_{x \to a} h(x) = \alpha$이다.

www.ebs*i*.co.kr

$\lim\limits_{x \to a} \dfrac{(x+b)^2 - a^2}{x^2 - a^2} = c$일 때, $\dfrac{b}{a} + c$의 값은? (단, a, b는 0이 아닌 실수이고, c는 상수이다.)

① -5 ② -4 ③ -3 ④ -2 ⑤ -1

길잡이 두 함수 $f(x)$, $g(x)$에 대하여 $\lim\limits_{x \to a} \dfrac{f(x)}{g(x)}$의 값이 존재할 때, $\lim\limits_{x \to a} g(x) = 0$이면 $\lim\limits_{x \to a} f(x) = 0$이다.

풀이 $\lim\limits_{x \to a} \dfrac{(x+b)^2 - a^2}{x^2 - a^2} = c$ ····· ㉠

㉠에서 $x \to a$일 때 (분모) $\to 0$이고 극한값이 존재하므로 (분자) $\to 0$이어야 한다. 즉,

$\lim\limits_{x \to a} \{(x+b)^2 - a^2\} = (a+b)^2 - a^2 = (2a+b)b = 0$

$b \neq 0$이므로 $b = -2a$ ····· ㉡

㉡을 ㉠에 대입하면

$$\lim\limits_{x \to a} \dfrac{(x+b)^2 - a^2}{x^2 - a^2} = \lim\limits_{x \to a} \dfrac{(x-2a)^2 - a^2}{x^2 - a^2} = \lim\limits_{x \to a} \dfrac{(x-a)(x-3a)}{(x-a)(x+a)}$$

$$= \lim\limits_{x \to a} \dfrac{x-3a}{x+a} = \dfrac{-2a}{2a} = -1$$

따라서 $c = -1$이고 ㉡에서 $\dfrac{b}{a} = -2$이므로

$$\dfrac{b}{a} + c = -2 + (-1) = -3$$

답 ③

유제

정답과 풀이 **3쪽**

7

[24009–0007]

$\lim\limits_{x \to -1} \dfrac{\sqrt{x+a} - 2}{x+1} = b$일 때, $a+b$의 값은? (단, a, b는 상수이다.)

① $\dfrac{21}{4}$ ② $\dfrac{11}{2}$ ③ $\dfrac{23}{4}$ ④ 6 ⑤ $\dfrac{25}{4}$

8

[24009–0008]

$\lim\limits_{x \to 1} \dfrac{x-1}{(ax)^2 + ax - 2} = b$를 만족시키는 두 양수 a, b에 대하여 $a+b$의 값은?

① $\dfrac{1}{3}$ ② $\dfrac{2}{3}$ ③ 1 ④ $\dfrac{4}{3}$ ⑤ $\dfrac{5}{3}$

[24009–0009]

1 $\lim\limits_{x \to 2} \dfrac{x^2-4}{x^2-5x+6}$의 값은?

① -5 ② -4 ③ -3 ④ -2 ⑤ -1

[24009–0010]

2 함수 $y=f(x)$의 그래프가 그림과 같다.

$$\lim\limits_{x \to 0+} (2x+3)f(x)+\lim\limits_{x \to 2-} \dfrac{f(x)}{x^2-2}$$

의 값은?

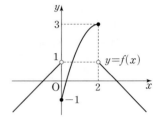

① $-\dfrac{3}{2}$ ② $-\dfrac{5}{4}$ ③ -1

④ $-\dfrac{3}{4}$ ⑤ $-\dfrac{1}{2}$

[24009–0011]

3 함수 $f(x)=\begin{cases} 2x+8 & (x \le -1) \\ x^2+2 & (x > -1) \end{cases}$에 대하여 $\lim\limits_{x \to a+} f(x)=6$을 만족시키는 상수 a의 값을 구하시오.

[24009–0012]

4 함수 $f(x)$에 대하여 $\lim\limits_{x \to 2}(x^2-x-2)f(x)=4$일 때, $\lim\limits_{x \to 2}(x^2-3x+2)f(x)$의 값은?

① $\dfrac{1}{3}$ ② $\dfrac{2}{3}$ ③ 1 ④ $\dfrac{4}{3}$ ⑤ $\dfrac{5}{3}$

5 [24009-0013]

$\lim\limits_{x \to a} \dfrac{1}{x^2 - 5ax + 4a^2}\left(\dfrac{a}{x} - 1\right) = \dfrac{1}{30}$ 을 만족시키는 실수 a에 대하여 a^2의 값은?

① 7 　　　② 8 　　　③ 9 　　　④ 10 　　　⑤ 11

6 [24009-0014]

최고차항의 계수가 1인 삼차함수 $f(x)$에 대하여 $\lim\limits_{x \to 1} \dfrac{f(x)}{(x-1)^2} = 3$일 때, $f(2)$의 값은?

① 1 　　　② 2 　　　③ 3 　　　④ 4 　　　⑤ 5

7 [24009-0015]

$\lim\limits_{x \to 2} \dfrac{x-2}{\sqrt{3x+a}-x} = b$일 때, ab의 값은? (단, a, b는 상수이고, $b \neq 0$이다.)

① 6 　　　② 7 　　　③ 8 　　　④ 9 　　　⑤ 10

8 [24009-0016]

두 함수 $f(x)$, $g(x)$가 모든 실수 x에 대하여

$$2x^2 - 1 \leq f(x) - g(x) \leq 2x^2 + 1, \ 3x^2 - 1 \leq f(x) + g(x) \leq 3x^2 + 1$$

을 만족시킬 때, $\lim\limits_{x \to \infty} \dfrac{f(x)}{4x^2 + 1}$의 값은?

① $\dfrac{1}{8}$ 　　　② $\dfrac{1}{4}$ 　　　③ $\dfrac{3}{8}$ 　　　④ $\dfrac{1}{2}$ 　　　⑤ $\dfrac{5}{8}$

[24009-0017]

1 $x>0$에서 정의된 함수 $f(x)$가 $f(x)=\displaystyle\sum_{k=1}^{6}\dfrac{1}{(x+k-1)(x+k)}$일 때, $\displaystyle\lim_{x\to\infty}(3x^2-1)f(x)$의 값은?

① 15   ② 18   ③ 21   ④ 24   ⑤ 27

[24009-0018]

2 $\displaystyle\lim_{x\to 2}\dfrac{|x-2|(x^2+ax+3)}{x^2-x-2}=b$를 만족시키는 두 상수 a, b에 대하여 $a+b$의 값은?

① $-\dfrac{9}{2}$ ② $-\dfrac{7}{2}$ ③ $-\dfrac{5}{2}$ ④ $-\dfrac{3}{2}$ ⑤ $-\dfrac{1}{2}$

[24009-0019]

3 $\displaystyle\lim_{x\to 1}\dfrac{x-1}{\sqrt{ax+b}-3}=c$를 만족시키는 세 자연수 a, b, c에 대하여 $a+b+c$의 최댓값은?

① 11   ② 12   ③ 13   ④ 14   ⑤ 15

[24009-0020]

4 함수 $f(x)=x^2-2x-3$에 대하여 함수 $g(x)$를
$$g(x)=\begin{cases} f(x)+1 & (f(x)\geq 0) \\ -f(x)-2 & (f(x)<0) \end{cases}$$
이라 하자. $\displaystyle\lim_{x\to -1+}g(x)+\lim_{x\to 3+}g(x)$의 값은?

① -5 ② -4 ③ -3 ④ -2 ⑤ -1

[24009-0021]

5 다항함수 $f(x)$가 다음 조건을 만족시킬 때, $f\left(\dfrac{5}{2}\right)$의 값을 구하시오.

> (가) $\displaystyle\lim_{x \to \infty} \dfrac{f(x)}{4x^2-1} = \dfrac{1}{2}$
>
> (나) $\displaystyle\lim_{x \to \frac{1}{2}} \dfrac{4x^2-1}{f(x)} = \dfrac{1}{3}$

[24009-0022]

6 삼차함수 $f(x)$가 다음 조건을 만족시킬 때, $f(-3)$의 값을 구하시오.

> (가) 집합 $\{-1, 1, 2\}$의 모든 원소 a에 대하여 $\displaystyle\lim_{x \to a} \dfrac{xf(x)-2a}{x-a}$의 값이 존재한다.
>
> (나) $\displaystyle\lim_{x \to 3} \dfrac{x-1}{f(x)} = -1$

[24009-0023]

7 일차함수 $f(x)$와 이차함수 $g(x)$가 다음 조건을 만족시킬 때, $\dfrac{f(3)}{g(0)}$의 값은?

> (가) $\left\{ a \,\middle|\, \displaystyle\lim_{x \to a} g(x)=0 \right\} = \{-1\}$
>
> (나) $\left\{ b \,\middle|\, \displaystyle\lim_{x \to b} \dfrac{1}{g(x)-f(x)}$의 값이 존재하지 않는다.$\right\} = \{-2, 1\}$

① 6   ② 7   ③ 8   ④ 9   ⑤ 10

[24009-0024]

8 좌표평면에서 함수 $f(x)=x^2+1 \ (x \geq 0)$의 역함수의 그래프와 실수 $t \ (t>1)$에 대하여 직선 $y=-x+t$가 만나는 점을 A라 하자. 두 점 B$(1, 0)$, C$(t, 0)$에 대하여 삼각형 ABC의 넓이를 $S(t)$라 할 때, $\displaystyle\lim_{t \to 1+} \dfrac{S(t)}{(t-1)^2}$의 값은?

① $\dfrac{1}{8}$ ② $\dfrac{1}{4}$ ③ $\dfrac{3}{8}$ ④ $\dfrac{1}{2}$ ⑤ $\dfrac{5}{8}$

1 [24009-0025]

함수

$$f(x)=\begin{cases} \dfrac{1}{9}(x+3)(x-3) & (x<0) \\ (x-a)(x-\beta)(x-\gamma) & (0\le x<1) \\ -x+3 & (x\ge 1) \end{cases}$$

의 그래프가 그림과 같고, 함수 $g(x)$는 최고차항의 계수가 1인

삼차함수이다. $-3<a<3$인 모든 실수 a에 대하여 $\displaystyle\lim_{x\to a}\dfrac{g(x)}{f(x)}$의 값이 존재할 때, $g(3)$의 값을 구하시오.

(단, α, β, γ는 서로 다른 상수이다.)

2 [24009-0026]

삼차함수 $f(x)$가 다음 조건을 만족시킬 때, $f(2)$의 값을 구하시오.

(가) 모든 실수 a에 대하여 $\displaystyle\lim_{x\to a}\dfrac{f(x)+f(-x)}{x-a}$의 값이 존재한다.

(나) $\displaystyle\lim_{x\to 1}\dfrac{f(x)+2}{x-1}=4$

3 [24009-0027]

그림과 같이 좌표평면 위의 점 $A(4, 4)$와 실수 m $(m>1)$에 대하여 직선 $y=mx$ 위의 점 B가 $\overline{OA}=\overline{OB}$를 만족시키고, 점 B를 지나며 x축에 수직인 직선이 선분 OA와 만나는 점을 C라 하자. 삼각형 ABC의 넓이를 $S(m)$이라 할 때, $\displaystyle\lim_{m\to 1+}\dfrac{S(m)}{(m-1)^2}$의 값을 구하시오. (단, O는 원점이고, 점 B의 x좌표는 0보다 크다.)

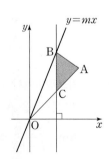

대표 기출 문제

출제경향 함수의 그래프 또는 함수에서의 좌극한, 우극한, 극한값을 구하는 문제, 간단한 함수의 극한값을 구하는 문제, 함수의 극한에 대한 성질을 이용하여 함수식을 결정하는 문제, 함수의 그래프나 도형과 관련된 극한값을 구하는 문제 등이 출제되고 있다.

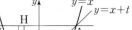2023학년도 수능 9월 모의평가

실수 t $(t>0)$에 대하여 직선 $y=x+t$와 곡선 $y=x^2$이 만나는 두 점을 A, B라 하자. 점 A를 지나고 x축에 평행한 직선이 곡선 $y=x^2$과 만나는 점 중 A가 아닌 점을 C, 점 B에서 선분 AC에 내린 수선의 발을 H라 하자. $\lim\limits_{t \to 0+} \dfrac{\overline{\text{AH}} - \overline{\text{CH}}}{t}$의 값은? (단, 점 A의 x좌표는 양수이다.) [4점]

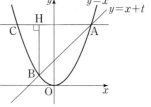

① 1   ② 2   ③ 3

④ 4   ⑤ 5

출제 의도 이차함수의 그래프와 직선의 위치 관계를 이용하여 선분의 길이를 t에 대한 식으로 나타낸 후, 함수의 극한에 대한 성질을 이용하여 극한값을 구할 수 있는지를 묻는 문제이다.

풀이 두 점 A, B의 좌표를 각각 $A(a, a^2)$, $B(b, b^2)$이라 하면 이차방정식 $x^2-x-t=0$의 두 실근이 a, b이고, 이차방정식의 근과 계수의 관계에 의하여 $a+b=1$, $ab=-t$이므로

$$\overline{\text{AH}}=a-b=\sqrt{(a-b)^2}=\sqrt{(a+b)^2-4ab}=\sqrt{1+4t}$$

점 C의 좌표가 $(-a, a^2)$이므로

$$\overline{\text{CH}}=b-(-a)=a+b=1$$

따라서

$$
\begin{aligned}
\lim_{t \to 0+} \frac{\overline{\text{AH}} - \overline{\text{CH}}}{t} &= \lim_{t \to 0+} \frac{\sqrt{1+4t}-1}{t} \\
&= \lim_{t \to 0+} \frac{(\sqrt{1+4t}-1)(\sqrt{1+4t}+1)}{t(\sqrt{1+4t}+1)} \\
&= \lim_{t \to 0+} \frac{4t}{t(\sqrt{1+4t}+1)} \\
&= \lim_{t \to 0+} \frac{4}{\sqrt{1+4t}+1} \\
&= \frac{4}{2}=2
\end{aligned}
$$

답 ②

02 함수의 연속

1. 함수의 연속과 불연속

(1) 함수의 연속

함수 $f(x)$가 실수 a에 대하여 다음 세 조건을 만족시킬 때, 함수 $f(x)$는 $x=a$에서 연속이라고 한다.

(i) 함수 $f(x)$가 $x=a$에서 정의되어 있다.

(ii) 극한값 $\lim\limits_{x \to a} f(x)$가 존재한다.

(iii) $\lim\limits_{x \to a} f(x) = f(a)$

> **참고** 함수 $f(x)$가 $x=a$에서 연속이다. $\Longleftrightarrow \lim\limits_{x \to a-} f(x) = \lim\limits_{x \to a+} f(x) = f(a)$

(2) 함수의 불연속

함수 $f(x)$가 $x=a$에서 연속이 아닐 때, 함수 $f(x)$는 $x=a$에서 불연속이라고 한다.

> **예** ① 함수 $f(x) = \begin{cases} x+1 & (x<0) \\ -x+2 & (x \geq 0) \end{cases}$ 은 $x=0$에서 $f(0)=2$로 정의되어 있지만
>
> $\lim\limits_{x \to 0-} f(x) = \lim\limits_{x \to 0-} (x+1) = 1$, $\lim\limits_{x \to 0+} f(x) = \lim\limits_{x \to 0+} (-x+2) = 2$이므로
>
> 극한값 $\lim\limits_{x \to 0} f(x)$가 존재하지 않는다. 따라서 함수 $f(x)$는 $x=0$에서 불연속
>
> 이다.

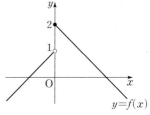

> ② 함수 $g(x) = \begin{cases} -x+1 & (x \neq 0) \\ 0 & (x=0) \end{cases}$ 은 $x=0$에서 $g(0)=0$으로 정의되어 있고,
>
> $\lim\limits_{x \to 0} g(x) = \lim\limits_{x \to 0} (-x+1) = 1$로 극한값 $\lim\limits_{x \to 0} g(x)$가 존재하지만 $\lim\limits_{x \to 0} g(x) \neq g(0)$
>
> 이다. 따라서 함수 $g(x)$는 $x=0$에서 불연속이다.

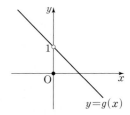

2. 구간

두 실수 a, b $(a<b)$에 대하여

(1) 집합 $\{x \,|\, a \leq x \leq b\}$, $\{x \,|\, a < x < b\}$, $\{x \,|\, a \leq x < b\}$, $\{x \,|\, a < x \leq b\}$를 구간이라고 하며, 이것을 각각 기호로

$$[a, b], (a, b), [a, b), (a, b]$$

와 같이 나타낸다. 이때 $[a, b]$를 닫힌구간, (a, b)를 열린구간이라고 하며, $[a, b)$, $(a, b]$를 반닫힌 구간 또는 반열린 구간이라고 한다.

$[a, b]$	(a, b)	$[a, b)$	$(a, b]$
$\overset{\bullet\quad\quad\bullet}{\underset{a\qquad b}{\xrightarrow{\quad\quad}}}x$	$\overset{\circ\quad\quad\circ}{\underset{a\qquad b}{\xrightarrow{\quad\quad}}}x$	$\overset{\bullet\quad\quad\circ}{\underset{a\qquad b}{\xrightarrow{\quad\quad}}}x$	$\overset{\circ\quad\quad\bullet}{\underset{a\qquad b}{\xrightarrow{\quad\quad}}}x$

(2) 집합 $\{x \,|\, x \leq a\}$, $\{x \,|\, x < a\}$, $\{x \,|\, x \geq a\}$, $\{x \,|\, x > a\}$도 구간이라고 하며, 이것을 각각 기호로

$$(-\infty, a], (-\infty, a), [a, \infty), (a, \infty)$$

와 같이 나타낸다.

$(-\infty, a]$	$(-\infty, a)$	$[a, \infty)$	(a, ∞)
$\underset{a}{\xleftarrow{\quad\quad}}\overset{\bullet}{}x$	$\underset{a}{\xleftarrow{\quad\quad}}\overset{\circ}{}x$	$\underset{a}{\overset{\bullet}{\xrightarrow{\quad\quad}}}x$	$\underset{a}{\overset{\circ}{\xrightarrow{\quad\quad}}}x$

(3) 실수 전체의 집합도 하나의 구간이며, 기호로 $(-\infty, \infty)$와 같이 나타낸다.

함수 $f(x)=\begin{cases} \dfrac{x^3+ax+b}{(x+1)(x-2)} & (x\neq-1,\ x\neq2) \\ cx^2+d & (x=-1\ \text{또는}\ x=2) \end{cases}$ 가 $x=-1$과 $x=2$에서 모두 연속일 때, $ab+cd$의 값을 구하시오. (단, a, b, c, d는 상수이다.)

길잡이 실수 a에 대하여 함수 $f(x)$가 $x=a$에서 연속이면 $\lim\limits_{x\to a}f(x)=f(a)$이다.

풀이 함수 $f(x)$가 $x=-1$과 $x=2$에서 모두 연속이므로 $\lim\limits_{x\to-1}f(x)=f(-1)$, $\lim\limits_{x\to2}f(x)=f(2)$이다. 즉,

$$\lim_{x\to-1}\frac{x^3+ax+b}{(x+1)(x-2)}=c+d \qquad \cdots\cdots ㉠$$

$$\lim_{x\to2}\frac{x^3+ax+b}{(x+1)(x-2)}=4c+d \qquad \cdots\cdots ㉡$$

㉠, ㉡에서 $x\to-1$ 또는 $x\to2$일 때 (분모)$\to0$이고 극한값이 존재하므로 (분자)$\to0$이어야 한다. 즉,

$$\lim_{x\to-1}(x^3+ax+b)=-1-a+b=0\text{에서 } a-b=-1 \qquad \cdots\cdots ㉢$$

$$\lim_{x\to2}(x^3+ax+b)=8+2a+b=0\text{에서 } 2a+b=-8 \qquad \cdots\cdots ㉣$$

㉢, ㉣을 연립하여 풀면 $a=-3$, $b=-2$

㉠에서 $\lim\limits_{x\to-1}\dfrac{x^3-3x-2}{(x+1)(x-2)}=\lim\limits_{x\to-1}\dfrac{(x+1)^2(x-2)}{(x+1)(x-2)}=\lim\limits_{x\to-1}(x+1)=0$이므로

$$c+d=0 \qquad \cdots\cdots ㉤$$

㉡에서 $\lim\limits_{x\to2}\dfrac{x^3-3x-2}{(x+1)(x-2)}=\lim\limits_{x\to2}\dfrac{(x+1)^2(x-2)}{(x+1)(x-2)}=\lim\limits_{x\to2}(x+1)=3$이므로

$$4c+d=3 \qquad \cdots\cdots ㉥$$

㉤, ㉥을 연립하여 풀면 $c=1$, $d=-1$

따라서 $ab+cd=(-3)\times(-2)+1\times(-1)=6+(-1)=5$

답 5

유제

정답과 풀이 9쪽

1

[24009-0028]

함수 $f(x)=\begin{cases} 2x^2-ax & (x<-1) \\ ax-4 & (x\geq-1) \end{cases}$ 이 $x=-1$에서 연속일 때, 상수 a의 값은?

① -5 　　② -4 　　③ -3 　　④ -2 　　⑤ -1

2

[24009-0029]

함수 $f(x)=\begin{cases} \dfrac{x^2+2|x|}{|x|} & (x\neq0) \\ a & (x=0) \end{cases}$ 이 $x=0$에서 연속일 때, 상수 a의 값을 구하시오.

3. 구간에서의 연속

함수 $f(x)$가 어떤 구간에 속하는 모든 실수 x에서 연속일 때, 함수 $f(x)$는 그 구간에서 연속 또는 그 구간에서 연속함수라고 한다.

(1) 열린구간에서의 연속

함수 $f(x)$가 열린구간 (a, b)에 속하는 모든 실수 x에서 연속일 때, 함수 $f(x)$는 열린구간 (a, b)에서 연속이라고 한다.

(2) 닫힌구간에서의 연속

함수 $f(x)$가 다음 두 조건을 모두 만족시킬 때, 함수 $f(x)$는 닫힌구간 $[a, b]$에서 연속이라고 한다.

① 함수 $f(x)$는 열린구간 (a, b)에서 연속이다.   ② $\lim\limits_{x \to a+} f(x) = f(a)$, $\lim\limits_{x \to b-} f(x) = f(b)$

4. 연속함수의 성질

두 함수 $f(x)$, $g(x)$가 $x=a$에서 연속이면 다음 함수도 $x=a$에서 연속이다.

(1) $cf(x)$ (단, c는 상수)

(2) $f(x)+g(x)$, $f(x)-g(x)$

(3) $f(x)g(x)$

(4) $\dfrac{f(x)}{g(x)}$ (단, $g(a) \neq 0$)

설명 함수의 연속의 정의와 함수의 극한에 대한 성질을 이용하면 연속함수의 성질이 성립함을 보일 수 있다.

두 함수 $f(x)$, $g(x)$가 $x=a$에서 연속이면 $\lim\limits_{x \to a} f(x) = f(a)$, $\lim\limits_{x \to a} g(x) = g(a)$이므로 함수의 극한에 대한 성질에 의하여 다음이 성립함을 알 수 있다.

(1) $\lim\limits_{x \to a} cf(x) = c \lim\limits_{x \to a} f(x) = cf(a)$ (c는 상수)이므로 함수 $cf(x)$는 $x=a$에서 연속이다.

(2) $\lim\limits_{x \to a} \{f(x)+g(x)\} = \lim\limits_{x \to a} f(x) + \lim\limits_{x \to a} g(x) = f(a)+g(a)$,

$\lim\limits_{x \to a} \{f(x)-g(x)\} = \lim\limits_{x \to a} f(x) - \lim\limits_{x \to a} g(x) = f(a)-g(a)$

이므로 두 함수 $f(x)+g(x)$, $f(x)-g(x)$는 $x=a$에서 연속이다.

(3) $\lim\limits_{x \to a} f(x)g(x) = \lim\limits_{x \to a} f(x) \times \lim\limits_{x \to a} g(x) = f(a)g(a)$이므로 함수 $f(x)g(x)$는 $x=a$에서 연속이다.

(4) $\lim\limits_{x \to a} \dfrac{f(x)}{g(x)} = \dfrac{\lim\limits_{x \to a} f(x)}{\lim\limits_{x \to a} g(x)} = \dfrac{f(a)}{g(a)}$ ($g(a) \neq 0$)이므로 함수 $\dfrac{f(x)}{g(x)}$는 $x=a$에서 연속이다.

참고 ① 두 함수 $f(x)$, $g(x)$가 어떤 구간에서 연속이면 함수

$$cf(x) \ (c\text{는 상수}), \ f(x)+g(x), \ f(x)-g(x), \ f(x)g(x), \ \frac{f(x)}{g(x)} \ (g(x) \neq 0)$$

도 그 구간에서 연속이다.

② 함수 $y=x$가 실수 전체의 집합에서 연속이므로 연속함수의 성질 (3)에 의하여 함수

$$y=x^2, \ y=x^3, \ y=x^4, \ \cdots, \ y=x^n \ (n\text{은 2 이상의 자연수})$$

도 실수 전체의 집합에서 연속이다.

이때 상수함수도 실수 전체의 집합에서 연속이므로 연속함수의 성질 (1), (2)에 의하여 다항함수

$$f(x) = a_n x^n + a_{n-1} x^{n-1} + \cdots + a_1 x + a_0 \ (a_n, a_{n-1}, \cdots, a_1, a_0\text{은 상수})$$

도 실수 전체의 집합에서 연속이다. 즉, 모든 다항함수는 실수 전체의 집합에서 연속이다.

www.ebs*i*.co.kr

두 함수 $f(x)=x^3+ax$, $g(x)=\begin{cases}(ax)^2+ax & (x<2)\\2x-3 & (x\geq2)\end{cases}$에 대하여 함수 $f(x)g(x)$가 $x=2$에서 연속이 되도록 하는 모든 실수 a의 값의 합은?

① -5 ② $-\dfrac{9}{2}$ ③ -4 ④ $-\dfrac{7}{2}$ ⑤ -3

길잡이 실수 a에 대하여 함수 $f(x)g(x)$가 $\lim\limits_{x\to a}f(x)g(x)=f(a)g(a)$를 만족시키면 함수 $f(x)g(x)$는 $x=a$에서 연속이다.

풀이 함수 $f(x)g(x)$가 $x=2$에서 연속이 되려면 $\lim\limits_{x\to2-}f(x)g(x)=\lim\limits_{x\to2+}f(x)g(x)=f(2)g(2)$이어야 한다.

$$\lim_{x\to2-}f(x)g(x)=\lim_{x\to2-}(x^3+ax)\{(ax)^2+ax\}=(8+2a)(4a^2+2a)$$

$$\lim_{x\to2+}f(x)g(x)=\lim_{x\to2+}(x^3+ax)(2x-3)=8+2a$$

$$f(2)g(2)=(8+2a)\times1=8+2a$$

이므로 $(8+2a)(4a^2+2a)=8+2a$, $2(a+4)(4a^2+2a-1)=0$

$a=-4$ 또는 $4a^2+2a-1=0$

이차방정식 $4a^2+2a-1=0$에서 $a=\dfrac{-1-\sqrt{5}}{4}$ 또는 $a=\dfrac{-1+\sqrt{5}}{4}$

따라서 구하는 모든 실수 a의 값의 합은 $-4+\dfrac{-1-\sqrt{5}}{4}+\dfrac{-1+\sqrt{5}}{4}=-\dfrac{9}{2}$

답 ②

유제

정답과 풀이 9쪽

3
[24009–0030]

두 함수 $f(x)=\begin{cases}x^2-3x+4 & (x<1)\\3 & (x\geq1)\end{cases}$, $g(x)=2x+a$에 대하여 함수 $\dfrac{g(x)}{f(x)}$가 실수 전체의 집합에서 연속일 때, 상수 a의 값은?

① -5 ② -4 ③ -3 ④ -2 ⑤ -1

4
[24009–0031]

함수 $f(x)=\begin{cases}ax^2-3 & (|x|\leq2)\\-x+3a & (|x|>2)\end{cases}$에 대하여 함수 $f(x)f(-x)$가 $x=2$에서 연속이 되도록 하는 모든 실수 a의 값의 합은?

① $\dfrac{18}{7}$ ② $\dfrac{20}{7}$ ③ $\dfrac{22}{7}$ ④ $\dfrac{24}{7}$ ⑤ $\dfrac{26}{7}$

5. 최대 · 최소 정리

함수 $f(x)$가 닫힌구간 $[a, b]$에서 연속이면 함수 $f(x)$는 이 구간에서 반드시 최댓값과 최솟값을 갖는다.

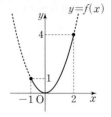

예 함수 $f(x)=x^2$은 닫힌구간 $[-1, 2]$에서 연속이므로 함수 $f(x)$는 이 구간에서 반드시 최댓값과 최솟값을 갖는다. 이때

$$f(-1)=1,\ f(0)=0,\ f(2)=4$$

이고, 함수 $y=f(x)$의 그래프가 오른쪽 그림과 같으므로 닫힌구간 $[-1, 2]$에서 함수 $f(x)$의 최댓값은 4, 최솟값은 0이다.

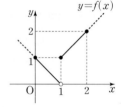

참고 ① 함수 $f(x)$가 닫힌구간 $[a, b]$에서 연속이 아니면 함수 $f(x)$는 이 구간에서 최댓값 또는 최솟값을 갖지 않을 수도 있다.

예를 들어 $x=1$에서 불연속인 함수 $f(x)=\begin{cases} -x+1 & (x<1) \\ x & (x\geq 1) \end{cases}$ 은 닫힌구간 $[0, 2]$에서 최솟값을 갖지 않는다.

② 함수 $f(x)$가 열린구간 (a, b) 또는 구간 $[a, b)$ 또는 구간 $(a, b]$에서 연속인 경우에는 함수 $f(x)$가 이 구간에서 최댓값 또는 최솟값을 갖지 않을 수도 있다.
예를 들어 실수 전체의 집합에서 연속인 함수 $f(x)=x^2$은 열린구간 $(-1, 2)$ 또는 구간 $[-1, 2)$에서 연속이고 두 구간에서 최솟값 $f(0)=0$을 갖지만 두 구간에서 최댓값을 갖지 않는다.

6. 사잇값의 정리

(1) 사잇값의 정리

함수 $f(x)$가 닫힌구간 $[a, b]$에서 연속이고 $f(a)\neq f(b)$이면 $f(a)$와 $f(b)$ 사이의 임의의 값 k에 대하여 $f(c)=k$인 c가 열린구간 (a, b)에 적어도 하나 존재한다.

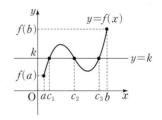

예 함수 $f(x)=x^2$은 닫힌구간 $[0, 2]$에서 연속이고 $f(0)=0$, $f(2)=4$이므로 $f(c)=3$인 c가 열린구간 $(0, 2)$에 적어도 하나 존재한다.
이때 $f(c)=c^2=3$에서 $0<\sqrt{3}<2$인 $c=\sqrt{3}$이 존재한다.

(2) 사잇값의 정리의 활용

함수 $f(x)$가 닫힌구간 $[a, b]$에서 연속이고 $f(a)f(b)<0$이면 사잇값의 정리에 의하여 $f(c)=0$인 c가 열린구간 (a, b)에 적어도 하나 존재한다.
따라서 방정식 $f(x)=0$은 열린구간 (a, b)에서 적어도 하나의 실근을 갖는다.

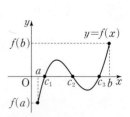

설명 함수 $f(x)$가 닫힌구간 $[a, b]$에서 연속이고 $f(a)f(b)<0$이면 $f(a)$와 $f(b)$의 부호가 서로 다르므로 $f(a)$와 $f(b)$ 사이의 값인 0에 대하여 $f(c)=0$인 c가 열린구간 (a, b)에 적어도 하나 존재한다.

직선 $y=x+1$과 곡선 $y=x^3+3x$가 오직 하나의 점에서 만난다. 이 만나는 점의 x좌표를 a라 할 때, 다음 열린구간 중 a가 속하는 구간은?

① $(-3, -2)$ ② $(-2, -1)$ ③ $(-1, 0)$ ④ $(0, 1)$ ⑤ $(1, 2)$

길잡이 함수 $f(x)$가 닫힌구간 $[a, b]$에서 연속이고 $f(a)$와 $f(b)$의 부호가 다르면 방정식 $f(x)=0$은 열린구간 (a, b)에서 적어도 하나의 실근을 갖는다.

풀이 직선 $y=x+1$과 곡선 $y=x^3+3x$가 오직 하나의 점에서 만나고, 이 만나는 점의 x좌표가 a이므로 방정식 $x^3+3x=x+1$, 즉 $x^3+2x-1=0$은 오직 하나의 실근 a를 갖는다.

$f(x)=x^3+2x-1$이라 하면 함수 $f(x)$는 실수 전체의 집합에서 연속이다.

$$f(-3)=-27-6-1=-34<0$$
$$f(-2)=-8-4-1=-13<0$$
$$f(-1)=-1-2-1=-4<0$$
$$f(0)=-1<0$$
$$f(1)=1+2-1=2>0$$
$$f(2)=8+4-1=11>0$$

따라서 $f(0)f(1)<0$이므로 사잇값의 정리에 의하여 방정식 $f(x)=0$은 열린구간 $(0, 1)$에서 적어도 하나의 실근을 갖는다. 방정식 $f(x)=0$이 오직 하나의 실근 a를 가지므로 a는 열린구간 $(0, 1)$에 속한다.

답 ④

유제

정답과 풀이 **9쪽**

5
[24009-0032]
역함수를 갖는 함수 $f(x)=2x^3+3x+k$에 대하여 방정식 $f(x)=0$은 오직 하나의 실근 a를 갖는다. a가 열린구간 $(-1, 2)$에 속하도록 하는 정수 k의 개수는?

① 24 ② 25 ③ 26 ④ 27 ⑤ 28

6
[24009-0033]
함수 $f(x)=\begin{cases} \dfrac{1}{(x+1)(x-4)} & (x\neq-1, \, x\neq4) \\ 1 & (x=-1 \text{ 또는 } x=4) \end{cases}$ 가 닫힌구간 $[a-1, a+1]$에서 최댓값과 최솟값을 모두 갖도록 하는 정수 a $(-10<a<10)$의 개수를 구하시오.

① 기초 연습

[24009–0034]

1 함수 $f(x)=\begin{cases} 3x+a & (x\neq-2) \\ 4 & (x=-2) \end{cases}$ 가 실수 전체의 집합에서 연속일 때, 상수 a의 값은?

① 6   ② 7   ③ 8   ④ 9   ⑤ 10

[24009–0035]

2 실수 전체의 집합에서 연속인 함수 $f(x)$가

$$\lim_{x\to3}(4x-2)f(x)=8$$

을 만족시킬 때, $f(3)$의 값은?

① $\dfrac{1}{5}$ ② $\dfrac{2}{5}$ ③ $\dfrac{3}{5}$ ④ $\dfrac{4}{5}$ ⑤ 1

[24009–0036]

3 함수 $f(x)=\dfrac{1}{x^2+ax+b}$ 이 $x=-2$와 $x=1$에서 불연속일 때, $\lim_{x\to1}(x^2+a+b)f(x)$의 값은?

(단, a, b는 상수이다.)

① $\dfrac{1}{3}$ ② $\dfrac{2}{3}$ ③ 1   ④ $\dfrac{4}{3}$ ⑤ $\dfrac{5}{3}$

[24009–0037]

4 함수 $f(x)=\begin{cases} \dfrac{x^2+4x-5}{\sqrt{x+3}-2} & (x\neq1) \\ a & (x=1) \end{cases}$ 이 $x=1$에서 연속일 때, 상수 a의 값은?

① 21   ② 22   ③ 23   ④ 24   ⑤ 25

5 [24009-0038]

실수 전체의 집합에서 연속인 함수 $f(x)$가 모든 실수 x에 대하여

$$(x-2)f(x)=x^3-x^2-x-2$$

를 만족시킬 때, $f(2)$의 값은?

① 5   ② 6   ③ 7   ④ 8   ⑤ 9

6 [24009-0039]

함수 $f(x)=\begin{cases} 3x+a & (x<1) \\ x^2-3 & (x\geq1) \end{cases}$에 대하여 함수 $\{f(x)\}^2$이 실수 전체의 집합에서 연속이 되도록 하는 모든 실수 a의 값의 합은?

① -6 ② -5 ③ -4 ④ -3 ⑤ -2

7 [24009-0040]

두 함수 $f(x)=\begin{cases} x+a & (x<-1) \\ 2x-1 & (x\geq-1) \end{cases}$, $g(x)=x^2+2x+a$에 대하여 함수 $f(x)g(x)$가 실수 전체의 집합에서 연속이 되도록 하는 모든 실수 a의 값의 합은?

① -2 ② -1 ③ 0 ④ 1 ⑤ 2

8 [24009-0041]

함수 $y=f(x)$의 그래프가 그림과 같다.

함수 $\{3f(x)-2\}\{f(x)-a\}$가 $x=0$에서 연속일 때, 상수 a의 값은?

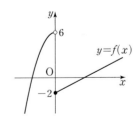

① 2   ② $\dfrac{7}{3}$ ③ $\dfrac{8}{3}$

④ 3   ⑤ $\dfrac{10}{3}$

[24009-0042]

1 두 함수 $f(x)=\begin{cases} -x+a & (x<-1) \\ 2x+3 & (x\ge-1) \end{cases}$, $g(x)=\begin{cases} x+3 & (x<-1) \\ 3x+a & (x\ge-1) \end{cases}$에 대하여 함수 $f(x)g(x)$가 $x=-1$에서

연속이 되도록 하는 상수 a의 값은?

① -5 ② -4 ③ -3 ④ -2 ⑤ -1

[24009-0043]

2 함수 $f(x)$가 다음 조건을 만족시킨다.

> (가) 함수 $f(x)$는 $x=-2$에서 연속이다.
> (나) 모든 실수 x에 대하여 $f(-x)=f(x)$이다.

$\lim\limits_{x\to-2-} f(x)=4\lim\limits_{x\to2+} f(x)-18$일 때, $\lim\limits_{x\to2-} f(x)$의 값은?

① 4   ② 5   ③ 6   ④ 7   ⑤ 8

[24009-0044]

3 두 실수 a, b $(a>0)$에 대하여 함수 $f(x)=\begin{cases} -5x-6 & (x<0) \\ a-b & (x=0) \\ x+2 & (x>0) \end{cases}$일 때, 함수 $\{f(x)\}^2+bf(x)$는 $x=0$에서

연속이다. ab의 값을 구하시오.

[24009-0045]

4 함수 $f(x) = \begin{cases} \dfrac{b^2+1}{x^2+ax+4} & (x \neq 0) \\ \dfrac{|b|}{2} & (x=0) \end{cases}$ 이 실수 전체의 집합에서 연속이 되도록 하는 두 정수 a, b의 모든 순서쌍 (a, b)의 개수는?

① 12　　　　　② 14　　　　　③ 16　　　　　④ 18　　　　　⑤ 20

[24009-0046]

5 함수 $f(x) = \begin{cases} x+a & (x < c \text{ 또는 } x > c+3) \\ x^2-4x+b & (c \leq x \leq c+3) \end{cases}$ 이 다음 조건을 만족시킬 때, $a+b+c$의 값을 구하시오.

(단, a, b, c는 상수이다.)

(가) 함수 $f(x)$는 실수 전체의 집합에서 연속이다.

(나) $x > 0$에서 함수 $f(x)$의 최솟값은 6이다.

[24009-0047]

6 실수 t에 대하여 곡선 $y = x^2 - 2x + 2$와 직선 $y = -2tx+1$의 교점의 개수를 $f(t)$라 하자. **보기**에서 옳은 것만을 있는 대로 고른 것은?

┌─ 보기 ┐

ㄱ. $\lim\limits_{t \to 0-} f(t) = 2$

ㄴ. $m \geq 1$이면 직선 $y = mt$와 함수 $y = f(t)$의 그래프는 만나지 않는다.

ㄷ. 함수 $(t^2 - 2t)f(t)$는 실수 전체의 집합에서 연속이다.

① ㄱ　　　　　② ㄴ　　　　　③ ㄱ, ㄴ　　　　　④ ㄱ, ㄷ　　　　　⑤ ㄱ, ㄴ, ㄷ

[24009-0048]

1 구간 $[1, \infty)$에서 정의된 함수 $f(x)$와 $a_6=8$인 수열 $\{a_n\}$이 모든 자연수 k에 대하여

$$f(x)=(ka_k+1)x+k(k+1)\ (k\le x<k+1)$$

을 만족시킨다. 함수 $f(x)$가 구간 $[1, \infty)$에서 연속일 때, $\displaystyle\sum_{n=1}^{5} a_n$의 값을 구하시오.

[24009-0049]

2 함수

$$f(x)=\begin{cases} -2 & (x<-1) \\ x^2+ax+b & (-1\le x\le 2) \\ 2 & (x>2) \end{cases}$$

가 다음 조건을 만족시키도록 하는 두 실수 a, b $(a<b)$에 대하여 $9ab$의 값을 구하시오.

> (가) 함수 $|f(x)|$가 실수 전체의 집합에서 연속이다.
> (나) 함수 $f(x)$의 최솟값이 -2보다 작다.

[24009-0050]

3 실수 t와 함수 $f(x)=\begin{cases} x-3 & (x<-1) \\ (x+1)(x-3) & (x\ge-1) \end{cases}$에 대하여 x에 대한 방정식 $f(x)=t$의 서로 다른 실근의 개수를 n이라 할 때, 함수 $g(t)$를 다음과 같이 정의한다.

> $n=1$일 때, x에 대한 방정식 $f(x)=t$의 해가 $x=\alpha$이면 $g(t)=\alpha$이다.
> $n\ge2$일 때, $g(t)$는 x에 대한 방정식 $f(x)=t$의 서로 다른 모든 실근의 합이다.

보기에서 옳은 것만을 있는 대로 고른 것은?

> ┌ 보기 ┐
> ㄱ. $\displaystyle\lim_{t\to0-} g(t)=2$
> ㄴ. $\displaystyle\lim_{t\to5}\frac{g(-t)+2}{g(t)-4}=6$
> ㄷ. 함수 $(|t+2|-2)g(t)$는 실수 전체의 집합에서 연속이다.

① ㄱ   ② ㄴ   ③ ㄱ, ㄴ   ④ ㄱ, ㄷ   ⑤ ㄱ, ㄴ, ㄷ

대표 기출 문제

함수의 연속의 정의를 이용하여 함수의 미정계수를 구하는 문제, 함수의 그래프를 이용하여 새롭게 정의된 함수의 연속 여부를 판단하는 문제, 연속함수의 성질을 이용하여 함수가 연속이 될 조건을 구하는 문제 등이 출제되고 있다.

2022학년도 수능

실수 전체의 집합에서 연속인 함수 $f(x)$가 모든 실수 x에 대하여

$$\{f(x)\}^3 - \{f(x)\}^2 - x^2 f(x) + x^2 = 0$$

을 만족시킨다. 함수 $f(x)$의 최댓값이 1이고 최솟값이 0일 때, $f\left(-\dfrac{4}{3}\right) + f(0) + f\left(\dfrac{1}{2}\right)$의 값은? [4점]

① $\dfrac{1}{2}$ ② 1 ③ $\dfrac{3}{2}$ ④ 2 ⑤ $\dfrac{5}{2}$

 연속함수의 성질을 이용하여 함수를 직접 구할 수 있는지를 묻는 문제이다.

 $\{f(x)\}^3 - \{f(x)\}^2 - x^2 f(x) + x^2 = 0$에서

$\{f(x) - 1\}\{f(x) + x\}\{f(x) - x\} = 0$이므로

$f(x) = 1$ 또는 $f(x) = -x$ 또는 $f(x) = x$

이때 $f(0) = 1$ 또는 $f(0) = 0$이므로 다음과 같이 두 경우로 나누어 생각하자.

(i) $f(0) = 1$일 때

함수 $f(x)$가 실수 전체의 집합에서 연속이고, 함수 $f(x)$의 최댓값이 1이므로 $f(x) = 1$이다.

그러나 $f(x) = 1$이면 함수 $f(x)$의 최솟값이 0이 될 수 없으므로 조건을 만족시키지 않는다.

(ii) $f(0) = 0$일 때

함수 $f(x)$가 실수 전체의 집합에서 연속이므로 $f(x) = -x$ 또는 $f(x) = x$가 가능하다.

$f(x) = -x$이면 $-1 \le x \le 0$에서 $0 \le f(x) \le 1$, $f(x) = x$이면 $0 \le x \le 1$에서 $0 \le f(x) \le 1$

이므로 함수 $f(x)$의 최댓값이 1, 최솟값이 0이려면

$-1 \le x < 0$에서 $f(x) = -x$, $0 < x \le 1$에서 $f(x) = x$

이어야 한다. 또한 함수 $f(x)$의 최댓값이 1이고 실수 전체의 집합에서 연속이려면

$x < -1$과 $x > 1$에서 $f(x) = 1$

이어야 한다.

(i), (ii)에서 $f(x) = \begin{cases} |x| & (|x| \le 1) \\ 1 & (|x| > 1) \end{cases}$

따라서 $f\left(-\dfrac{4}{3}\right) = 1$, $f(0) = 0$, $f\left(\dfrac{1}{2}\right) = \dfrac{1}{2}$이므로

$$f\left(-\dfrac{4}{3}\right) + f(0) + f\left(\dfrac{1}{2}\right) = 1 + 0 + \dfrac{1}{2} = \dfrac{3}{2}$$

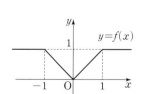

답 ③

03 미분계수와 도함수

1. 평균변화율

(1) 평균변화율

함수 $y=f(x)$에서 x의 값이 a에서 b까지 변할 때, y의 값은 $f(a)$에서 $f(b)$까지 변한다. x의 값의 변화량 $b-a$를 x의 증분, y의 값의 변화량 $f(b)-f(a)$를 y의 증분이라 하고, 기호로 각각 Δx, Δy와 같이 나타낸다.

또 x의 증분 Δx에 대한 y의 증분 Δy의 비율

$$\frac{\Delta y}{\Delta x}=\frac{f(b)-f(a)}{b-a}=\frac{f(a+\Delta x)-f(a)}{\Delta x}$$

를 x의 값이 a에서 b까지 변할 때의 함수 $y=f(x)$의 평균변화율이라고 한다.

(2) 평균변화율의 기하적 의미

함수 $y=f(x)$에서 x의 값이 a에서 b까지 변할 때의 함수 $y=f(x)$의 평균변화율은 곡선 $y=f(x)$ 위의 두 점 $\mathrm{P}(a, f(a))$, $\mathrm{Q}(b, f(b))$를 지나는 직선의 기울기와 같다.

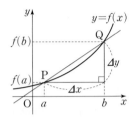

2. 미분계수

(1) 미분계수

함수 $y=f(x)$에서 x의 값이 a에서 $a+\Delta x$까지 변할 때의 함수 $y=f(x)$의 평균변화율은

$$\frac{\Delta y}{\Delta x}=\frac{f(a+\Delta x)-f(a)}{\Delta x}$$

이다. 이때 $\Delta x \to 0$일 때의 평균변화율의 극한값

$$\lim_{\Delta x \to 0}\frac{\Delta y}{\Delta x}=\lim_{\Delta x \to 0}\frac{f(a+\Delta x)-f(a)}{\Delta x}$$

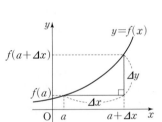

가 존재하면 이 극한값을 함수 $y=f(x)$의 $x=a$에서의 순간변화율 또는 미분계수라 하고, 이것을 기호로 $f'(a)$와 같이 나타낸다. 즉,

$$f'(a)=\lim_{\Delta x \to 0}\frac{f(a+\Delta x)-f(a)}{\Delta x}=\lim_{h \to 0}\frac{f(a+h)-f(a)}{h}$$

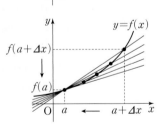

참고 위의 식에서 $a+\Delta x=x$라 하면 $\Delta x \to 0$일 때 $x \to a$이므로

$$f'(a)=\lim_{\Delta x \to 0}\frac{f(a+\Delta x)-f(a)}{\Delta x}=\lim_{x \to a}\frac{f(x)-f(a)}{x-a}$$

(2) 미분계수의 기하적 의미

함수 $y=f(x)$의 $x=a$에서의 미분계수 $f'(a)$는 곡선 $y=f(x)$ 위의 점 $\mathrm{P}(a, f(a))$에서의 접선의 기울기와 같다.

예 함수 $f(x)=x^2+2x$에 대하여 곡선 $y=f(x)$ 위의 점 $(1, 3)$에서의 접선의 기울기는

$$f'(1)=\lim_{x \to 1}\frac{f(x)-f(1)}{x-1}=\lim_{x \to 1}\frac{x^2+2x-3}{x-1}=\lim_{x \to 1}\frac{(x-1)(x+3)}{x-1}=\lim_{x \to 1}(x+3)=4$$

이다.

다항함수 $f(x)$에 대하여 $\lim\limits_{x \to 2} \dfrac{3f(x)-1}{x-2}=6$일 때, $\lim\limits_{h \to 0} \dfrac{f(2+3h)+2f(2)-1}{h}$의 값은?

① 2　　　　　② 3　　　　　③ 4　　　　　④ 5　　　　　⑤ 6

길잡이 다항함수 $f(x)$의 $x=a$에서의 미분계수는 $f'(a)=\lim\limits_{x \to a} \dfrac{f(x)-f(a)}{x-a}=\lim\limits_{h \to 0} \dfrac{f(a+h)-f(a)}{h}$이다.

풀이 $\lim\limits_{x \to 2} \dfrac{3f(x)-1}{x-2}=6$ 　　…… ㉠

㉠에서 $x \to 2$일 때 (분모) $\to 0$이고 극한값이 존재하므로 (분자) $\to 0$이어야 한다.

즉, $\lim\limits_{x \to 2}\{3f(x)-1\}=0$이고 다항함수 $f(x)$는 실수 전체의 집합에서 연속이므로

$3f(2)-1=0$에서 $3f(2)=1$

㉠에서

$$\lim_{x \to 2} \frac{3f(x)-1}{x-2}=\lim_{x \to 2} \frac{3f(x)-3f(2)}{x-2}=3\lim_{x \to 2} \frac{f(x)-f(2)}{x-2}=3f'(2)=6$$

이므로 $f'(2)=2$

따라서

$$\lim_{h \to 0} \frac{f(2+3h)+2f(2)-1}{h}=\lim_{h \to 0} \frac{f(2+3h)+2f(2)-3f(2)}{h}$$
$$=\lim_{h \to 0}\left\{\frac{f(2+3h)-f(2)}{3h}\times 3\right\}$$
$$=3f'(2)=3 \times 2=6$$

답 ⑤

유제

정답과 풀이 16쪽

1
[24009-0051]

다항함수 $f(x)$에 대하여 $\lim\limits_{x \to 1} \dfrac{f(x)-2}{x^2-1}=3f(1)$일 때, $f(1)+f'(1)$의 값은?

① 11　　　　　② 12　　　　　③ 13　　　　　④ 14　　　　　⑤ 15

2
[24009-0052]

다항함수 $f(x)$가 다음 조건을 만족시킬 때, $\lim\limits_{x \to -2} \dfrac{f(x)-f(-2)}{x^2+5x+6}$의 값을 구하시오.

> (가) x의 값이 -2에서 1까지 변할 때의 함수 $y=f(x)$의 평균변화율과 $x=-2$에서의 미분계수가 서로 같다.
>
> (나) $\lim\limits_{h \to 0} \dfrac{f(-2-h)-(1-h)f(-2)}{h}=f(1)-60$

3. 미분가능과 연속

(1) 미분가능

함수 $f(x)$의 $x=a$에서의 미분계수

$$f'(a)=\lim_{\Delta x \to 0}\frac{f(a+\Delta x)-f(a)}{\Delta x}=\lim_{x \to a}\frac{f(x)-f(a)}{x-a}$$

가 존재하면 함수 $f(x)$는 $x=a$에서 미분가능하다고 한다.

(2) 미분가능한 함수

함수 $f(x)$가 어떤 열린구간에 속하는 모든 x의 값에서 미분가능하면 함수 $f(x)$는 그 구간에서 미분가능하다고 한다. 또한 함수 $f(x)$가 정의역에 속하는 모든 x의 값에서 미분가능하면 함수 $f(x)$는 미분가능한 함수라고 한다.

(3) 미분가능과 연속

함수 $f(x)$가 $x=a$에서 미분가능하면 함수 $f(x)$는 $x=a$에서 연속이다.

함수
연속인 함수
미분가능한 함수

참고 위의 명제의 대우는 참이다. 즉, 함수 $f(x)$가 $x=a$에서 불연속이면 함수 $f(x)$는 $x=a$에서 미분가능하지 않다.

한편, 함수 $f(x)$가 $x=a$에서 연속이라고 해서 항상 $x=a$에서 미분가능한 것은 아니다.

설명 함수 $f(x)$가 $x=a$에서 미분가능하면 $x=a$에서의 미분계수

$$f'(a)=\lim_{x \to a}\frac{f(x)-f(a)}{x-a}$$

가 존재하므로 다음이 성립한다.

$$\lim_{x \to a}\{f(x)-f(a)\}=\lim_{x \to a}\left\{\frac{f(x)-f(a)}{x-a}\times(x-a)\right\}=\lim_{x \to a}\frac{f(x)-f(a)}{x-a}\times\lim_{x \to a}(x-a)=f'(a)\times 0=0$$

따라서

$$\lim_{x \to a}f(x)=\lim_{x \to a}[\{f(x)-f(a)\}+f(a)]=\lim_{x \to a}\{f(x)-f(a)\}+f(a)=0+f(a)=f(a)$$

이므로 함수 $f(x)$는 $x=a$에서 연속이다.

예 함수 $f(x)=|x|$는 $x=0$에서 연속이지만 미분가능하지 않음을 보이자.

(i) $x=0$에서의 연속성

$$\lim_{x \to 0-}f(x)=\lim_{x \to 0-}|x|=\lim_{x \to 0-}(-x)=0,$$
$$\lim_{x \to 0+}f(x)=\lim_{x \to 0+}|x|=\lim_{x \to 0+}x=0,\ f(0)=0$$

에서 $\lim_{x \to 0}f(x)=f(0)$이므로 함수 $f(x)=|x|$는 $x=0$에서 연속이다.

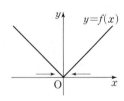

(ii) $x=0$에서의 미분가능성

$$\lim_{x \to 0-}\frac{f(x)-f(0)}{x-0}=\lim_{x \to 0-}\frac{|x|-0}{x}=\lim_{x \to 0-}\frac{-x}{x}=-1,$$
$$\lim_{x \to 0+}\frac{f(x)-f(0)}{x-0}=\lim_{x \to 0+}\frac{|x|-0}{x}=\lim_{x \to 0+}\frac{x}{x}=1$$

이므로 $\lim_{x \to 0-}\frac{f(x)-f(0)}{x-0}\neq\lim_{x \to 0+}\frac{f(x)-f(0)}{x-0}$이다. 따라서 $\lim_{x \to 0}\frac{f(x)-f(0)}{x-0}$의 값이 존재하지 않으므로 함수 $f(x)=|x|$는 $x=0$에서 미분가능하지 않다.

(i), (ii)에서 함수 $f(x)=|x|$는 $x=0$에서 연속이지만 미분가능하지 않다.

함수 $f(x) = \begin{cases} ax+2 & (x<1) \\ bx^2+x+3 & (x\geq 1) \end{cases}$ 이 $x=1$에서 미분가능할 때, $a+b$의 값은? (단, a, b는 상수이다.)

① 1   ② 2   ③ 3   ④ 4   ⑤ 5

길잡이 함수 $f(x)$가 $x=a$에서 미분가능하면

(1) 함수 $f(x)$는 $x=a$에서 연속이다. 즉, $\lim\limits_{x \to a-} f(x) = \lim\limits_{x \to a+} f(x) = f(a)$

(2) $f'(a)$가 존재한다. 즉, $\lim\limits_{x \to a-} \dfrac{f(x)-f(a)}{x-a} = \lim\limits_{x \to a+} \dfrac{f(x)-f(a)}{x-a}$

풀이 함수 $f(x)$가 $x=1$에서 미분가능하므로 $x=1$에서 연속이다.

즉, $\lim\limits_{x \to 1-} f(x) = \lim\limits_{x \to 1+} f(x) = f(1)$이다.

$$\lim_{x \to 1-} f(x) = \lim_{x \to 1-}(ax+2) = a+2,$$
$$\lim_{x \to 1+} f(x) = \lim_{x \to 1+}(bx^2+x+3) = b+4,$$
$$f(1) = b+4$$

이므로 $a+2 = b+4$에서 $a-b=2$ ······ ㉠

함수 $f(x)$가 $x=1$에서 미분가능하므로 $\lim\limits_{x \to 1-} \dfrac{f(x)-f(1)}{x-1} = \lim\limits_{x \to 1+} \dfrac{f(x)-f(1)}{x-1}$이다.

$$\lim_{x \to 1-} \frac{f(x)-f(1)}{x-1} = \lim_{x \to 1-} \frac{(ax+2)-(b+4)}{x-1} = \lim_{x \to 1-} \frac{(ax+2)-(a+2)}{x-1}$$
$$= \lim_{x \to 1-} \frac{a(x-1)}{x-1} = \lim_{x \to 1-} a = a,$$
$$\lim_{x \to 1+} \frac{f(x)-f(1)}{x-1} = \lim_{x \to 1+} \frac{(bx^2+x+3)-(b+4)}{x-1} = \lim_{x \to 1+} \frac{(x-1)(bx+b+1)}{x-1}$$
$$= \lim_{x \to 1+}(bx+b+1) = 2b+1$$

이므로 $a = 2b+1$에서 $a-2b=1$ ······ ㉡

㉠, ㉡을 연립하여 풀면 $a=3$, $b=1$이므로

$$a+b = 3+1 = 4$$

답 ④

유제

정답과 **풀이 17쪽**

3

[24009-0053]

함수 $f(x) = \begin{cases} (ax-3)(x+a) & (x<1) \\ 4ax+4 & (x\geq 1) \end{cases}$ 이 실수 전체의 집합에서 미분가능할 때, 상수 a의 값은?

① -1 ② 1   ③ 3   ④ 5   ⑤ 7

4. 도함수

(1) 도함수

함수 $y=f(x)$가 정의역에 속하는 모든 x에서 미분가능할 때, 정의역의 각 원소 x에

미분계수 $f'(x)$를 대응시키는 새로운 함수

$$f'(x)=\lim_{\varDelta x \to 0}\frac{f(x+\varDelta x)-f(x)}{\varDelta x}$$

를 함수 $y=f(x)$의 도함수라 하고, 이것을 기호로

$$f'(x),\ y',\ \frac{dy}{dx},\ \frac{d}{dx}f(x)$$

와 같이 나타낸다.

함수 $f(x)$의 도함수 $f'(x)$를 구하는 것을 함수 $f(x)$를 x에 대하여 미분한다고 하고, 그 계산법을 미분법이라고 한다.

참고 ① $f'(x)=\lim\limits_{\varDelta x \to 0}\dfrac{f(x+\varDelta x)-f(x)}{\varDelta x}=\lim\limits_{h \to 0}\dfrac{f(x+h)-f(x)}{h}$

② 위의 식에서 $x+\varDelta x=t$라 하면 $\varDelta x \to 0$일 때 $t \to x$이므로

$$f'(x)=\lim_{\varDelta x \to 0}\frac{f(x+\varDelta x)-f(x)}{\varDelta x}=\lim_{t \to x}\frac{f(t)-f(x)}{t-x}$$

(2) 도함수와 미분계수

함수 $f(x)$가 미분가능할 때, 도함수의 정의에 의하여 $f'(x)=\lim\limits_{\varDelta x \to 0}\dfrac{f(x+\varDelta x)-f(x)}{\varDelta x}$이다.

따라서 함수 $f(x)$에 대하여 $x=a$에서의 미분계수 $f'(a)$는 도함수 $f'(x)$에 $x=a$를 대입하여 얻은 값이다.

예 함수 $f(x)=x^2$의 도함수는

$$\begin{aligned}f'(x)&=\lim_{h \to 0}\frac{f(x+h)-f(x)}{h}\\&=\lim_{h \to 0}\frac{(x+h)^2-x^2}{h}\\&=\lim_{h \to 0}\frac{2hx+h^2}{h}\\&=\lim_{h \to 0}(2x+h)\\&=2x\end{aligned}$$

이때 함수 $f(x)$의 $x=3$에서의 미분계수는

$$f'(3)=2 \times 3=6$$

이고, 함수 $f(x)$의 $x=-1$에서의 미분계수는

$$f'(-1)=2 \times (-1)=-2$$

이다.

도함수

다항함수 $f(x)$가 모든 실수 x에 대하여

$$\lim_{h \to 0} \frac{f(x+3h)-f(x)}{h} = 6x^2 + ax$$

를 만족시키고, $f'(1)=3$이다. $f'(2)$의 값은? (단, a는 상수이다.)

① 6　　　　　② 8　　　　　③ 10　　　　　④ 12　　　　　⑤ 14

길잡이 미분가능한 함수 $f(x)$에 대하여 $f'(x) = \lim_{h \to 0} \dfrac{f(x+h)-f(x)}{h}$이다.

풀이
$$\lim_{h \to 0} \frac{f(x+3h)-f(x)}{h} = \lim_{h \to 0} \left\{ \frac{f(x+3h)-f(x)}{3h} \times 3 \right\}$$
$$= 3\lim_{h \to 0} \frac{f(x+3h)-f(x)}{3h}$$
$$= 3f'(x)$$

이므로 $3f'(x) = 6x^2 + ax$, 즉 $f'(x) = 2x^2 + \dfrac{a}{3}x$

이때 $f'(1) = 2 \times 1^2 + \dfrac{a}{3} \times 1 = 3$에서 $a=3$

따라서 $f'(x) = 2x^2 + x$이므로
$$f'(2) = 2 \times 2^2 + 2 = 10$$

답 ③

유제

정답과 풀이 18쪽

4

[24009-0054]

다항함수 $y=f(x)$의 그래프 위의 점 $(x, f(x))$에서의 접선의 기울기가 $3x^2+4x-1$일 때, $\lim_{h \to 0} \dfrac{f(-1+2h)-f(-1)}{h}$의 값은?

① -2　　　② -4　　　③ -6　　　④ -8　　　⑤ -10

5

[24009-0055]

다항함수 $f(x)$가 모든 실수 x에 대하여

$$\lim_{h \to 0} \frac{f(h)f(x+h)-f(h)f(x)}{h^2} = 2x^3 + 4$$

를 만족시킨다. $f(0)=0$, $f'(0)=2$일 때, $f'(3)$의 값을 구하시오.

5. 함수 $y=x^n$ (n은 자연수)와 상수함수의 도함수

(1) $y=x^n$ ($n \geq 2$인 자연수)이면 $y'=nx^{n-1}$

(2) $y=x$이면 $y'=1$

(3) $y=c$ (c는 상수)이면 $y'=0$

설명 함수 $y=x^n$ ($n \geq 2$인 자연수)에서 $f(x)=x^n$으로 놓으면

$$y'=\lim_{h \to 0}\frac{f(x+h)-f(x)}{h}=\lim_{h \to 0}\frac{(x+h)^n-x^n}{h}$$

$$=\lim_{h \to 0}\frac{\{(x+h)-x\}\{(x+h)^{n-1}+(x+h)^{n-2}x+\cdots+(x+h)x^{n-2}+x^{n-1}\}}{h}$$

$$=\lim_{h \to 0}\{(x+h)^{n-1}+(x+h)^{n-2}x+\cdots+(x+h)x^{n-2}+x^{n-1}\}$$

$$=\underbrace{x^{n-1}+x^{n-1}+\cdots+x^{n-1}+x^{n-1}}_{n개}=nx^{n-1}$$

6. 함수의 실수배, 합, 차, 곱의 미분법

두 함수 $f(x)$, $g(x)$가 미분가능할 때

(1) $y=cf(x)$ (c는 상수)이면 $y'=cf'(x)$

(2) $y=f(x)+g(x)$이면 $y'=f'(x)+g'(x)$

(3) $y=f(x)-g(x)$이면 $y'=f'(x)-g'(x)$

(4) $y=f(x)g(x)$이면 $y'=f'(x)g(x)+f(x)g'(x)$

설명 (2) $y'=\lim_{h \to 0}\frac{\{f(x+h)+g(x+h)\}-\{f(x)+g(x)\}}{h}$

$$=\lim_{h \to 0}\frac{\{f(x+h)-f(x)\}+\{g(x+h)-g(x)\}}{h}$$

$$=\lim_{h \to 0}\frac{f(x+h)-f(x)}{h}+\lim_{h \to 0}\frac{g(x+h)-g(x)}{h}$$

$$=f'(x)+g'(x)$$

(4) $y'=\lim_{h \to 0}\frac{f(x+h)g(x+h)-f(x)g(x)}{h}$

$$=\lim_{h \to 0}\frac{f(x+h)g(x+h)-f(x)g(x+h)+f(x)g(x+h)-f(x)g(x)}{h}$$

$$=\lim_{h \to 0}\frac{\{f(x+h)-f(x)\}g(x+h)+f(x)\{g(x+h)-g(x)\}}{h}$$

$$=\lim_{h \to 0}\frac{f(x+h)-f(x)}{h}\times\lim_{h \to 0}g(x+h)+f(x)\times\lim_{h \to 0}\frac{g(x+h)-g(x)}{h}$$

$$=f'(x)g(x)+f(x)g'(x)$$

예 ① $(x^2-3x+4)'=(x^2)'-3(x)'+(4)'=2x-3$

② $\{(x^2+2)(3x-1)\}'=(x^2+2)'(3x-1)+(x^2+2)(3x-1)'$

$$=2x(3x-1)+(x^2+2)\times 3=9x^2-2x+6$$

참고 세 함수 $f(x)$, $g(x)$, $h(x)$가 미분가능할 때

$y=f(x)g(x)h(x)$이면 $y'=f'(x)g(x)h(x)+f(x)g'(x)h(x)+f(x)g(x)h'(x)$

다항함수 $f(x)$가 $\lim\limits_{x \to 1} \dfrac{f(x)+3}{x-1}=7$을 만족시킨다. 함수 $g(x)=x^2 f(x)$에 대하여 $g'(1)$의 값은?

① 1   ② 2   ③ 3   ④ 4   ⑤ 5

길잡이 두 함수 $f(x)$, $g(x)$가 미분가능할 때, $y=f(x)g(x)$이면 $y'=f'(x)g(x)+f(x)g'(x)$이다.

풀이 $\lim\limits_{x \to 1} \dfrac{f(x)+3}{x-1}=7$에서 $x \to 1$일 때 (분모) $\to 0$이고 극한값이 존재하므로 (분자) $\to 0$이어야 한다.

즉, $\lim\limits_{x \to 1}\{f(x)+3\}=0$에서 다항함수 $f(x)$는 연속함수이므로

   $f(1)+3=0$, $f(1)=-3$

이때 $\lim\limits_{x \to 1} \dfrac{f(x)+3}{x-1}=\lim\limits_{x \to 1} \dfrac{f(x)-f(1)}{x-1}=f'(1)$이므로

   $f'(1)=7$

$g(x)=x^2 f(x)$에서 $g'(x)=2x f(x)+x^2 f'(x)$

따라서 $g'(1)=2f(1)+f'(1)=2 \times (-3)+7=1$

답 ①

유제   **정답**과 **풀이 18쪽**

6
[24009–0056]
다항함수 $f(x)$에 대하여 함수 $g(x)$를
   $g(x)=(3x-1)f(x)$
라 하자. $f(2)=1$, $f'(2)=4$일 때, $g'(2)$의 값을 구하시오.

7
[24009–0057]
일차함수 $f(x)$와 다항함수 $g(x)$가 다음 조건을 만족시킨다.

> (가) $\lim\limits_{x \to 0} \dfrac{f(x)-g(x)}{x}=0$
> (나) $f(x)+g(x)=x^2-6x+12$

$f(5) \times f'(5)$의 값을 구하시오.

[24009-0058]

1 다항함수 $f(x)$에 대하여 $\lim\limits_{h \to 0} \dfrac{f(2+h)+1}{h} = 3$일 때, $f(2)+f'(2)$의 값은?

① 1   ② 2   ③ 3   ④ 4   ⑤ 5

[24009-0059]

2 함수 $f(x)=x^3+ax^2$에 대하여 x의 값이 1에서 3까지 변할 때의 함수 $y=f(x)$의 평균변화율과 $x=1$에서의 미분계수가 서로 같을 때, 상수 a의 값은?

① -5 ② -4 ③ -3 ④ -2 ⑤ -1

[24009-0060]

3 함수 $f(x)=\begin{cases} x+a & (x \le 1) \\ bx^2+1 & (x>1) \end{cases}$ 이 $x=1$에서 미분가능할 때, ab의 값은? (단, a, b는 상수이다.)

① $\dfrac{1}{4}$ ② $\dfrac{1}{2}$ ③ 1   ④ 2   ⑤ 4

[24009-0061]

4 함수 $f(x)=3x^3+2x^2+ax$에 대하여 곡선 $y=f(x)$ 위의 점 $(-1, f(-1))$에서의 접선이 x축과 평행할 때, 상수 a의 값은?

① -8 ② -7 ③ -6 ④ -5 ⑤ -4

5 [24009-0062]

다항함수 $f(x)$에 대하여 함수 $g(x)$를

$$g(x)=(x^2+1)f(x)$$

라 하자. $f(1)+f'(1)=3$일 때, $g'(1)$의 값은?

① 2   ② 4   ③ 6   ④ 8   ⑤ 10

6 [24009-0063]

함수 $f(x)=x^2+ax$에 대하여 $\lim\limits_{x\to 1}\dfrac{xf'(x)}{x-1}=b$일 때, ab의 값은? (단, a, b는 상수이다.)

① -4 ② -2 ③ -1 ④ 2   ⑤ 4

7 [24009-0064]

함수 $f(x)=x^3+3x^2-x$에 대하여 $f'(-1)$, $f'(0)$, $f'(k)$의 값이 이 순서대로 등차수열을 이루도록 하는 모든 실수 k의 값의 합은?

① -6 ② -5 ③ -4 ④ -3 ⑤ -2

8 [24009-0065]

최고차항의 계수가 1인 이차함수 $f(x)$가

$$\lim\limits_{x\to 3}\frac{f(x)-5}{x-3}=\lim\limits_{h\to 0}\frac{f(1-h)-f(1)}{h}$$

을 만족시킬 때, $f(-2)$의 값을 구하시오.

[24009-0066]

1 다항함수 $f(x)$가

$$\lim_{h \to 0} \frac{f(2-h)-f(2)}{h}=f(2)-5, \quad \lim_{x \to 2} \frac{(3-x)f(x)-f(2)}{x-2}=-1$$

을 만족시킬 때, $f(2) \times f'(2)$의 값은?

① 2   ② 4   ③ 6   ④ 8   ⑤ 10

[24009-0067]

2 함수 $f(x)$는 최고차항의 계수가 1인 삼차함수이고, 실수 t에 대하여 곡선 $y=f(x)$ 위의 점 $(t, f(t))$에서의 접선의 기울기를 함수 $g(t)$라 하자.

$$\left\{ x \,\middle|\, \lim_{h \to 0} \frac{f(x+h)-f(x)}{h}=2 \right\}=\{-3, 4\}$$

일 때, $g(-2)$의 값은?

① -20 ② -19 ③ -18 ④ -17 ⑤ -16

[24009-0068]

3 상수항이 0인 이차함수 $f(x)$가 다음 조건을 만족시킬 때, $\dfrac{f(-1)}{k}$의 값은? (단, k는 0이 아닌 상수이다.)

> (가) 자연수 n에 대하여 x의 값이 n에서 $n+1$까지 변할 때의 함수 $y=f(x)$의 평균변화율을 $g(n)$이라 하면
> $$\sum_{n=1}^{9} g(n)=9$$이다.
> (나) $\displaystyle\lim_{h \to 0} \frac{f(1+h)-f(10+h)+k}{h}=-\frac{k}{2}$

① $\dfrac{1}{9}$ ② $\dfrac{2}{9}$ ③ $\dfrac{1}{3}$ ④ $\dfrac{4}{9}$ ⑤ $\dfrac{5}{9}$

4 [24009-0069]

최고차항의 계수가 1인 삼차함수 $f(x)$가 다음 조건을 만족시킬 때, $f(3)$의 값은? (단, a는 0이 아닌 실수이다.)

> (가) $\{x \mid f(x) = 3\} = \{-a, a, 2a\}$
> (나) $f(0) > 0$, $f'(1) = -2$

① 7   ② 8   ③ 9   ④ 10   ⑤ 11

5 [24009-0070]

함수 $f(x) = \dfrac{1}{3}x^3 + ax^2 + b$와 실수 h에 대하여 함수 $g(h)$를 $g(h) = \displaystyle\sum_{k=1}^{6} f(k+h)$라 하자.

$\displaystyle\lim_{h \to 0} \dfrac{g(h) - 26}{h} = 49$일 때, $a - b$의 값은? (단, a, b는 상수이다.)

① 1   ② 2   ③ 3   ④ 4   ⑤ 5

6 [24009-0071]

최고차항의 계수가 1인 이차함수 $f(x)$에 대하여 함수 $g(x)$를

$$g(x) = \begin{cases} f(x) & (x < 1) \\ f(x+1) - f(x) & (x \geq 1) \end{cases}$$

이라 하자. 함수 $g(x)$가 $x = 1$에서 미분가능할 때, $f(2)$의 값은?

① 6   ② 7   ③ 8   ④ 9   ⑤ 10

7 [24009-0072]

함수 $f(x) = \begin{cases} |x-1| & (x < a) \\ -x^2 + bx + b - 5 & (x \geq a) \end{cases}$ 가 실수 전체의 집합에서 미분가능하도록 하는 두 상수 a, b에 대하

여 $a + b = p + q\sqrt{2}$이다. $|p + q|$의 값을 구하시오. (단, p, q는 정수이다.)

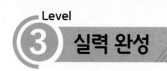
1 [24009-0073]

함수 $f(x)=x^4+ax^2+bx$가 다음 조건을 만족시킬 때, $\lim_{x \to \infty} x\left\{f\left(\dfrac{1-2x}{x}\right)+f\left(\dfrac{2-2x}{x}\right)\right\}$의 값은?

(단, a, b는 상수이다.)

(가) x의 값이 -1에서 2까지 변할 때의 함수 $y=f(x)$의 평균변화율은 $2f'(0)$이다.

(나) $\lim_{x \to 2} \dfrac{f(x)-f(2)}{x^2-4}=\dfrac{11}{2}$

① -54 ② -48 ③ -42 ④ -36 ⑤ -30

2 [24009-0074]

두 함수

$$f(x)=\begin{cases} -4x-2 & (x \leq -1) \\ ax^2+bx-1 & (-1<x<2) \\ 2x+c & (x \geq 2) \end{cases}, \; g(x)=-x^2+4ax+b-c$$

에 대하여 함수 $f(x)$가 실수 전체의 집합에서 미분가능할 때, $\lim_{x \to 1} \dfrac{f(x)g(x)+12}{x-1}$의 값은?

(단, a, b, c는 상수이다.)

① -10 ② -8 ③ -6 ④ -4 ⑤ -2

3 [24009-0075]

다항함수 $f(x)$가 다음 조건을 만족시킨다.

(가) $\lim_{x \to \infty} \dfrac{f(x)}{x^3}=2$ (나) $\lim_{x \to 0} \dfrac{f(x)-2}{x}=24$

함수 $y=f(x)$의 그래프와 직선 $y=2$는 서로 다른 세 점 A, B, C에서 만나고 점 B는 선분 AC를 $1:2$로 내분하는 점일 때, $f(1)$의 최댓값을 구하시오. (단, 원점 O에 대하여 $\overline{OA}<\overline{OB}<\overline{OC}$이다.)

대표 기출 문제

출제경향 미분계수의 정의를 이용하여 극한값을 계산하는 문제, 미분가능성과 연속성의 관계를 이용하여 미지수의 값을 구하는 문제, 미분법을 이용하여 함수의 도함수를 구한 후 여러 가지 값을 구하는 문제 등이 출제되고 있다.

두 다항함수 $f(x)$, $g(x)$가

$$\lim_{x \to 0} \frac{f(x)+g(x)}{x} = 3, \quad \lim_{x \to 0} \frac{f(x)+3}{xg(x)} = 2$$

를 만족시킨다. 함수 $h(x) = f(x)g(x)$에 대하여 $h'(0)$의 값은? [4점]

① 27　　　　　② 30　　　　　③ 33　　　　　④ 36　　　　　⑤ 39

출제 의도 〉 극한의 성질과 미분계수의 정의 및 곱의 미분법을 이용하여 미분계수를 구할 수 있는지를 묻는 문제이다.

풀이 〉 $\lim_{x \to 0} \dfrac{f(x)+g(x)}{x} = 3$에서 $x \to 0$일 때 (분모) $\to 0$이고 극한값이 존재하므로 (분자) $\to 0$이어야 한다.

즉, $\lim_{x \to 0} \{f(x)+g(x)\} = 0$이고 두 다항함수 $f(x)$, $g(x)$는 연속함수이므로

$\qquad f(0)+g(0) = 0 \qquad\qquad \cdots\cdots \ \text{㉠}$

$\qquad \begin{aligned} \lim_{x \to 0} \frac{f(x)+g(x)}{x} &= \lim_{x \to 0} \frac{f(x)+g(x)-f(0)-g(0)}{x} \\ &= \lim_{x \to 0} \left\{ \frac{f(x)-f(0)}{x} + \frac{g(x)-g(0)}{x} \right\} \\ &= f'(0)+g'(0) = 3 \qquad \cdots\cdots \ \text{㉡} \end{aligned}$

또 $\lim_{x \to 0} \dfrac{f(x)+3}{xg(x)} = 2$에서 $x \to 0$일 때 (분모) $\to 0$이고 극한값이 존재하므로 (분자) $\to 0$이어야 한다.

즉, $\lim_{x \to 0} \{f(x)+3\} = 0$이고 다항함수 $f(x)$는 연속함수이므로

$f(0)+3 = 0$에서 $f(0) = -3$

㉠에서 $g(0) = 3$

$\qquad \begin{aligned} \lim_{x \to 0} \frac{f(x)+3}{xg(x)} &= \lim_{x \to 0} \left\{ \frac{f(x)-f(0)}{x} \times \frac{1}{g(x)} \right\} \\ &= \frac{f'(0)}{g(0)} = \frac{f'(0)}{3} = 2 \end{aligned}$

에서 $f'(0) = 6$

㉡에서 $g'(0) = -3$

따라서 $h'(x) = f'(x)g(x) + f(x)g'(x)$이므로

$\qquad h'(0) = f'(0)g(0) + f(0)g'(0) = 6 \times 3 + (-3) \times (-3) = 27$

답 ①

04 도함수의 활용(1)

1. 접선의 방정식

(1) 곡선 위의 점에서의 접선의 방정식

함수 $f(x)$가 $x=a$에서 미분가능할 때, 곡선 $y=f(x)$ 위의 점 $\mathrm{P}(a,\ f(a))$에서의
접선의 기울기는 함수 $f(x)$의 $x=a$에서의 미분계수 $f'(a)$와 같다.

따라서 곡선 $y=f(x)$ 위의 점 $\mathrm{P}(a,\ f(a))$에서의 접선의 방정식은

$$y-f(a)=f'(a)(x-a)$$

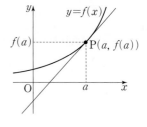

예 곡선 $y=x^3$ 위의 점 $(1,\ 1)$에서의 접선의 방정식을 구해 보자.

$f(x)=x^3$이라 하면 $f'(x)=3x^2$이므로 곡선 $y=x^3$ 위의 점 $(1,\ 1)$에서의 접선의
기울기는 $f'(1)=3$이다.

따라서 구하는 접선의 방정식은 $y-1=3(x-1)$, 즉 $y=3x-2$이다.

참고 함수 $f(x)$가 $x=a$에서 미분가능할 때, 곡선 $y=f(x)$ 위의 점 $\mathrm{P}(a,\ f(a))$를 지나고 이 점에서의 접선에 수직인
직선의 방정식은

$$y-f(a)=-\frac{1}{f'(a)}(x-a)\ (단,\ f'(a)\neq 0)$$

(2) 기울기가 주어진 접선의 방정식

함수 $f(x)$가 미분가능할 때, 기울기가 m이고 곡선 $y=f(x)$에 접하는 직선의 방정식은 다음과 같이 구한다.

① 접점의 좌표를 $(a,\ f(a))$로 놓고 방정식 $f'(a)=m$을 만족시키는 실수 a의 값을 구한다.

② 위의 ①에서 구한 a의 값을 $y-f(a)=m(x-a)$에 대입하여 접선의 방정식을 구한다.

예 곡선 $y=3x^2$에 접하고 기울기가 6인 접선의 방정식을 구해 보자.

$f(x)=3x^2$이라 하면 $f'(x)=6x$

접점의 좌표를 $(a,\ f(a))$라 하면 이 점에서의 접선의 기울기가 6이므로 $f'(a)=6a=6$에서 $a=1$

따라서 기울기가 6인 접선의 접점의 좌표는 $(1,\ 3)$이므로 구하는 접선의 방정식은

$y-3=6(x-1)$, 즉 $y=6x-3$이다.

(3) 곡선 위에 있지 않은 점에서 곡선에 그은 접선의 방정식

함수 $f(x)$가 미분가능할 때, 곡선 $y=f(x)$ 위에 있지 않은 점 $(p,\ q)$에서 곡선
$y=f(x)$에 그은 접선의 방정식은 다음과 같이 구한다.

① 접점의 좌표를 $(a,\ f(a))$로 놓는다.

② 점 $(a,\ f(a))$에서의 접선의 방정식 $y-f(a)=f'(a)(x-a)$를 구한다.

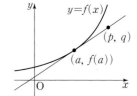

③ 점 $(p,\ q)$는 접선 위의 점이므로 위의 ②에서 구한 접선의 방정식에 $x=p$,
$y=q$를 대입하여 실수 a의 값을 구한다.

④ 위의 ③에서 구한 a의 값을 $y-f(a)=f'(a)(x-a)$에 대입하여 접선의 방정식을 구한다.

예 점 $(0,\ -1)$에서 곡선 $y=x^2$에 그은 접선의 방정식을 구해 보자.

$f(x)=x^2$이라 하면 $f'(x)=2x$

접점의 좌표를 $(a,\ a^2)$이라 하면 이 점에서의 접선의 기울기는 $f'(a)=2a$이므로 접선의 방정식은
$y-a^2=2a(x-a)$, 즉 $y=2ax-a^2$이다.

이 직선이 점 $(0,\ -1)$을 지나므로 $-1=-a^2$, $(a+1)(a-1)=0$, 즉 $a=-1$ 또는 $a=1$

따라서 구하는 접선의 방정식은 $a=-1$일 때 $y=-2x-1$, $a=1$일 때 $y=2x-1$이다.

곡선 $y=x^3-2x^2+1$ 위의 점 $(2, 1)$에서의 접선이 점 $(5, a)$를 지날 때, a의 값은?

① 11   ② 12   ③ 13   ④ 14   ⑤ 15

길잡이 함수 $f(x)$가 $x=a$에서 미분가능할 때, 곡선 $y=f(x)$ 위의 점 $(a, f(a))$에서의 접선의 방정식은 $y-f(a)=f'(a)(x-a)$이다.

풀이 $f(x)=x^3-2x^2+1$이라 하면

$$f'(x)=3x^2-4x$$
$$f'(2)=3\times 2^2-4\times 2=4$$

곡선 $y=f(x)$ 위의 점 $(2, 1)$에서의 접선의 방정식은

$$y-1=4(x-2), \text{ 즉 } y=4x-7$$

이 접선이 점 $(5, a)$를 지나므로

$$a=4\times 5-7=13$$

답 ③

유제

정답과 풀이 26쪽

1
[24009-0076]
함수 $f(x)=x^4+ax+4$에 대하여 곡선 $y=f(x)$ 위의 점 $(1, f(1))$에서의 접선의 방정식이 $y=-2x+b$일 때, $a+b$의 값은? (단, a, b는 상수이다.)

① -5 ② -4 ③ -3 ④ -2 ⑤ -1

2
[24009-0077]
최고차항의 계수가 1인 삼차함수 $f(x)$에 대하여 곡선 $y=f(x)$ 위의 점 $(0, 0)$에서의 접선과 곡선 $y=xf(x)$ 위의 점 $(-2, 0)$에서의 접선이 서로 평행할 때, $f(1)$의 값을 구하시오.

2. 평균값 정리

(1) 롤의 정리

함수 $f(x)$가 닫힌구간 $[a, b]$에서 연속이고 열린구간 (a, b)에서 미분가능할 때, $f(a)=f(b)$이면

$$f'(c)=0$$

인 c가 열린구간 (a, b)에 적어도 하나 존재한다.

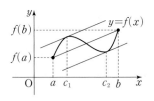

(2) 평균값 정리

함수 $f(x)$가 닫힌구간 $[a, b]$에서 연속이고 열린구간 (a, b)에서 미분가능할 때,

$$\frac{f(b)-f(a)}{b-a}=f'(c)$$

인 c가 열린구간 (a, b)에 적어도 하나 존재한다.

설명 롤의 정리를 이용하여 평균값 정리를 증명해 보자.

함수 $f(x)$가 닫힌구간 $[a, b]$에서 연속이고 열린구간 (a, b)에서 미분가능하다고 하자.

함수 $y=f(x)$의 그래프 위의 두 점 $A(a, f(a))$, $B(b, f(b))$를 지나는 직선의 방정식을 $y=g(x)$라 하면

$$g(x)=\frac{f(b)-f(a)}{b-a}(x-a)+f(a)$$

이다. 이때

$$h(x)=f(x)-g(x)$$

라 하면 함수 $h(x)$는 닫힌구간 $[a, b]$에서 연속이고, 열린구간 (a, b)에서 미분가능하며 $h(a)=h(b)=0$이다.

따라서 롤의 정리에 의하여

$$h'(c)=f'(c)-g'(c)=f'(c)-\frac{f(b)-f(a)}{b-a}=0$$

인 c가 열린구간 (a, b)에 적어도 하나 존재한다. 즉,

$$\frac{f(b)-f(a)}{b-a}=f'(c)$$

인 c가 열린구간 (a, b)에 적어도 하나 존재한다.

참고 ① 평균값 정리는 열린구간 (a, b)에서 함수 $y=f(x)$의 그래프에 접하고 두 점 $(a, f(a))$, $(b, f(b))$를 지나는 직선에 평행한 직선이 적어도 하나 존재함을 의미한다.

② 평균값 정리에서 $f(a)=f(b)$인 경우가 롤의 정리이다.

예 함수 $f(x)=x^2$에 대하여 닫힌구간 $[0, 2]$에서 평균값 정리를 만족시키는 상수 c의 값을 구해 보자.

함수 $f(x)=x^2$은 닫힌구간 $[0, 2]$에서 연속이고 열린구간 $(0, 2)$에서 미분가능하므로 평균값 정리에 의하여

$$\frac{f(2)-f(0)}{2-0}=f'(c)$$

인 c가 열린구간 $(0, 2)$에 적어도 하나 존재한다.

이때 $\dfrac{f(2)-f(0)}{2-0}=\dfrac{4-0}{2-0}=2$이고 $f'(x)=2x$에서 $f'(c)=2c$이므로 $2c=2$

따라서 $c=1$

다음 조건을 만족시키는 모든 다항함수 $f(x)$에 대하여 $f(2)$의 최댓값을 구하시오.

> (가) $f(-1)=1$
> (나) $-1<x<2$인 모든 실수 x에 대하여 $f'(x) \leq 4$이다.

길잡이 함수 $f(x)$가 닫힌구간 $[a, b]$에서 연속이고 열린구간 (a, b)에서 미분가능할 때,

$$\frac{f(b)-f(a)}{b-a}=f'(c)$$인 c가 열린구간 (a, b)에 적어도 하나 존재한다.

풀이 다항함수 $f(x)$가 닫힌구간 $[-1, 2]$에서 연속이고 열린구간 $(-1, 2)$에서 미분가능하므로 평균값 정리에 의하여

$$\frac{f(2)-f(-1)}{2-(-1)}=f'(c)$$

를 만족시키는 상수 c가 열린구간 $(-1, 2)$에 적어도 하나 존재한다.

조건 (나)에서 $-1<x<2$인 모든 실수 x에 대하여 $f'(x) \leq 4$이므로

$$f'(c) \leq 4$$

이다. 이때 조건 (가)에서 $f(-1)=1$이므로

$$f'(c)=\frac{f(2)-1}{3} \leq 4,\ \ 즉\ f(2) \leq 13$$이다.

따라서 $f(2)$의 최댓값은 13이다.

답 13

참고 $f(x)=4x+5$이면 조건 (가), (나)를 만족시키고 $f(2)=13$이다.

유제

정답과 **풀이 26쪽**

3
[24009-0078]
함수 $f(x)=x^3-4x^2+4x+1$에 대하여 닫힌구간 $[0, 3]$에서 평균값 정리를 만족시키는 실수 c의 최댓값을 M, 최솟값을 m이라 할 때, $9(M-m)^2$의 값을 구하시오.

4
[24009-0079]
함수 $f(x)=\begin{cases} x^2+4x & (x \leq 0) \\ -3x^2+4x & (x>0) \end{cases}$에 대하여 $\dfrac{f(a)-f(-2)}{a+2}=f'(c)$를 만족시키고 열린구간 $(-2, a)$에 속하는 상수 c의 개수가 2가 되도록 하는 모든 실수 a의 값의 범위는 $p<a<q$이다. $3(p+q)^2$의 값을 구하시오. (단, $a>-2$)

3. 함수의 증가와 감소

(1) 함수의 증가와 감소

함수 $f(x)$가 어떤 구간에 속하는 임의의 두 실수 x_1, x_2에 대하여

① $x_1 < x_2$일 때, $f(x_1) < f(x_2)$이면 함수 $f(x)$는 이 구간에서 증가한다고 한다.

② $x_1 < x_2$일 때, $f(x_1) > f(x_2)$이면 함수 $f(x)$는 이 구간에서 감소한다고 한다.

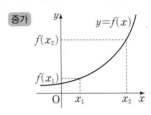 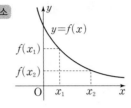

(2) 도함수의 부호와 함수의 증가 또는 감소의 관계

함수 $f(x)$가 어떤 열린구간에서 미분가능하고, 이 구간에 속하는 모든 x에 대하여

① $f'(x) > 0$이면 함수 $f(x)$는 이 구간에서 증가한다.

② $f'(x) < 0$이면 함수 $f(x)$는 이 구간에서 감소한다.

설명 함수 $f(x)$가 열린구간 (a, b)에서 미분가능하고 이 구간에 속하는 모든 x에 대하여 $f'(x) > 0$이라 하자.

열린구간 (a, b)에 속하는 임의의 두 실수 x_1, x_2에 대하여 $x_1 < x_2$일 때, 닫힌구간 $[x_1, x_2]$에서 평균값 정리에 의하여

$$\frac{f(x_2) - f(x_1)}{x_2 - x_1} = f'(c)$$

인 c가 열린구간 (x_1, x_2)에 적어도 하나 존재한다.

이때 $f'(c) > 0$이고 $x_2 - x_1 > 0$이므로 $f(x_2) - f(x_1) > 0$, 즉 $f(x_1) < f(x_2)$이다.

따라서 함수 $f(x)$는 열린구간 (a, b)에서 증가한다.

같은 방법으로 함수 $f(x)$가 열린구간 (a, b)에서 미분가능하고 이 구간에 속하는 모든 x에 대하여 $f'(x) < 0$이면 함수 $f(x)$는 열린구간 (a, b)에서 감소함을 알 수 있다.

참고 ① 일반적으로 위의 명제의 역은 성립하지 않는다.

예를 들어 함수 $f(x) = x^3$은 구간 $(-\infty, \infty)$에서 증가하지만 $f'(0) = 0$이다.

② 함수 $f(x)$가 상수함수가 아닌 다항함수일 때

㉠ 함수 $f(x)$가 어떤 열린구간에서 증가하기 위한 필요충분조건은 이 열린구간에 속하는 모든 x에 대하여 $f'(x) \geq 0$이다.

㉡ 함수 $f(x)$가 어떤 열린구간에서 감소하기 위한 필요충분조건은 이 열린구간에 속하는 모든 x에 대하여 $f'(x) \leq 0$이다.

예 함수 $f(x) = x^3 - 3x^2$에서 $f'(x) = 3x^2 - 6x = 3x(x-2)$

$x < 0$ 또는 $x > 2$에서 $f'(x) > 0$이므로 함수 $f(x)$는 증가하고,

$0 < x < 2$에서 $f'(x) < 0$이므로 함수 $f(x)$는 감소한다.

예제 3 함수의 증가와 감소

함수 $f(x)=\dfrac{1}{3}x^3-ax^2+3ax$가 열린구간 $(-1,\ 2)$에서 증가하도록 하는 정수 a의 개수는?

① 4   ② 5   ③ 6   ④ 7   ⑤ 8

길잡이 미분가능한 함수 $f(x)$가 어떤 구간에서 증가할 때, 이 구간에 속하는 모든 x에 대하여 $f'(x)\geq0$이다.

풀이 삼차함수 $f(x)$는 열린구간 $(-1,\ 2)$에서 미분가능하므로 함수 $f(x)$가 이 구간에서 증가하려면 이 구간에 속하는 모든 x에 대하여 $f'(x)\geq0$이어야 한다.

$f(x)=\dfrac{1}{3}x^3-ax^2+3ax$에서 $f'(x)=x^2-2ax+3a=(x-a)^2-a^2+3a$

이때 $f'(x)$는 $x=a$에서 최솟값을 가지므로 다음과 같이 a의 값의 범위를 나눈 후 a의 값을 구하자.

(i) $a\leq-1$일 때,

$f'(-1)=1+2a+3a=1+5a\geq0$에서 $a\geq-\dfrac{1}{5}$

이때 주어진 조건을 만족시키는 a의 값은 존재하지 않는다.

(ii) $-1<a<2$일 때,

$f'(a)=-a^2+3a\geq0$에서 $a(a-3)\leq0,\ 0\leq a\leq3$

이때 $-1<a<2$이므로 $0\leq a<2$

(iii) $a\geq2$일 때,

$f'(2)=4-4a+3a=4-a\geq0$에서 $a\leq4$

이때 $a\geq2$이므로 $2\leq a\leq4$

(i), (ii), (iii)에서 $0\leq a\leq4$

따라서 정수 a의 값은 0, 1, 2, 3, 4이므로 그 개수는 5이다.

답 ②

유제

정답과 풀이 27쪽

5
[24009-0080]
함수 $f(x)=x^3+ax^2+\left(2a+\dfrac{7}{3}\right)x-5$가 실수 전체의 집합에서 증가하도록 하는 정수 a의 개수는?

① 6   ② 7   ③ 8   ④ 9   ⑤ 10

6
[24009-0081]
함수 $f(x)=-x^3+ax^2-ax+1$의 역함수가 존재하도록 하는 정수 a의 최댓값을 구하시오.

4. 함수의 극대와 극소

(1) 함수의 극대와 극소

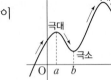

① 함수 $f(x)$에서 a를 포함하는 어떤 열린구간에 속하는 모든 x에 대하여

$$f(x) \leq f(a)$$

이면 함수 $f(x)$는 $x=a$에서 극대라 하고, 그때의 함숫값 $f(a)$를 극댓값이라고 한다.

② 함수 $f(x)$에서 b를 포함하는 어떤 열린구간에 속하는 모든 x에 대하여

$$f(x) \geq f(b)$$

이면 함수 $f(x)$는 $x=b$에서 극소라 하고, 그때의 함숫값 $f(b)$를 극솟값이라고 한다.

이때 극댓값과 극솟값을 통틀어 극값이라고 한다.

(2) 극값과 미분계수

함수 $f(x)$가 $x=a$에서 미분가능하고 $x=a$에서 극값을 가지면 $f'(a)=0$이다.

참고 일반적으로 위의 명제의 역은 성립하지 않는다.

즉, $f'(a)=0$이라고 해서 함수 $f(x)$가 $x=a$에서 극값을 갖는 것은 아니다.

예를 들어 $f(x)=x^3$에서 $f'(0)=0$이지만 함수 $f(x)$는 $x=0$에서 극값을 갖지 않는다.

(3) 미분가능한 함수 $f(x)$의 극대와 극소의 판정

미분가능한 함수 $f(x)$에 대하여 $f'(a)=0$일 때, $x=a$의 좌우에서 $f'(x)$의 부호가

① 양에서 음으로 바뀌면 함수 $f(x)$는 $x=a$에서 극대이고, 극댓값 $f(a)$를 갖는다.

② 음에서 양으로 바뀌면 함수 $f(x)$는 $x=a$에서 극소이고, 극솟값 $f(a)$를 갖는다.

예 함수 $f(x)=x^3-3x$에서

$$f'(x)=3x^2-3=3(x+1)(x-1)$$

$f'(x)=0$에서 $x=-1$ 또는 $x=1$

함수 $f(x)$의 증가와 감소를 표로 나타내면 다음과 같다.

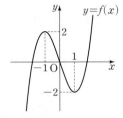

x	$\cdots$	-1	$\cdots$	1	$\cdots$
$f'(x)$	$+$	0	$-$	0	$+$
$f(x)$	$\nearrow$	극대	$\searrow$	극소	$\nearrow$

따라서 함수 $f(x)$는 $x=-1$에서 극댓값 $f(-1)=2$를 갖고,

$x=1$에서 극솟값 $f(1)=-2$를 갖는다.

참고 함수 $f(x)$가 $x=a$에서 미분가능하지 않더라도 $x=a$에서 극값을 가질 수 있다.

예를 들어 함수 $f(x)=|x-1|$은 $x=1$에서 미분가능하지 않지만 $x=1$을 포함하는 어떤 열린구간에 속하는 모든 x에 대하여 $f(x) \geq f(1)$이므로 함수 $f(x)$는 $x=1$에서 극솟값을 갖는다.

함수 $f(x)=2x^3+ax^2-12x+7$이 $x=b$와 $x=1-b$에서 극값을 갖고 $ab>0$일 때, $a+b$의 값은?

(단, a, b는 상수이다.)

① -4 ② -5 ③ -6 ④ -7 ⑤ -8

길잡이 함수 $f(x)$가 $x=a$에서 미분가능하고 $x=a$에서 극값을 가지면 $f'(a)=0$이다.

풀이 함수 $f(x)$가 실수 전체의 집합에서 미분가능하고, $x=b$와 $x=1-b$에서 극값을 가지므로

$$f'(b)=0,\ f'(1-b)=0$$

$f(x)=2x^3+ax^2-12x+7$에서 $f'(x)=6x^2+2ax-12$

두 수 b, $1-b$는 이차방정식 $6x^2+2ax-12=0$의 근이므로 이차방정식의 근과 계수의 관계에 의해

(두 근의 합)$=b+(1-b)=-\dfrac{a}{3}$에서 $a=-3$

(두 근의 곱)$=b(1-b)=-2$에서

$$b^2-b-2=0,\ (b+1)(b-2)=0$$

$$b=-1\ \text{또는}\ b=2$$

이때 $ab>0$이므로 $b=-1$

따라서 $a+b=-3+(-1)=-4$

답 ①

유제

정답과 풀이 **27**쪽

[24009-0082]

7 함수 $f(x)=-\dfrac{1}{4}x^4+\dfrac{1}{3}x^3+2x^2+ax$가 $x=2$에서 극대일 때, 함수 $f(x)$의 극솟값은?

(단, a는 상수이다.)

① $-\dfrac{19}{12}$ ② $-\dfrac{7}{4}$ ③ $-\dfrac{23}{12}$ ④ $-\dfrac{25}{12}$ ⑤ $-\dfrac{9}{4}$

[24009-0083]

8 함수 $f(x)=x^3+ax^2-a^2x-2$가 $x=1$에서 극값을 갖고 $f(-a)>0$일 때, 함수 $f(x)$의 극댓값은?

(단, a는 상수이다.)

① 25   ② 26   ③ 27   ④ 28   ⑤ 29

1 [24009-0084]

곡선 $y=x^4-4x^2+x+1$ 위의 점 $(1, -1)$에서의 접선의 방정식이 $y=ax+b$일 때, $a-b$의 값은?

(단, a, b는 상수이다.)

① -1 ② -2 ③ -3 ④ -4 ⑤ -5

2 [24009-0085]

곡선 $y=-x^3-ax^2+3x+b$ 위의 점 $(1, 1)$에서의 접선과 수직인 직선의 기울기가 $-\dfrac{1}{4}$일 때, ab의 값은?

(단, a, b는 상수이다.)

① 6 ② 8 ③ 10 ④ 12 ⑤ 14

3 [24009-0086]

원점에서 곡선 $y=x^3-9x+16$에 그은 접선이 이 곡선과 만나는 서로 다른 두 점의 x좌표를 각각 x_1, x_2라 할 때, $|x_1-x_2|$의 값은?

① 3 ② 4 ③ 5 ④ 6 ⑤ 7

4 [24009-0087]

곡선 $y=-x^4+2x^3+1$ 위의 점 $\mathrm{A}(1, 2)$에서의 접선과 곡선 $y=x^2-2x+4$가 점 B에서 접할 때, $\overline{\mathrm{AB}}=k$이다. k^2의 값을 구하시오.

5 [24009-0088]

$a>3$인 실수 a와 함수 $f(x)=x^3-2x^2$에 대하여 닫힌구간 $[0,\ a]$에서 평균값 정리를 만족시키는 상수 c의 값이 3일 때, $f'(a)$의 값을 구하시오.

6 [24009-0089]

함수 $f(x)=-2x^3+ax^2-5ax+5$가 실수 전체의 집합에서 감소하도록 하는 실수 a의 최댓값은?

① 22　　　② 24　　　③ 26　　　④ 28　　　⑤ 30

7 [24009-0090]

함수 $f(x)=x^3+ax^2+(2a^2-10a)x+5$가 극값을 갖도록 하는 정수 a의 개수는?

① 4　　　② 5　　　③ 6　　　④ 7　　　⑤ 8

8 [24009-0091]

함수 $f(x)=x^3-6x^2-15x+a$는 $x=b$에서 극댓값 12를 갖는다. $a+b$의 값은? (단, a, b는 상수이다.)

① 1　　　② 2　　　③ 3　　　④ 4　　　⑤ 5

1 [24009-0092]

함수 $f(x)=2x^3-ax^2+2x$에 대하여 곡선 $y=f(x)$ 위의 점 $(0, 0)$에서의 접선과 수직이고 곡선 $y=f(x)$에 접하는 직선이 존재하도록 하는 자연수 a의 최솟값은?

① 3   ② 4   ③ 5   ④ 6   ⑤ 7

2 [24009-0093]

다항함수 $f(x)$가

$$\lim_{x \to \infty} \frac{f(x)}{x^3}=\frac{1}{3}, \quad \lim_{x \to 2} \frac{f(x)}{(x-2)^2}=2$$

를 만족시킨다. 곡선 $y=f(x)$ 위의 점 $(-1, f(-1))$에서의 접선이 점 $(1, a)$를 지날 때, 상수 a의 값은?

① 1   ② 2   ③ 3   ④ 4   ⑤ 5

3 [24009-0094]

함수 $f(x)=x^3+ax^2-a^2x$와 실수 t에 대하여 곡선 $y=f(x)$ 위의 점 $(t, f(t))$에서의 접선의 y절편을 $g(t)$라 하자. 함수 $g(t)$의 극댓값이 $\frac{64}{27}$일 때, $f(a)$의 값은? (단, a는 0이 아닌 실수이다.)

① -64 ② -56 ③ -48 ④ -40 ⑤ -32

4 [24009-0095]

최고차항의 계수가 1인 삼차함수 $f(x)$에 대하여 $f'(0)=f'(2)=-24$이고 $f(x)$의 극댓값이 15일 때, $f(-1)$의 값은?

① 3   ② 4   ③ 5   ④ 6   ⑤ 7

5 [24009-0096]

양수 a에 대하여 함수 $f(x)=x^3+ax^2-9x+b$는 $x=-3a$와 $x=a$에서 극값을 갖고, 함수 $f(x)$의 극솟값은 -4이다. 함수 $f(x)$에 대하여 닫힌구간 $[-3a,\ a]$에서 평균값 정리를 만족시키는 실수 c의 최댓값은?

(단, a, b는 상수이다.)

① $\dfrac{-3+\sqrt{3}}{3}$ ② $\dfrac{-2+\sqrt{3}}{3}$ ③ $\dfrac{-3+2\sqrt{3}}{3}$ ④ $\dfrac{-2+2\sqrt{3}}{3}$ ⑤ $\dfrac{-2+3\sqrt{3}}{3}$

6 [24009-0097]

함수 $f(x)=\dfrac{1}{4}x^4-2x^3+ax^2+bx$가 다음 조건을 만족시킬 때, $f'(1)$의 최솟값은? (단, a, b는 실수이다.)

(가) 함수 $f(x)$는 $x=0$에서 극값을 갖는다.
(나) 함수 $f(x)$는 구간 $(0,\ \infty)$에서 증가한다.

① 1 ② 2 ③ 3 ④ 4 ⑤ 5

7 [24009-0098]

최고차항의 계수가 1인 삼차함수 $f(x)$가 다음 조건을 만족시킬 때, $f(4)$의 값을 구하시오.

(가) 모든 실수 x에 대하여 $f(-x)=-f(x)$이다.
(나) 함수 $f(x)$의 극댓값은 $\dfrac{1}{4}$이다.

8 [24009-0099]

함수 $f(x)=x^3-ax^2+4x+2$는 $x=2$에서 극소이다. 곡선 $y=f(x)$ 위의 점 $A(2,\ f(2))$에서의 접선과 곡선 $y=f(x)$가 만나는 점 중 A가 아닌 점을 B, 곡선 $y=f(x)$ 위의 점 B에서의 접선과 x축이 만나는 점을 C라 하자. 사각형 OABC의 넓이는? (단, O는 원점이고, a는 상수이다.)

① $\dfrac{3}{2}$ ② 2 ③ $\dfrac{5}{2}$ ④ 3 ⑤ $\dfrac{7}{2}$

1 [24009-0100]

두 다항함수 $f(x)$, $g(x)$에 대하여

$$f(x)g(x)=x^4+x^3-4x^2-4x$$

이고,

$$\lim_{x \to 1} \frac{f(x)+1}{x-1}=\frac{g(1)}{12}$$

일 때, 곡선 $y=g(x)$ 위의 점 $(1, g(1))$에서의 접선의 방정식은 $y=ax+b$이다. $a-b$의 값은?

(단, a, b는 상수이다.)

① 6 ② 8 ③ 10 ④ 12 ⑤ 14

2 [24009-0101]

최고차항의 계수가 1인 삼차함수 $f(x)$가 다음 조건을 만족시킬 때, 함수 $f(x)$의 극솟값을 구하시오.

(가) 곡선 $y=f(x)$와 직선 $y=9x$가 만나는 점의 개수는 2이다.
(나) 함수 $f(x)$는 $x=3$에서 극대이고, $f(0)=0$이다.

3 [24009-0102]

최고차항의 계수가 1인 삼차함수 $f(x)$와 최고차항의 계수가 1인 일차함수 $g(x)$가 다음 조건을 만족시킨다.

(가) $f(-1)=0$이고 함수 $|f(x)|$는 $x=\alpha(\alpha>-1)$에서만 미분가능하지 않다.
(나) 모든 실수 x에 대하여 $f(x)g(x)\geq0$이고 함수 $f(x)g(x)$의 극댓값은 81이다.

집합 $A=\{a\,|\,$함수 $f(x)g(x)$는 $x=a$에서 극값을 갖는다.$\}$일 때, 집합 A의 모든 원소의 합은?

(단, α, a는 상수이다.)

① 3 ② 4 ③ 5 ④ 6 ⑤ 7

대표 기출 문제

곡선 위의 점 또는 접선의 기울기가 주어졌을 때 접선의 방정식을 구하는 문제, 함수의 증가 또는 감소 및 극대, 극소에 관한 문제 등이 출제되고 있다.

2024학년도 수능 6월 모의평가

두 상수 a, b에 대하여 삼차함수 $f(x)=ax^3+bx+a$는 $x=1$에서 극소이다. 함수 $f(x)$의 극솟값이 -2일 때, 함수 $f(x)$의 극댓값을 구하시오. [3점]

출제 의도 도함수를 활용하여 함수의 극댓값과 극솟값을 구할 수 있는지를 묻는 문제이다.

풀이 삼차함수 $f(x)$가 $x=1$에서 극솟값 -2를 가지므로

$$f(1)=-2, \ f'(1)=0$$

$f(1)=a+b+a=-2$에서

$$2a+b=-2 \quad \cdots\cdots \ ㉠$$

$f(x)=ax^3+bx+a$에서 $f'(x)=3ax^2+b$

$f'(1)=3a+b=0$에서

$$b=-3a \quad \cdots\cdots \ ㉡$$

㉡을 ㉠에 대입하면

$$2a+(-3a)=-2$$
$$a=2$$

$a=2$를 ㉡에 대입하면

$$b=-6$$

그러므로 $f(x)=2x^3-6x+2$이고 $f'(x)=6x^2-6=6(x+1)(x-1)$이다.

$f'(x)=0$에서 $x=-1$ 또는 $x=1$

함수 $f(x)$의 증가와 감소를 표로 나타내면 다음과 같다.

x	$\cdots$	-1	$\cdots$	1	$\cdots$
$f'(x)$	$+$	0	$-$	0	$+$
$f(x)$	↗	극대	↘	극소	↗

따라서 함수 $f(x)$는 $x=-1$에서 극댓값 $f(-1)=6$을 갖는다.

답 6

05 도함수의 활용 (2)

1. 함수의 그래프

함수 $y=f(x)$의 정의역과 치역, 함수의 증가와 감소, 극대와 극소, 그래프와 좌표축이 만나는 점 등을 이용하여 함수 $y=f(x)$의 그래프의 개형을 그릴 수 있다.

예 함수 $f(x)=x^3-3x+1$의 그래프를 그려 보자.

$f(x)=x^3-3x+1$에서

$f'(x)=3x^2-3=3(x+1)(x-1)$

$f'(x)=0$에서 $x=-1$ 또는 $x=1$

함수 $f(x)$의 증가와 감소를 표로 나타내면 다음과 같다.

x	$\cdots$	-1	$\cdots$	1	$\cdots$
$f'(x)$	$+$	0	$-$	0	$+$
$f(x)$	$\nearrow$	3	$\searrow$	-1	$\nearrow$

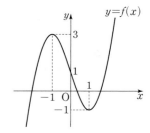

함수 $f(x)$는 $x=-1$에서 극댓값 3을 갖고, $x=1$에서 극솟값 -1을 갖는다.
또 $f(0)=1$이므로 함수 $y=f(x)$의 그래프는 y축과 점 $(0, 1)$에서 만난다.
따라서 함수 $y=f(x)$의 그래프는 오른쪽 그림과 같다.

2. 함수의 최댓값과 최솟값

(1) 함수 $f(x)$가 닫힌구간 $[a, b]$에서 연속이면 최대 · 최소 정리에 의하여 함수 $f(x)$는 이 구간에서 반드시 최댓값과 최솟값을 갖는다.

이때 닫힌구간 $[a, b]$에서 함수 $f(x)$의 극값, $f(a)$, $f(b)$ 중에서 가장 큰 값이 최댓값이고, 가장 작은 값이 최솟값이다.

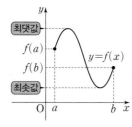 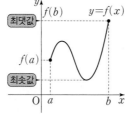 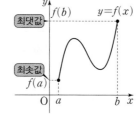 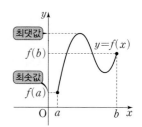

(2) 함수의 최댓값과 최솟값의 활용

도형의 길이, 넓이, 부피 등의 최댓값 또는 최솟값은 다음과 같은 방법으로 구할 수 있다.

① 주어진 조건에 적합한 변수를 정하여 미지수 x로 놓고 x의 값의 범위를 조사한다.

② 도형의 길이, 넓이, 부피 등을 함수 $f(x)$로 나타낸다.

③ ①에서 구한 x의 값의 범위에서 함수 $f(x)$의 최댓값 또는 최솟값을 구한다.

예제 1 함수의 최댓값과 최솟값

상수 a에 대하여 함수 $f(x)=x^3-3x^2-9x+a$가 닫힌구간 $[-2,\ 1]$에서 최댓값 13, 최솟값 m을 갖는다. $a+m$의 값은?

① 3   ② 4   ③ 5   ④ 6   ⑤ 7

길잡이 함수 $f(x)$가 닫힌구간 $[a,\ b]$에서 연속일 때, 이 구간에서 함수 $f(x)$의 극값, $f(a)$, $f(b)$ 중에서 가장 큰 값이 함수 $f(x)$의 최댓값이고, 가장 작은 값이 함수 $f(x)$의 최솟값이다.

풀이 $f(x)=x^3-3x^2-9x+a$에서
$$f'(x)=3x^2-6x-9=3(x+1)(x-3)$$
$f'(x)=0$에서 $x=-1$ 또는 $x=3$
닫힌구간 $[-2,\ 1]$에서 함수 $f(x)$의 증가와 감소를 표로 나타내면 다음과 같다.

x	-2	$\cdots$	-1	$\cdots$	1
$f'(x)$		$+$	0	$-$	
$f(x)$	$a-2$	↗	$a+5$	↘	$a-11$

닫힌구간 $[-2,\ 1]$에서 함수 $f(x)$는 $x=-1$일 때 최댓값 $a+5$를 갖고, $x=1$일 때 최솟값 $a-11$을 갖는다.
이때 $a+5=13$이므로 $a=8$
닫힌구간 $[-2,\ 1]$에서 함수 $f(x)$의 최솟값은
$$m=a-11=8-11=-3$$
따라서 $a+m=8+(-3)=5$

답 ③

유제

정답과 **풀이 34쪽**

1
[24009-0103]

함수 $f(x)=-2x^3+9x^2-6$이 닫힌구간 $[-1,\ 4]$에서 최댓값 M, 최솟값 m을 가질 때, $M+m$의 값은?

① 14   ② 15   ③ 16   ④ 17   ⑤ 18

2
[24009-0104]

상수 a에 대하여 함수 $f(x)=3x^4-4x^3+a$의 극솟값이 2이다. 함수 $f(x)$가 닫힌구간 $[-1,\ 1]$에서 최댓값 M을 가질 때, aM의 값을 구하시오.

3. 방정식에의 활용

(1) 방정식의 서로 다른 실근의 개수

① 방정식 $f(x)=0$의 서로 다른 실근의 개수

방정식 $f(x)=0$의 실근은 함수 $y=f(x)$의 그래프와 x축이 만나는 점의 x좌표와 같다. 따라서 방정식 $f(x)=0$의 서로 다른 실근의 개수는 함수 $y=f(x)$의 그래프와 x축의 교점의 개수와 같다.

② 방정식 $f(x)=g(x)$의 서로 다른 실근의 개수

방정식 $f(x)=g(x)$의 실근은 두 함수 $y=f(x)$, $y=g(x)$의 그래프의 교점의 x좌표와 같다. 따라서 방정식 $f(x)=g(x)$의 서로 다른 실근의 개수는 두 함수 $y=f(x)$, $y=g(x)$의 그래프의 교점의 개수와 같다.

> **참고** 방정식 $f(x)=g(x)$의 서로 다른 실근의 개수는 함수 $y=f(x)-g(x)$의 그래프와 x축의 교점의 개수를 조사하여 구할 수도 있다.

> **예** 방정식 $x^3-3x^2+2=0$의 서로 다른 실근의 개수를 구해 보자.
>
> $f(x)=x^3-3x^2+2$라 하면 $f'(x)=3x^2-6x=3x(x-2)$
>
> $f'(x)=0$에서 $x=0$ 또는 $x=2$
>
> 함수 $f(x)$의 증가와 감소를 표로 나타내면 다음과 같다.

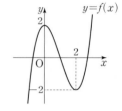

x	$\cdots$	0	$\cdots$	2	$\cdots$
$f'(x)$	$+$	0	$-$	0	$+$
$f(x)$	$\nearrow$	2	$\searrow$	-2	$\nearrow$

> 따라서 오른쪽 그림과 같이 함수 $y=f(x)$의 그래프는 x축과 서로 다른 세 점에서 만나므로 방정식 $x^3-3x^2+2=0$의 서로 다른 실근의 개수는 3이다.

(2) 삼차방정식의 서로 다른 실근의 개수

최고차항의 계수가 양수인 삼차함수 $f(x)$에 대하여 이차방정식 $f'(x)=0$이 서로 다른 두 실근을 가질 때, 즉 함수 $f(x)$가 극댓값과 극솟값을 모두 가질 때, 삼차방정식 $f(x)=0$의 서로 다른 실근의 개수는 다음과 같다.

① (극댓값)×(극솟값)<0인 경우

함수 $y=f(x)$의 그래프는 [그림 1]과 같이 x축과 서로 다른 세 점에서 만나므로 방정식 $f(x)=0$의 서로 다른 실근의 개수는 3이다.

② (극댓값)×(극솟값)=0인 경우

함수 $y=f(x)$의 그래프는 [그림 2]와 같이 x축과 서로 다른 두 점에서 만나므로 방정식 $f(x)=0$의 서로 다른 실근의 개수는 2이다.

③ (극댓값)×(극솟값)>0인 경우

함수 $y=f(x)$의 그래프는 [그림 3]과 같이 x축과 오직 한 점에서 만나므로 방정식 $f(x)=0$의 서로 다른 실근의 개수는 1이다.

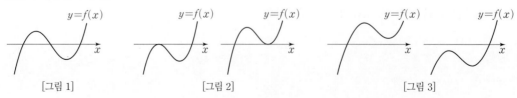

[그림 1]   [그림 2]   [그림 3]

방정식 $x^4-4x^3-2x^2+12x+k=0$의 서로 다른 양의 실근의 개수가 3이 되도록 하는 정수 k의 개수를 구하시오.

길잡이 방정식 $f(x)=k$ (k는 상수)의 서로 다른 실근의 개수는 함수 $y=f(x)$의 그래프와 직선 $y=k$의 교점의 개수와 같다.

풀이 $x^4-4x^3-2x^2+12x+k=0$에서

$$x^4-4x^3-2x^2+12x=-k$$

$f(x)=x^4-4x^3-2x^2+12x$라 하면

$$f'(x)=4x^3-12x^2-4x+12=4(x+1)(x-1)(x-3)$$

$f'(x)=0$에서 $x=-1$ 또는 $x=1$ 또는 $x=3$

함수 $f(x)$의 증가와 감소를 표로 나타내면 다음과 같다.

x	$\cdots$	-1	$\cdots$	1	$\cdots$	3	$\cdots$
$f'(x)$	$-$	0	$+$	0	$-$	0	$+$
$f(x)$	$\searrow$	-9	$\nearrow$	7	$\searrow$	-9	$\nearrow$

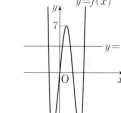

이때 $f(0)=0$이므로 함수 $y=f(x)$의 그래프는 오른쪽 그림과 같다.

방정식 $x^4-4x^3-2x^2+12x=-k$의 서로 다른 양의 실근의 개수가 3이 되려면 함수 $y=f(x)$의 그래프와 직선 $y=-k$가 만나는 점 중 서로 다른 세 점의 x좌표가 양수이어야 한다.

따라서 $0<-k<7$, 즉 $-7<k<0$이므로 정수 k의 값은

-6, -5, -4, -3, -2, -1이고, 그 개수는 6이다.

 6

유제

정답과 풀이 **34**쪽

3

[24009-0105]

곡선 $y=x^3+3x^2+5x-1$과 직선 $y=5x+k$가 만나는 점의 개수가 3이 되도록 하는 정수 k의 개수는?

① 3   ② 4   ③ 5   ④ 6   ⑤ 7

4

[24009-0106]

방정식 $x^3-6x^2+9x-k=0$의 서로 다른 실근의 개수가 3이 되도록 하는 모든 정수 k의 값의 합을 구하시오.

4. 부등식에의 활용

(1) 어떤 구간에서 함수 $f(x)$가 최솟값을 가질 때, 이 구간에서 부등식 $f(x) \geq 0$이 성립함을 보이려면 이 구간에서 함수 $f(x)$의 최솟값이 0보다 크거나 같음을 보이면 된다.

(2) 두 함수 $f(x)$와 $g(x)$에 대하여 어떤 구간에서 부등식 $f(x) \geq g(x)$가 성립함을 보이려면 그 구간에서 $f(x) - g(x) \geq 0$임을 보이면 된다.

> **예** $x \geq 0$에서 부등식 $2x^3 + 1 \geq 3x^2$이 성립함을 증명해 보자.
>
> $x \geq 0$에서 부등식 $2x^3 + 1 \geq 3x^2$이 성립함을 보이려면 $x \geq 0$에서 부등식 $2x^3 - 3x^2 + 1 \geq 0$이 성립함을 보이면 된다.
>
> $f(x) = 2x^3 - 3x^2 + 1$로 놓으면
>
> $f'(x) = 6x^2 - 6x = 6x(x-1)$
>
> $f'(x) = 0$에서 $x = 0$ 또는 $x = 1$
>
> $x \geq 0$에서 함수 $f(x)$의 증가와 감소를 표로 나타내면 다음과 같다.

x	0	$\cdots$	1	$\cdots$
$f'(x)$		$-$	0	$+$
$f(x)$	1	$\searrow$	0	$\nearrow$

> 함수 $y = f(x)$의 그래프는 다음 그림과 같다.

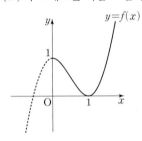

> $x \geq 0$에서 함수 $f(x)$는 $x = 1$일 때 극소이면서 최소이다.
>
> 이때 최솟값이 $f(1) = 0$이므로 $x \geq 0$인 모든 x에 대하여
>
> $f(x) = 2x^3 - 3x^2 + 1 \geq 0$이다.
>
> 따라서 $x \geq 0$에서 부등식 $2x^3 + 1 \geq 3x^2$이 성립한다.

(3) 닫힌구간 $[a, b]$에서 연속이고 열린구간 (a, b)에서 미분가능한 함수 $f(x)$에 대하여 닫힌구간 $[a, b]$에서 부등식 $f(x) \geq 0$이 성립함을 증명하려면

① 열린구간 (a, b)에서 $f'(x) \geq 0$일 때, $f(a) \geq 0$임을 보이면 된다.

② 열린구간 (a, b)에서 $f'(x) \leq 0$일 때, $f(b) \geq 0$임을 보이면 된다.

③ 열린구간 (a, b)에서 함수 $f(x)$의 극값이 존재할 때, 닫힌구간 $[a, b]$에서 함수 $f(x)$의 최솟값을 구하고 ($f(x)$의 최솟값) ≥ 0임을 보이면 된다.

모든 실수 x에 대하여 부등식 $\dfrac{1}{2}x^4 - \dfrac{4}{3}x^3 - x^2 + 4x + a > 0$이 성립하도록 하는 정수 a의 최솟값은?

① 1　　　　　② 2　　　　　③ 3　　　　　④ 4　　　　　⑤ 5

길잡이 모든 실수 x에 대하여 부등식 $f(x) \geq 0$이 성립하려면 $(f(x)$의 최솟값$) \geq 0$이어야 한다.

풀이 부등식 $\dfrac{1}{2}x^4 - \dfrac{4}{3}x^3 - x^2 + 4x + a > 0$에서

$f(x) = \dfrac{1}{2}x^4 - \dfrac{4}{3}x^3 - x^2 + 4x + a$라 하면

$f'(x) = 2x^3 - 4x^2 - 2x + 4 = 2(x+1)(x-1)(x-2)$

$f'(x) = 0$에서 $x = -1$ 또는 $x = 1$ 또는 $x = 2$

함수 $f(x)$의 증가와 감소를 표로 나타내면 다음과 같다.

x	$\cdots$	-1	$\cdots$	1	$\cdots$	2	$\cdots$
$f'(x)$	$-$	0	$+$	0	$-$	0	$+$
$f(x)$	$\searrow$	$a-\dfrac{19}{6}$	$\nearrow$	$a+\dfrac{13}{6}$	$\searrow$	$a+\dfrac{4}{3}$	$\nearrow$

함수 $f(x)$의 최솟값은 $f(-1) = a - \dfrac{19}{6}$이므로 모든 실수 x에 대하여 부등식

$\dfrac{1}{2}x^4 - \dfrac{4}{3}x^3 - x^2 + 4x + a > 0$이 성립하려면

$a - \dfrac{19}{6} > 0$, 즉 $a > \dfrac{19}{6}$

이어야 한다.

따라서 정수 a의 최솟값은 4이다.

답 ④

유제

정답과 **풀이** 35쪽

5
[24009–0107]

$x > 0$인 모든 실수 x에 대하여 부등식 $x^3 - \dfrac{3}{2}x^2 - 6x + 15 > a$가 성립하도록 하는 자연수 a의 개수는?

① 3　　　　　② 4　　　　　③ 5　　　　　④ 6　　　　　⑤ 7

6
[24009–0108]

두 함수 $f(x) = x^3 - x^2 + 3x + 5$, $g(x) = 4x + k$가 있다. $x > 0$인 모든 실수 x에 대하여 부등식 $f(x) \geq g(x)$가 성립하도록 하는 실수 k의 최댓값을 구하시오.

5. 속도와 가속도

(1) 수직선 위를 움직이는 점의 속도

수직선 위를 움직이는 점 P의 시각 t에서의 위치가 $x=f(t)$일 때, 점 P의 시각 t에서의 속도 v는

$$v=\frac{dx}{dt}=f'(t)$$

설명 점 P가 수직선 위를 움직일 때, 시각 t에서의 점 P의 위치를 x라 하면 x는 t에 대한 함수이다. 이 함수를 $x=f(t)$ 라 하면 시각 t에서 $t+\Delta t$까지의 점 P의 평균속도는

$$\frac{\Delta x}{\Delta t}=\frac{f(t+\Delta t)-f(t)}{\Delta t}$$

이고, 이것은 함수 $f(t)$의 평균변화율이다.

이때 점 P의 위치 $x=f(t)$의 시각 t에서의 순간변화율을 시각 t에서의 점 P의 순간속도 또는 속도라고 하며 보통 v로 나타낸다.

$$v=\lim_{\Delta t\to 0}\frac{\Delta x}{\Delta t}=\lim_{\Delta t\to 0}\frac{f(t+\Delta t)-f(t)}{\Delta t}=\frac{dx}{dt}=f'(t)$$

참고 속도 v의 부호는 점 P의 운동 방향을 나타낸다.

$v>0$이면 점 P는 양의 방향으로 움직이고, $v<0$이면 점 P는 음의 방향으로 움직인다.

(2) 수직선 위를 움직이는 점의 가속도

수직선 위를 움직이는 점 P의 시각 t에서의 속도가 v일 때, 점 P의 시각 t에서의 가속도 a는

$$a=\frac{dv}{dt}$$

설명 점 P의 속도 v도 시각 t에 대한 함수이므로 이 함수의 순간변화율을 생각할 수 있다. 점 P의 시각 t에서의 속도의 순간변화율을 시각 t에서의 점 P의 가속도라고 하며 보통 a로 나타낸다.

$$a=\frac{dv}{dt}=\lim_{\Delta t\to 0}\frac{\Delta v}{\Delta t}$$

예 수직선 위를 움직이는 점 P의 시각 t $(t>0)$에서의 위치 x가 $x=t^3-3t$일 때,

점 P의 시각 t에서의 속도 v는

$$v=\frac{dx}{dt}=3t^2-3$$

점 P의 시각 t에서의 가속도 a는

$$a=\frac{dv}{dt}=6t$$

따라서 점 P의 시각 $t=2$에서의 속도는

$$3\times 2^2-3=9$$

이고, 점 P의 시각 $t=2$에서의 가속도는

$$6\times 2=12$$

이다.

예제 4 속도와 가속도

수직선 위를 움직이는 점 P의 시각 t ($t \geq 0$)에서의 위치 x가

$$x = -2t^3 + kt^2 \, (k\text{는 상수})$$

이다. 시각 $t=1$에서 점 P가 운동 방향을 바꿀 때, 시각 $t=1$에서의 점 P의 가속도는?

① -6 ② -3 ③ 0 ④ 3 ⑤ 6

길잡이 수직선 위를 움직이는 점 P가 시각 $t=a$에서 운동 방향을 바꾸면 $t=a$에서 점 P의 속도는 0이다.

풀이 점 P의 시각 t에서의 위치 x가 $x=-2t^3+kt^2$이므로 점 P의 시각 t에서의 속도를 v라 하면

$$v = \frac{dx}{dt} = -6t^2 + 2kt$$

시각 $t=1$에서 점 P가 운동 방향을 바꾸므로 시각 $t=1$에서의 점 P의 속도는 0이다.

즉, $-6 \times 1^2 + 2k \times 1 = 0$에서 $k=3$

이때 $v=-6t^2+6t$이므로 점 P의 시각 t에서의 가속도를 a라 하면

$$a = \frac{dv}{dt} = -12t + 6$$

따라서 시각 $t=1$에서의 점 P의 가속도는

$$-12 + 6 = -6$$

답 ①

유제

정답과 풀이 35쪽

7
[24009-0109]

수직선 위를 움직이는 점 P의 시각 t ($t>0$)에서의 위치 x가

$$x = \frac{1}{3}t^3 + 2t^2 - 5t$$

이다. 점 P의 속도가 16인 순간 점 P의 위치는?

① 6   ② 8   ③ 10   ④ 12   ⑤ 14

8
[24009-0110]

수직선 위를 움직이는 두 점 P, Q의 시각 t ($t>0$)에서의 위치를 각각 x_1, x_2라 하면

$$x_1 = t^3 - 5t^2, \; x_2 = -2t^2 + 10t$$

이다. 두 점 P, Q가 만나는 순간 두 점 P, Q의 속도를 각각 p, q라 할 때, $p-q$의 값을 구하시오.

1 [24009–0111]

닫힌구간 $[0, 3]$에서 함수 $f(x) = -2x^3 + 6x^2 + 1$의 최댓값은?

① 6 ② 7 ③ 8 ④ 9 ⑤ 10

2 [24009–0112]

닫힌구간 $[-1, 2]$에서 함수 $f(x) = x^4 + 2x^2 - 8x + a$의 최댓값을 M, 최솟값을 m이라 하자. $M + m = 16$일 때, 상수 a의 값은?

① 1 ② 2 ③ 3 ④ 4 ⑤ 5

3 [24009–0113]

방정식 $-\dfrac{1}{3}x^3 + 2x^2 + 5x + k = 0$의 서로 다른 음의 실근의 개수가 2가 되도록 하는 정수 k의 개수는?

① 1 ② 2 ③ 3 ④ 4 ⑤ 5

4 [24009–0114]

함수 $f(x) = 3x^4 - 4x^3 - 12x^2 + 10$의 그래프와 직선 $y = k$가 서로 다른 세 점에서 만나도록 하는 모든 실수 k의 값의 합은?

① 13 ② 14 ③ 15 ④ 16 ⑤ 17

5 [24009-0115]

모든 실수 x에 대하여 부등식 $x^4-4x^3-a^2+9a+37>0$이 성립하도록 하는 정수 a의 개수는?

① 7   ② 8   ③ 9   ④ 10   ⑤ 11

6 [24009-0116]

$x>a$인 모든 실수 x에 대하여 부등식 $x^3-5x^2+3x+9>0$이 성립하도록 하는 정수 a의 최솟값은?

① 1   ② 2   ③ 3   ④ 4   ⑤ 5

7 [24009-0117]

수직선 위를 움직이는 점 P의 시각 t $(t>0)$에서의 위치 x가

$$x=\frac{1}{3}t^3-4t^2+6t$$

이다. 점 P의 가속도가 0인 순간 점 P의 속도는?

① -10 ② -5 ③ 0   ④ 5   ⑤ 10

8 [24009-0118]

수직선 위를 움직이는 두 점 P, Q의 시각 t $(t>0)$에서의 위치를 각각 x_1, x_2라 하면

$$x_1=t^3-3t^2,\ x_2=-\frac{5}{2}t^2+10t$$

이다. 두 점 P, Q의 속도가 같아지는 순간 두 점 P, Q 사이의 거리는?

① 11   ② 12   ③ 13   ④ 14   ⑤ 15

1 [24009-0119]

함수 $f(x)=-x^3+6x^2$은 $x=p$에서 극값을 갖는다. 실수 t에 대하여 곡선 $y=f(x)$ 위의 점 $\mathrm{P}(t,\ f(t))$에서의 접선의 y절편을 $g(t)$라 할 때, 닫힌구간 $\left[-\dfrac{p}{2},\ \dfrac{p}{2}\right]$에서 함수 $g(t)$의 최솟값은? (단, p는 양수이다.)

① -8 ② -16 ③ -24 ④ -32 ⑤ -40

2 [24009-0120]

최고차항의 계수가 2인 삼차함수 $f(x)$가 다음 조건을 만족시킬 때, $f(3)$의 값은?

> (가) 모든 실수 x에 대하여 $f(-x)=-f(x)$이다.
> (나) 함수 $y=|f(x)|$의 그래프와 직선 $y=-f(1)$은 서로 다른 네 점에서 만난다.

① 30   ② 36   ③ 42   ④ 48   ⑤ 54

3 [24009-0121]

실수 k에 대하여 삼차방정식 $\dfrac{1}{3}x^3-\dfrac{1}{2}x^2+k=0$의 서로 다른 실근의 개수를 $f(k)$라 하자. 최고차항의 계수가 1인 이차함수 $g(x)$에 대하여 함수 $f(x)g(x)$가 실수 전체의 집합에서 연속일 때, $f(2)+g(2)$의 값은?

① $\dfrac{8}{3}$ ② $\dfrac{11}{3}$ ③ $\dfrac{14}{3}$ ④ $\dfrac{17}{3}$ ⑤ $\dfrac{20}{3}$

4 [24009-0122]

두 함수
$$f(x)=x^4+x^3-8x,\ g(x)=x^3-2x^2+k$$
에 대하여 부등식 $f(x)\leq g(x)$를 만족시키는 정수 x의 개수가 2가 되도록 하는 정수 k의 개수는?

① 5   ② 6   ③ 7   ④ 8   ⑤ 9

5 [24009-0123]

최고차항의 계수가 1인 삼차함수 $f(x)$가 다음 조건을 만족시킨다.

> (가) 모든 실수 x에 대하여 부등식 $(x-4)f(x) \geq 0$이 성립한다.
> (나) $f(0)=0$

실수 k에 대하여 x에 대한 방정식 $f(x)-xf'(k)=0$의 서로 다른 실근의 개수가 2가 되도록 하는 모든 k의 값의 합은 $\dfrac{q}{p}$이다. $p+q$의 값을 구하시오. (단, p와 q는 서로소인 자연수이다.)

6 [24009-0124]

수직선 위를 움직이는 점 P의 시각 t $(t \geq 0)$에서의 위치 x가

$$x = \frac{1}{2}t^4 - 2t^3 + kt$$

이다. 점 P가 원점을 출발한 후 운동 방향을 두 번 바꾸도록 하는 정수 k의 개수는?

① 6 　　　　 ② 7 　　　　 ③ 8 　　　　 ④ 9 　　　　 ⑤ 10

7 [24009-0125]

수직선 위를 움직이는 점 P의 시각 t $(t>0)$에서의 위치 x가

$$x = \frac{1}{4}t^4 - 2t^3 + \frac{9}{2}t^2 + kt$$

이다. 시각 $t=p$와 $t=q$ $(0<p<q)$에서만 점 P의 속도가 2이고 시각 $t=3$에서의 점 P의 속도가 0보다 작을 때, 시각 $t=q$에서의 점 P의 가속도는? (단, k, p, q는 상수이다.)

① 5 　　　　 ② 7 　　　　 ③ 9 　　　　 ④ 11 　　　　 ⑤ 13

1 [24009-0126]

함수 $f(x)=x^3-6x^2+9x+16$과 실수 t에 대하여 집합

$$A=\{x\,|\,f(x)f'(t)(x-t)+f(x)f(t)=0\}$$

일 때, 집합 A의 원소의 개수가 1이 되도록 하는 모든 t의 값의 합은?

① $\dfrac{11}{2}$ ② $\dfrac{13}{2}$ ③ $\dfrac{15}{2}$ ④ $\dfrac{17}{2}$ ⑤ $\dfrac{19}{2}$

2 [24009-0127]

1이 아닌 실수 a와 최고차항의 계수가 1인 사차함수 $f(x)$가 다음 조건을 만족시킨다.

> (가) 함수 $|f(x)-f(1)|$은 $x=a$에서만 미분가능하지 않다.
> (나) 함수 $f(x)$는 $x=-\dfrac{1}{2}$에서 극솟값 0을 갖는다.

실수 t에 대하여 방정식 $f(f(x))=t$의 서로 다른 실근의 개수를 $g(t)$라 할 때, 함수 $g(t)$는 $t=\beta$에서만 불연속이다. $a+\beta$의 값은? (단, β는 실수이다.)

① $-\dfrac{9}{16}$ ② $-\dfrac{7}{16}$ ③ $-\dfrac{5}{16}$ ④ $-\dfrac{3}{16}$ ⑤ $-\dfrac{1}{16}$

3 [24009-0128]

함수 $f(x)=x^4+ax^3+bx^2$이 다음 조건을 만족시킨다.

> (가) 방정식 $\{f(x)-f(3)\}^2+\{f'(2)\}^2=0$의 서로 다른 실근의 개수는 3이다.
> (나) $0<f(3)<f(2)$

$x\geq k$인 모든 실수 x에 대하여 부등식 $f(x)\geq f(3)$이 성립하도록 하는 실수 k의 최솟값은 p이다. $(3p-1)^2$의 값을 구하시오. (단, a, b는 상수이다.)

대표 기출 문제

2022학년도 수능 6월 모의평가

삼차함수 $f(x)$가 다음 조건을 만족시킨다.

> (가) 방정식 $f(x)=0$의 서로 다른 실근의 개수는 2이다.
> (나) 방정식 $f(x-f(x))=0$의 서로 다른 실근의 개수는 3이다.

$f(1)=4$, $f'(1)=1$, $f'(0)>1$일 때, $f(0)=\dfrac{q}{p}$이다. $p+q$의 값을 구하시오.

(단, p와 q는 서로소인 자연수이다.) [4점]

출제 의도 방정식의 실근의 개수를 이용하여 조건을 만족시키는 삼차함수의 그래프를 찾고, 함숫값을 구할 수 있는지를 묻는 문제이다.

풀이 조건 (가)에서 방정식 $f(x)=0$의 서로 다른 두 실근을 α, β라 하면 $f(x)=k(x-\alpha)^2(x-\beta)$ (k는 0이 아닌 상수)로 놓을 수 있다. 조건 (나)에서 $x-f(x)=\alpha$ 또는 $x-f(x)=\beta$를 만족시키는 서로 다른 실근의 개수가 3이어야 한다. 즉, $f(x)=x-\alpha$ 또는 $f(x)=x-\beta$에서 곡선 $y=f(x)$가 직선 $y=x-\alpha$ 또는 직선 $y=x-\beta$와 만나는 서로 다른 모든 점의 개수가 3이어야 하므로 $k<0$이다.

이때 함수 $y=f(x)$의 그래프의 개형은 [그림 1]과 같다.

그런데 $f(1)=4>0$, $f'(1)=1<f'(0)$이므로 $\alpha<\beta$이다.

한편, $f(1)=4$, $f'(1)=1$에서 곡선 $y=f(x)$ 위의 점 $(1,\ 4)$에서의 접선의 기울기가 1이므로 접선의 방정식은

$$y=x+3$$

$\alpha<\beta$이므로 직선 $y=x-\alpha$와 직선 $y=x+3$은 일치해야 한다.

이때 곡선 $y=f(x)$와 직선 $y=x+3$은 [그림 2]와 같다.

$f(x)-(x+3)=k(x+3)(x-1)^2$이므로

$$f(x)=k(x+3)(x-1)^2+x+3$$
$$f'(x)=k(x-1)(3x+5)+1 \quad \cdots\cdots \ \ominus$$

이때 $f'(-3)=0$이므로 $\ominus$에 $x=-3$을 대입하면

$$0=k\times 16+1에서 k=-\frac{1}{16}$$

그러므로 $f(x)=-\dfrac{1}{16}(x+3)(x-1)^2+x+3$이므로

$$f(0)=-\frac{1}{16}\times 3\times 1+3=\frac{45}{16}$$

따라서 $p=16$, $q=45$이므로 $p+q=16+45=61$

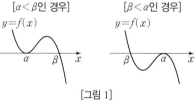

[α<β인 경우]　　[β<α인 경우]
$y=f(x)$　　　　$y=f(x)$

[그림 1]

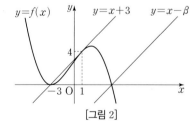

$y=f(x)$ 　 $y=x+3$ 　 $y=x-\beta$

[그림 2]

⨁ 61

06 부정적분과 정적분

1. 부정적분의 정의

(1) 함수 $F(x)$의 도함수가 $f(x)$, 즉 $F'(x)=f(x)$일 때 $F(x)$를 $f(x)$의 부정적분이라 하고, 함수 $f(x)$의 부정적분을 구하는 것을 $f(x)$를 적분한다고 한다.

(2) 함수 $f(x)$의 한 부정적분을 $F(x)$라 하면 함수 $f(x)$의 모든 부정적분은

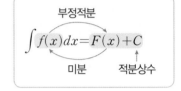

$$F(x)+C \ (C는 \ 상수)$$

로 나타낼 수 있고, 이것을 기호로 $\displaystyle\int f(x)dx$와 같이 나타낸다. 즉,

$$\int f(x)dx=F(x)+C$$

이다. 이때 상수 C를 적분상수라고 한다.

참고 (1) 두 함수 $F(x)$, $G(x)$가 모두 함수 $f(x)$의 부정적분이면 $F'(x)=f(x)$, $G'(x)=f(x)$이므로
$$\{G(x)-F(x)\}'=G'(x)-F'(x)=f(x)-f(x)=0$$
이때 도함수가 0인 함수는 상수함수이므로 그 상수를 C라 하면
$$G(x)-F(x)=C, \ 즉 \ G(x)=F(x)+C$$

(2) 미분가능한 함수 $f(x)$에 대하여

① $\dfrac{d}{dx}\left\{\displaystyle\int f(x)dx\right\}=f(x)$ 　　　② $\displaystyle\int\left\{\dfrac{d}{dx}f(x)\right\}dx=f(x)+C$ (단, C는 적분상수)

2. 함수 $y=x^n$ (n은 양의 정수)와 함수 $y=1$의 부정적분

(1) n이 양의 정수일 때, $\displaystyle\int x^n dx=\dfrac{1}{n+1}x^{n+1}+C$ (단, C는 적분상수)

(2) $\displaystyle\int 1 dx=x+C$ (단, C는 적분상수)

3. 함수의 실수배, 합, 차의 부정적분

두 함수 $f(x)$, $g(x)$의 부정적분이 각각 존재할 때

(1) $\displaystyle\int kf(x)dx=k\int f(x)dx$ (단, k는 0이 아닌 상수)

(2) $\displaystyle\int\{f(x)+g(x)\}dx=\int f(x)dx+\int g(x)dx$ 　　(3) $\displaystyle\int\{f(x)-g(x)\}dx=\int f(x)dx-\int g(x)dx$

설명 (2) 두 함수 $f(x)$, $g(x)$의 부정적분 중 하나를 각각 $F(x)$, $G(x)$라 하면
$$\{F(x)+G(x)\}'=F'(x)+G'(x)=f(x)+g(x)이므로$$

$$\int\{f(x)+g(x)\}dx=F(x)+G(x)+C \ (단, \ C는 \ 적분상수) \quad\cdots\cdots \ \bigcirc$$

$$\int f(x)dx+\int g(x)dx=\{F(x)+C_1\}+\{G(x)+C_2\} \ (C_1, \ C_2는 \ 적분상수)$$

$$=F(x)+G(x)+C_1+C_2 \quad\cdots\cdots \ \bigcirc$$

$\bigcirc$의 우변에서 C_1+C_2는 임의의 상수이므로 $C_1+C_2=C$로 놓으면 $\bigcirc$, $\bigcirc$에서

$$\int\{f(x)+g(x)\}dx=\int f(x)dx+\int g(x)dx$$

최고차항의 계수가 1인 이차함수 $f(x)$의 한 부정적분을 $F(x)$라 하자.
두 함수 $f(x)$, $F(x)$가 다음 조건을 만족시킬 때, $F(4)$의 값은?

> (가) $f(1)=0$, $F(1)=0$
> (나) 집합 $\{x \,|\, F(x)=0,\ x$는 실수$\}$의 모든 원소의 합은 -1이다.

① 16 　　　 ② 18 　　　 ③ 20 　　　 ④ 22 　　　 ⑤ 24

길잡이 ⑴ 함수 $f(x)$의 한 부정적분을 $F(x)$라 하면 $F'(x)=f(x)$이다.

⑵ n이 양의 정수일 때, $\displaystyle\int x^n dx = \frac{1}{n+1}x^{n+1}+C$ (단, C는 적분상수)

풀이 함수 $f(x)$의 한 부정적분이 $F(x)$이므로 $F'(x)=f(x)$이다.

이때 조건 (가)에서 $F'(1)=f(1)=0$

또한 $\displaystyle\int x^2 dx = \frac{1}{3}x^3 + C$ (C는 적분상수)에서 최고차항의 계수가 1인 이차함수 $f(x)$의 한 부정적분 $F(x)$는 최고차항

의 계수가 $\dfrac{1}{3}$인 삼차함수이다.

$F(1)=0$, $F'(1)=0$이므로 $F(x)=\dfrac{1}{3}(x-1)^2(x-a)$ (a는 상수)로 놓을 수 있다.

$F(x)=0$에서 $x=1$ 또는 $x=a$

조건 (나)에서 방정식 $F(x)=0$의 서로 다른 모든 실근의 합이 -1이어야 하므로 a는 1이 아닌 실수이고

$1+a=-1$, 즉 $a=-2$

따라서 $F(x)=\dfrac{1}{3}(x-1)^2(x+2)$이므로

$$F(4)=\frac{1}{3}\times 3^2 \times 6 = 18$$

답 ②

유제

정답과 **풀이 43쪽**

1
[24009-0129]
다항함수 $f(x)$에 대하여 $f'(x)=3x^2-4x+1$이고 $f(1)=4$일 때, $f(2)$의 값은?

① 3 　　　 ② 4 　　　 ③ 5 　　　 ④ 6 　　　 ⑤ 7

2
[24009-0130]
다항함수 $f(x)$의 한 부정적분을 $F(x)$라 하자. $f(0)=-3$이고 모든 실수 x에 대하여
$F(x)=\{f(x)\}^2$이 성립할 때, $4F(1)$의 값을 구하시오.

4. 정적분의 정의

두 실수 a, b를 포함하는 구간에서 연속인 함수 $f(x)$의 한 부정적분을 $F(x)$라 할 때, $F(b)-F(a)$를 함수 $f(x)$의 a에서 b까지의 정적분이라 하고, 이것을 기호로

$$\int_a^b f(x)dx$$

와 같이 나타낸다. 또 $F(b)-F(a)$를 기호

$$\left[F(x) \right]_a^b$$

로도 나타낸다. 즉,

$$\int_a^b f(x)dx = \left[F(x) \right]_a^b = F(b)-F(a)$$

이다.

참고 (1) 두 함수 $F(x)$, $G(x)$가 모두 함수 $f(x)$의 부정적분일 때, $F(x)=G(x)+C$ (C는 상수)이므로
$$F(b)-F(a) = \{G(b)+C\} - \{G(a)+C\} = G(b)-G(a)$$

이다. 즉, $\int_a^b f(x)dx$의 값은 $f(x)$의 부정적분을 어느 것으로 택하더라도 일정하다.

(2) 정적분의 정의에서

① $\int_a^a f(x)dx = 0$

② $\int_a^b f(x)dx = -\int_b^a f(x)dx$

③ $\int_a^b f(x)dx = \int_a^b f(t)dt$

5. 정적분과 미분의 관계

함수 $f(t)$가 닫힌구간 $[a, b]$에서 연속일 때,

$$\frac{d}{dx}\int_a^x f(t)dt = f(x) \text{ (단, } a<x<b)$$

설명 함수 $f(t)$가 닫힌구간 $[a, b]$에서 연속일 때, $f(t)$의 한 부정적분을 $F(t)$라 하면 $f(t)$의 a에서 x ($a<x<b$)까지의 정적분은

$$\int_a^x f(t)dt = \left[F(t) \right]_a^x = F(x)-F(a)$$

이므로

$$\frac{d}{dx}\int_a^x f(t)dt = \frac{d}{dx}\{F(x)-F(a)\} = F'(x)-0 = f(x)$$

예 $\dfrac{d}{dx}\displaystyle\int_1^x (t^2+2t)dt = x^2+2x$

참고 함수 $f(t)$가 닫힌구간 $[a, b]$에서 연속일 때,

$$\frac{d}{dx}\int_x^a f(t)dt = -\frac{d}{dx}\int_a^x f(t)dt = -f(x) \text{ (단, } a<x<b)$$

다항함수 $f(x)$가 모든 실수 x에 대하여

$$\int_1^x tf(t)dt = x^4 + ax^2 + bx$$

를 만족시킬 때, $f(b)$의 값은? (단, a, b는 상수이다.)

① -2 　　　② -1 　　　③ 0 　　　④ 1 　　　⑤ 2

길잡이 　다항함수 $f(x)$와 상수 a에 대하여

$$\frac{d}{dx}\int_a^x f(t)dt = f(x), \ \int_a^a f(x)dx = 0$$

풀이 　$\displaystyle\int_1^x tf(t)dt = x^4 + ax^2 + bx$ 　　······ ㉠

　㉠의 양변에 $x=1$을 대입하면

$$\int_1^1 tf(t)dt = 1 + a + b, \ 0 = 1 + a + b$$

$$a + b = -1 \qquad ······ ㉡$$

　㉠의 양변을 x에 대하여 미분하면 $xf(x) = 4x^3 + 2ax + b$

　이고 이 등식의 양변에 $x=0$을 대입하면 $0 = b$

　㉡에서 $a = -1$

　따라서 다항함수 $f(x)$가 모든 실수 x에 대하여 $xf(x) = 4x^3 - 2x$를 만족시키므로 $f(x) = 4x^2 - 2$이고

$$f(b) = f(0) = -2$$

답 ①

유제 　　　　　　　　　　　　　　　　　　　　　　　　　　　　**정답과 풀이 44쪽**

3
[24009-0131]

다항함수 $f(x)$가 모든 실수 x에 대하여

$$\int_2^x f'(t)dt = (x-3)^3 + a$$

를 만족시킬 때, $f(3) - f(2)$의 값은? (단, a는 상수이다.)

① -2 　　　② -1 　　　③ 0 　　　④ 1 　　　⑤ 2

4
[24009-0132]

다항함수 $f(x)$가 모든 실수 x에 대하여

$$\int_{-1}^x xf(t)dt - \int_{-1}^x tf(t)dt = x^4 + (a-1)x^2 - a$$

를 만족시킬 때, $f(a)$의 값을 구하시오. (단, a는 상수이다.)

6. 정적분의 성질

(1) 두 함수 $f(x)$, $g(x)$가 닫힌구간 $[a,\ b]$에서 연속일 때

① $\displaystyle\int_a^b kf(x)dx = k\int_a^b f(x)dx$ (단, k는 상수)

② $\displaystyle\int_a^b \{f(x)+g(x)\}dx = \int_a^b f(x)dx + \int_a^b g(x)dx$

③ $\displaystyle\int_a^b \{f(x)-g(x)\}dx = \int_a^b f(x)dx - \int_a^b g(x)dx$

설명 두 함수 $f(x)$, $g(x)$의 한 부정적분을 각각 $F(x)$, $G(x)$라 하자.

① 상수 k에 대하여 $\{kF(x)\}' = kF'(x) = kf(x)$이므로

$$\int_a^b kf(x)dx = \Big[kF(x)\Big]_a^b$$
$$= kF(b) - kF(a)$$
$$= k\{F(b) - F(a)\}$$
$$= k\int_a^b f(x)dx$$

② $\{F(x)+G(x)\}' = F'(x)+G'(x) = f(x)+g(x)$이므로

$$\int_a^b \{f(x)+g(x)\}dx = \Big[F(x)+G(x)\Big]_a^b$$
$$= \{F(b)+G(b)\} - \{F(a)+G(a)\}$$
$$= \{F(b)-F(a)\} + \{G(b)-G(a)\}$$
$$= \int_a^b f(x)dx + \int_a^b g(x)dx$$

예 $\displaystyle\int_1^2 (x^2+3x)dx - \int_1^2 (x^2-x)dx = \int_1^2 \{(x^2+3x)-(x^2-x)\}dx$

$$= \int_1^2 4x\,dx = \Big[2x^2\Big]_1^2 = 8 - 2 = 6$$

(2) 함수 $f(x)$가 임의의 세 실수 a, b, c를 포함하는 구간에서 연속일 때,

$$\int_a^c f(x)dx + \int_c^b f(x)dx = \int_a^b f(x)dx$$

설명 함수 $f(x)$의 한 부정적분을 $F(x)$라 하면

$$\int_a^c f(x)dx + \int_c^b f(x)dx = \Big[F(x)\Big]_a^c + \Big[F(x)\Big]_c^b$$
$$= \{F(c)-F(a)\} + \{F(b)-F(c)\}$$
$$= F(b) - F(a)$$
$$= \int_a^b f(x)dx$$

예 $\displaystyle\int_0^1 (6x+1)dx + \int_1^2 (6x+1)dx = \int_0^2 (6x+1)dx = \Big[3x^2+x\Big]_0^2 = (12+2) - 0 = 14$

정적분의 성질

다항함수 $f(x)$가 모든 실수 x에 대하여

$$\int_x^{x+1} \{f(t)-2t\}dt = ax^2 - 2x$$

를 만족시킨다. $\int_0^4 f(t)dt = \int_0^1 f(t)dt + 31$일 때, 상수 a의 값을 구하시오.

길잡이 (1) 두 함수 $f(x)$, $g(x)$가 닫힌구간 $[a, b]$에서 연속일 때, $\int_a^b \{f(x)+g(x)\}dx = \int_a^b f(x)dx + \int_a^b g(x)dx$

(2) 함수 $f(x)$가 임의의 세 실수 a, b, c를 포함하는 구간에서 연속일 때, $\int_a^c f(x)dx + \int_c^b f(x)dx = \int_a^b f(x)dx$

풀이
$$\int_x^{x+1} \{f(t)-2t\}dt = \int_x^{x+1} f(t)dt - \int_x^{x+1} 2t\,dt = \int_x^{x+1} f(t)dt - \left[t^2\right]_x^{x+1}$$
$$= \int_x^{x+1} f(t)dt - \{(x+1)^2 - x^2\} = \int_x^{x+1} f(t)dt - 2x - 1$$

이므로 $\int_x^{x+1} \{f(t)-2t\}dt = ax^2 - 2x$에서

$$\int_x^{x+1} f(t)dt = ax^2 + 1 \quad \cdots\cdots \ \ominus$$

한편, $\int_0^4 f(t)dt = \int_0^1 f(t)dt + 31$에서 $\int_0^1 f(t)dt + \int_1^4 f(t)dt = \int_0^1 f(t)dt + 31$이므로

$$\int_1^4 f(t)dt = 31 \quad \cdots\cdots \ \bigcirc$$

㉠의 양변에 $x=1$, $x=2$, $x=3$을 차례로 대입하여 변끼리 더하면

$$\int_1^2 f(t)dt + \int_2^3 f(t)dt + \int_3^4 f(t)dt = (a \times 1^2 + 1) + (a \times 2^2 + 1) + (a \times 3^2 + 1)$$

$$\int_1^4 f(t)dt = 14a + 3 \quad \cdots\cdots \ \bigcirc$$

㉡, ㉢에서 $14a + 3 = 31$, 즉 $a = 2$

답 2

유제

정답과 풀이 44쪽

5

[24009-0133]

$\int_1^3 (x^2 + 4)dx + \int_3^1 (x+2)^2 dx$의 값은?

① -16 ② -15 ③ -14 ④ -13 ⑤ -12

6

[24009-0134]

실수 전체의 집합에서 연속인 함수 $f(x) = \begin{cases} -x+1 & (x \le 1) \\ ax+b & (x > 1) \end{cases}$이 $\int_0^2 f(x)dx > 5$를 만족시키도록 하는 두 정수 a, b에 대하여 $|ab|$의 최솟값을 구하시오.

7. 다항함수의 성질을 이용한 정적분

다항함수 $f(x)$가 모든 실수 x에 대하여

(1) $f(-x)=f(x)$를 만족시킬 때, $\displaystyle\int_{-a}^{a} f(x)dx=2\int_{0}^{a} f(x)dx$

(2) $f(-x)=-f(x)$를 만족시킬 때, $\displaystyle\int_{-a}^{a} f(x)dx=0$

참고 (1) 모든 실수 x에 대하여 $f(-x)=f(x)$를 만족시키는 함수 $y=f(x)$의 그래프는 y축에 대하여 대칭이다.

예를 들어 함수 $f(x)=x^2+1$은 모든 실수 x에 대하여

$$f(-x)=(-x)^2+1=x^2+1=f(x)$$

를 만족시키고, 함수 $y=f(x)$의 그래프는 오른쪽 그림과 같이 y축에 대하여 대칭이다. 이때

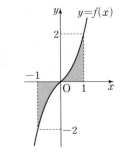

$$\int_{-1}^{0} (x^2+1)dx=\left[\frac{1}{3}x^3+x\right]_{-1}^{0}=0-\left(-\frac{4}{3}\right)=\frac{4}{3},$$

$$\int_{0}^{1} (x^2+1)dx=\left[\frac{1}{3}x^3+x\right]_{0}^{1}=\frac{4}{3}-0=\frac{4}{3}$$

에서 $\displaystyle\int_{-1}^{0} (x^2+1)dx=\int_{0}^{1} (x^2+1)dx$이므로

$$\int_{-1}^{1} (x^2+1)dx=\int_{-1}^{0} (x^2+1)dx+\int_{0}^{1} (x^2+1)dx=2\int_{0}^{1} (x^2+1)dx=\frac{8}{3}$$

(2) 모든 실수 x에 대하여 $f(-x)=-f(x)$를 만족시키는 함수 $y=f(x)$의 그래프는 원점에 대하여 대칭이다.

예를 들어 함수 $f(x)=x^3+x$는 모든 실수 x에 대하여

$$f(-x)=(-x)^3+(-x)=-x^3-x=-f(x)$$

를 만족시키고, 함수 $y=f(x)$의 그래프는 오른쪽 그림과 같이 원점에 대하여 대칭이다.
이때

$$\int_{-1}^{0} (x^3+x)dx=\left[\frac{1}{4}x^4+\frac{1}{2}x^2\right]_{-1}^{0}=0-\frac{3}{4}=-\frac{3}{4},$$

$$\int_{0}^{1} (x^3+x)dx=\left[\frac{1}{4}x^4+\frac{1}{2}x^2\right]_{0}^{1}=\frac{3}{4}-0=\frac{3}{4}$$

에서 $\displaystyle\int_{-1}^{0} (x^3+x)dx=-\int_{0}^{1} (x^3+x)dx$이므로

$$\int_{-1}^{1} (x^3+x)dx=\int_{-1}^{0} (x^3+x)dx+\int_{0}^{1} (x^3+x)dx=0$$

8. 정적분으로 표시된 함수의 극한

함수 $f(x)$가 실수 a를 포함하는 구간에서 연속일 때

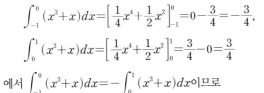

(1) $\displaystyle\lim_{h\to 0}\frac{1}{h}\int_{a}^{a+h} f(t)dt=f(a)$ 　　　　(2) $\displaystyle\lim_{x\to a}\frac{1}{x-a}\int_{a}^{x} f(t)dt=f(a)$

설명 함수 $f(x)$의 한 부정적분을 $F(x)$라 하면

(1) $\displaystyle\lim_{h\to 0}\frac{1}{h}\int_{a}^{a+h} f(t)dt=\lim_{h\to 0}\frac{F(a+h)-F(a)}{h}=F'(a)=f(a)$

(2) $\displaystyle\lim_{x\to a}\frac{1}{x-a}\int_{a}^{x} f(t)dt=\lim_{x\to a}\frac{F(x)-F(a)}{x-a}=F'(a)=f(a)$

삼차함수 $f(x)$가 모든 실수 x에 대하여 다음 조건을 만족시킨다.

(가) $f(-x)=-f(x)$ (나) $f'(x)\leq 0$

$\int_{-1}^{1}\{xf'(x)+|f(x)|\}dx=k\times\int_{0}^{1}f(x)dx$일 때, 상수 k의 값은?

① -4 ② -2 ③ 0 ④ 2 ⑤ 4

길잡이 다항함수 $f(x)$가 모든 실수 x에 대하여 $f(-x)=-f(x)$를 만족시킬 때, $\int_{-a}^{a}f(x)dx=0$이다.

풀이 $f(x)=ax^3+bx^2+cx+d$ (a, b, c, d는 상수, $a\neq 0$)이라 하면 조건 (가)에서 함수 $f(x)$가 모든 실수 x에 대하여
$f(-x)=-f(x)$를 만족시키므로
$$-ax^3+bx^2-cx+d=-ax^3-bx^2-cx-d,\ bx^2+d=-bx^2-d$$
이 등식이 x에 대한 항등식이므로 $b=0$, $d=0$
즉, $f(x)=ax^3+cx$이고 $f'(x)=3ax^2+c$에서 $xf'(x)=3ax^3+cx$이므로 모든 실수 x에 대하여
$$(-x)f'(-x)=-3ax^3-cx=-x(3ax^2+c)=-xf'(x),$$
$$|f(-x)|=|-ax^3-cx|=|ax^3+cx|=|f(x)|$$
를 만족시킨다. 또한 조건 (나)에 의해 함수 $f(x)$는 실수 전체의 집합에서 감소하므로 $x\geq 0$인 모든 실수 x에 대하여
$f(x)\leq f(0)=0$이다. 따라서
$$\int_{-1}^{1}\{xf'(x)+|f(x)|\}dx=\int_{-1}^{1}xf'(x)dx+\int_{-1}^{1}|f(x)|dx$$
$$=0+2\int_{0}^{1}|f(x)|dx=2\int_{0}^{1}\{-f(x)\}dx=-2\int_{0}^{1}f(x)dx$$
이므로 $k=-2$

답 ②

유제   정답과 풀이 **44**쪽

7
[24009–0135]
$\int_{-2}^{2}(3ax^2+2ax+a)dx=60$일 때, 상수 a의 값은?

① 1 ② 2 ③ 3 ④ 4 ⑤ 5

8
[24009–0136]
최고차항의 계수가 1인 사차함수 $f(x)$가 다음 조건을 만족시킬 때, $f(2)$의 값을 구하시오.

(가) 모든 실수 x에 대하여 $f(-x)=f(x)$이다.
(나) $f(0)=1$, $\displaystyle\lim_{h\to 0}\frac{1}{h}\int_{1}^{1+h}f'(t)dt=0$

1 [24009-0137]

다항함수 $f(x)$에 대하여 $f'(x)=4x^3+6x$일 때, $f(1)-f(0)$의 값은?

① 3　　　　② 4　　　　③ 5　　　　④ 6　　　　⑤ 7

2 [24009-0138]

$\int_1^2 (ax-2)dx=4$일 때, 상수 a의 값은?

① 1　　　　② 2　　　　③ 3　　　　④ 4　　　　⑤ 5

3 [24009-0139]

$\int_0^1 \dfrac{x^2-2x}{x+1}dx+\int_0^1 \dfrac{x-2}{x+1}dx$의 값은?

① $-\dfrac{5}{2}$　　　② -2　　　③ $-\dfrac{3}{2}$　　　④ -1　　　⑤ $-\dfrac{1}{2}$

4 [24009-0140]

$\int_0^2 x|x-1|dx$의 값은?

① $\dfrac{1}{3}$　　　② $\dfrac{1}{2}$　　　③ $\dfrac{2}{3}$　　　④ $\dfrac{5}{6}$　　　⑤ 1

5 [24009-0141]

$\int_{-3}^3 (x^2+a)(x^3+x+1)dx=6$일 때, 상수 a의 값은?

① -2　　　② -1　　　③ 0　　　　④ 1　　　　⑤ 2

www.ebs*i*.co.kr ● 정답과 풀이 45쪽

6 [24009-0142]

다항함수 $f(x)$에 대하여 $f'(x)=-x^2+2x+3$이고 함수 $f(x)$의 극솟값이 2일 때, $f(0)$의 값은?

① 3　　　　　② $\dfrac{10}{3}$　　　　　③ $\dfrac{11}{3}$　　　　　④ 4　　　　　⑤ $\dfrac{13}{3}$

7 [24009-0143]

다항함수 $f(x)$가 모든 실수 x에 대하여

$$\frac{d}{dx}\left\{\int_1^x f(t)dt\right\}=x^2+ax$$

를 만족시키고 $f(-1)=3$일 때, 상수 a의 값은?

① -2　　　　　② -1　　　　　③ 0　　　　　④ 1　　　　　⑤ 2

8 [24009-0144]

다항함수 $f(x)$가 모든 실수 x에 대하여

$$f(x)=3x^3+1+\int_{-1}^1 f(t)dt$$

를 만족시킬 때, $\displaystyle\lim_{x\to 1}\frac{1}{x-1}\int_1^x f(t)dt$의 값은?

① 1　　　　　② 2　　　　　③ 3　　　　　④ 4　　　　　⑤ 5

9 [24009-0145]

다항함수 $f(x)$가 모든 실수 x에 대하여

$$\int_0^x f(t)dt=f(x)+x^3+ax$$

를 만족시킬 때, $f(a)$의 값을 구하시오. (단, a는 상수이다.)

1 [24009-0146]

다항함수 $f(x)$의 한 부정적분을 $F(x)$라 하자. 다음 조건을 만족시키는 모든 함수 $f(x)$에 대하여 $f(3)$의 최댓값과 최솟값의 곱은?

> (가) 모든 실수 x에 대하여 $2\{F(x)-F(1)\}=(x-1)\{f(x)+f(1)\}$이다.
> (나) $f(0)=4$, $|F'(1)|\leq 2$

① -32　　　② -28　　　③ 24　　　④ 28　　　⑤ 32

2 [24009-0147]

실수 전체의 집합에서 연속인 두 함수 $f(x)$, $g(x)$가 모든 실수 x에 대하여

$$\int_0^x f(t)dt = g(x) + \int_3^0 f(t)dt$$

를 만족시킨다. $g(3)=6$, $g(4)=10$일 때, $\int_0^4 f(t)dt$의 값은?

① 4　　　② 5　　　③ 6　　　④ 7　　　⑤ 8

3 [24009-0148]

최고차항의 계수가 4인 삼차함수 $f(x)$에 대하여

$$\lim_{x \to 1}\frac{f(x)}{x-1}=0, \ \lim_{x \to 1}\frac{1}{x-1}\int_0^x f(t)dt=k$$

가 성립할 때, $f(k+3)$의 값을 구하시오. (단, k는 상수이다.)

4 [24009-0149]

실수 전체의 집합에서 연속인 함수 $f(x)$가 $0 \leq x < 1$일 때 $f(x)=ax^2-1$이고, 모든 실수 x에 대하여

$$f(x+1)=f(x)+b$$

를 만족시킨다. $\int_2^3 f(x)dx = \dfrac{11}{3}$일 때, $a+b$의 값은? (단, a, b는 상수이다.)

① 2　　　② $\dfrac{5}{2}$　　　③ 3　　　④ $\dfrac{7}{2}$　　　⑤ 4

[24009-0150]

5 $f(0)=0$이고 최고차항의 계수의 절댓값이 4인 이차함수 $f(x)$와 $a>1$인 실수 a가 다음 조건을 만족시킨다.

(가) $\int_0^1 |f(x)|\,dx = \int_0^1 f(x)\,dx$, $\int_1^a |f(x)|\,dx = -\int_1^a f(x)\,dx$

(나) $\left| \int_0^a f(x)\,dx \right| \le \int_{1-a}^1 f(x)\,dx$

$f(a)$의 최솟값은?

① $-\dfrac{7}{2}$ ② -3 ③ $-\dfrac{5}{2}$ ④ -2 ⑤ $-\dfrac{3}{2}$

[24009-0151]

6 두 다항함수 $f(x)$, $g(x)$가 모든 실수 x에 대하여 다음 조건을 만족시킨다.

(가) $\int f'(x)\,dx = g'(x) + \int 6x\,dx$ (나) $\int f(x)\,dx = xg(x) - \int g(x)\,dx$

$f(1)=g(1)$일 때, $g(2)$의 값은?

① 13 ② $\dfrac{27}{2}$ ③ 14 ④ $\dfrac{29}{2}$ ⑤ 15

[24009-0152]

7 닫힌구간 $[0,\,4]$에서 정의된 연속함수 $f(x)$가

$0 \le x < 2$일 때 $|f(x)| = |x-1|$, $2 \le x \le 4$일 때 $|f(x)| = |x-3|$

을 만족시킨다. 열린구간 $(0,\,4)$에서 정의된 함수 $g(x)$를

$$g(x) = \int_1^x f(t)\,dt + \int_3^x f(t)\,dt$$

라 하자. **보기**에서 옳은 것만을 있는 대로 고른 것은?

┌ 보기 ┐
ㄱ. 가능한 함수 f의 개수는 16이다.
ㄴ. $|g(2)| + |g'(2)| = 2$
ㄷ. 함수 $g(x)$가 $x=\alpha\,(1<\alpha<4)$에서만 극값을 가지고 $g(\alpha)>0$일 때, $\alpha + g(\alpha) = 4$이다.

① ㄴ   ② ㄷ   ③ ㄱ, ㄴ   ④ ㄱ, ㄷ   ⑤ ㄴ, ㄷ

1 [24009–0153]

실수 전체의 집합에서 미분가능한 함수 $f(x)$의 도함수가

$$f'(x) = \begin{cases} a & (x < b) \\ -3x^2 + x & (x \geq b) \end{cases}$$

이다. 함수 $f(x)$의 역함수가 존재하고 $f(2) - f(0) = -\dfrac{15}{2}$일 때, $a+b$의 값은? (단, a, b는 상수이다.)

① -2　　　　② -1　　　　③ 0　　　　④ 1　　　　⑤ 2

2 [24009–0154]

다음 조건을 만족시키는 실수 전체의 집합에서 연속인 모든 함수 $f(x)$에 대하여 $\displaystyle\int_{-2}^{2} f(x)dx$의 최댓값과 최솟값의 합은?

> (가) 모든 실수 x에 대하여 $\{f(x)+x\}\{f(x)-x\} = x^4 - 3x^2 + 1$이다.
> (나) $x \leq 1$인 모든 실수 x에 대하여 $f(x) - \displaystyle\int_{1}^{x} f(t)dt \geq 0$이다.

① $-\dfrac{8}{3}$　　　　② $-\dfrac{4}{3}$　　　　③ $\dfrac{4}{3}$　　　　④ $\dfrac{8}{3}$　　　　⑤ $\dfrac{16}{3}$

3 [24009–0155]

$f'(0) = 0$인 이차함수 $f(x)$와 연속함수 $g(x)$가 모든 실수 x에 대하여

$$xg(x) = \int_{-1}^{1} |x-t| f(t)dt$$

를 만족시킨다. $g(-2) = 2$일 때, $f(2)$의 값을 구하시오.

[24009–0156]

4 최고차항의 계수의 절댓값이 1인 삼차함수 $f(x)$에 대하여 함수 $g(x)$를

$$g(x)=\begin{cases} f(x) & (x\le 0) \\ f(x+3) & (x>0) \end{cases}$$

이라 하자. 함수 $g(x)$가 실수 전체의 집합에서 연속이고 모든 실수 x에 대하여

$$\int_0^x g(t)dt\le 0$$

을 만족시킬 때, **보기**에서 옳은 것만을 있는 대로 고른 것은?

┌── **보기** ──────────────────────────────
│
│ ㄱ. $g(0)=0$
│
│ ㄴ. $g'(0)$이 존재하면 모든 실수 x에 대하여 $\int_0^x |g'(t)|dt=-g(x)$이다.
│
│ ㄷ. $\int_0^1 f(x)dx$의 값이 정수일 때, $\displaystyle\lim_{h\to 0+}\frac{g(h)}{h}$의 최솟값은 $-\dfrac{99}{14}$이다.
│
└───────────────────────────────────────

① ㄱ　　　　② ㄱ, ㄴ　　　　③ ㄱ, ㄷ　　　　④ ㄴ, ㄷ　　　　⑤ ㄱ, ㄴ, ㄷ

[24009–0157]

5 음수 a에 대하여 함수 $f(x)$를

$$f(x)=\begin{cases} -x^2+1 & (x<1) \\ a|x-2|-a & (x\ge 1) \end{cases}$$

이라 할 때, 함수 $g(x)=|x|\displaystyle\int_b^x f(t)dt$가 실수 전체의 집합에서 미분가능하도록 하는 실수 b의 최댓값을 M이라 하자. $b=M$일 때의 함수 $g(x)$에 대하여 $g(3)=18$일 때, $12M$의 값을 구하시오.

대표 기출 문제

정적분과 미분의 관계를 이용하여 함수를 구하는 문제, 정적분을 이용하여 극한값을 구하는 문제 등이 출제되고 있다.

2023학년도 수능

실수 전체의 집합에서 연속인 함수 $f(x)$가 다음 조건을 만족시킨다.

> $n-1 \le x < n$일 때, $|f(x)| = |6(x-n+1)(x-n)|$이다. (단, n은 자연수이다.)

열린구간 $(0, 4)$에서 정의된 함수

$$g(x) = \int_0^x f(t)dt - \int_x^4 f(t)dt$$

가 $x=2$에서 최솟값 0을 가질 때 $\int_{\frac{1}{2}}^4 f(x)dx$의 값은? [4점]

① $-\dfrac{3}{2}$　　　② $-\dfrac{1}{2}$　　　③ $\dfrac{1}{2}$　　　④ $\dfrac{3}{2}$　　　⑤ $\dfrac{5}{2}$

출제 의도 정적분과 미분의 관계를 이용하여 조건을 만족시키는 함수 $f(x)$를 구한 후 정적분의 값을 구할 수 있는지를 묻는 문제이다.

풀이 함수 $f(x)$가 실수 전체의 집합에서 연속이므로 $n-1 \le x < n$일 때,

$$f(x) = 6(x-n+1)(x-n) \text{ 또는 } f(x) = -6(x-n+1)(x-n) \quad \cdots\cdots \text{㉠}$$

함수 $f(x)$가 연속함수이므로 함수 $g(x)$는 $0 < x < 4$에서 미분가능하다.

$g(x) = \int_0^x f(t)dt - \int_x^4 f(t)dt = \int_0^x f(t)dt + \int_4^x f(t)dt$에서

$$g'(x) = f(x) + f(x) = 2f(x)$$

함수 $g(x)$가 $x=2$에서 최솟값 0을 가지므로 $g(2)=0$이고 $g'(2)=0$이다.

$g(2) = \int_0^2 f(t)dt - \int_2^4 f(t)dt = 0$에서 $\int_0^2 f(t)dt = \int_2^4 f(t)dt \quad \cdots\cdots \text{㉡}$

$g'(2)=0$에서 $f(2)=0$이고 함수 $g(x)$는 $x=2$에서 최소이므로 함수 $g'(x)$의 부호, 즉 함수 $f(x)$의 부호가 $x=2$의 좌우에서 음에서 양으로 바뀌어야 한다. $\quad \cdots\cdots \text{㉢}$

㉠, ㉡, ㉢에 의하여 닫힌구간 $[0, 4]$에서 함수 $y=f(x)$의 그래프는 다음 그림과 같다.

따라서

$$\int_{\frac{1}{2}}^4 f(x)dx = \int_0^4 f(x)dx - \int_0^{\frac{1}{2}} f(x)dx$$

$$= 0 - \int_0^{\frac{1}{2}} (-6x^2 + 6x)dx$$

$$= 0 + \left[2x^3 - 3x^2 \right]_0^{\frac{1}{2}} = \frac{1}{4} - \frac{3}{4} = -\frac{1}{2}$$

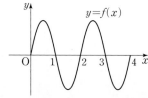

답 ②

대표 기출 문제

출제경향 정적분을 이용하여 함수를 구하는 문제, 정적분의 성질을 이용하여 정적분을 계산하는 문제 등이 출제되고 있다.

2022학년도 수능

실수 전체의 집합에서 미분가능한 함수 $f(x)$가 다음 조건을 만족시킨다.

(가) 닫힌구간 $[0, 1]$에서 $f(x)=x$이다.
(나) 어떤 상수 a, b에 대하여 구간 $[0, \infty)$에서 $f(x+1)-xf(x)=ax+b$이다.

$60 \times \displaystyle\int_1^2 f(x)dx$의 값을 구하시오. **[4점]**

출제 의도 정적분의 성질을 이용하여 정적분의 값을 구할 수 있는지를 묻는 문제이다.

풀이 닫힌구간 $[0, 1]$에서 $f(x)=x$이므로 $f(1)=1$

$f(x+1)-xf(x)=ax+b$의 양변에 $x=0$을 대입하면 $f(1)=b=1$

구간 $[0, \infty)$에서 $f(x+1)-xf(x)=ax+1$이므로 $f(x+1)=xf(x)+ax+1$

이때 $0 \le x \le 1$에서 $f(x)=x$이므로 $f(x+1)=x^2+ax+1$

$x+1=t \ (1 \le t \le 2)$라 하면 $x=t-1$이므로

$$f(t)=(t-1)^2+a(t-1)+1=t^2+(a-2)t+2-a$$

함수 $f(x)$가 $x=1$에서 미분가능하므로

$$\lim_{t \to 1-} \frac{f(t)-f(1)}{t-1}=\lim_{t \to 1+} \frac{f(t)-f(1)}{t-1}$$

이다.

$$\lim_{t \to 1-} \frac{f(t)-f(1)}{t-1}=\lim_{t \to 1-} \frac{t-1}{t-1}=1,$$

$$\lim_{t \to 1+} \frac{f(t)-f(1)}{t-1}=\lim_{t \to 1+} \frac{\{t^2+(a-2)t+2-a\}-1}{t-1}$$

$$=\lim_{t \to 1+} \frac{(t-1)(t+a-1)}{t-1}$$

$$=\lim_{t \to 1+} (t+a-1)=a$$

이므로 $a=1$

따라서 $1 \le t \le 2$일 때 $f(t)=t^2-t+1$이므로

$$60 \times \int_1^2 f(x)dx=60 \times \int_1^2 (x^2-x+1)dx$$

$$=60 \times \left[\frac{1}{3}x^3-\frac{1}{2}x^2+x\right]_1^2$$

$$=60 \times \left(\frac{8}{3}-\frac{5}{6}\right)=60 \times \frac{11}{6}=110$$

답 110

07 정적분의 활용

1. 곡선과 x축 사이의 넓이

함수 $f(x)$가 닫힌구간 $[a, b]$에서 연속일 때, 곡선 $y=f(x)$와 x축 및 두 직선 $x=a$, $x=b$로 둘러싸인 부분의 넓이 S는

$$S=\int_a^b |f(x)|\,dx$$

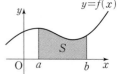

설명 함수 $f(x)$가 닫힌구간 $[a, b]$에서 연속일 때, 곡선 $y=f(x)$와 x축 및 두 직선 $x=a$, $x=b$로 둘러싸인 부분의 넓이 S를 구해 보자.

(i) 닫힌구간 $[a, b]$에서 $f(x)\geq 0$일 때,

곡선 $y=f(x)$와 x축 및 두 직선 $x=a$, $x=t$ $(a\leq t\leq b)$로 둘러싸인 부분의 넓이를 $S(t)$라 하자. x의 값이 t에서 $t+\varDelta t$까지 변할 때 $S(t)$의 증분을 $\varDelta S$라 하면 $\varDelta S=S(t+\varDelta t)-S(t)$이다.

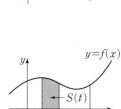

(a) $\varDelta t>0$일 때, 함수 $f(x)$는 닫힌구간 $[t, t+\varDelta t]$에서 연속이므로 이 구간에서 최댓값과 최솟값을 갖는다. 이때 최댓값을 M, 최솟값을 m이라 하면

$$m\varDelta t\leq \varDelta S\leq M\varDelta t,\ \ 즉\ m\leq \frac{\varDelta S}{\varDelta t}\leq M$$

이다.

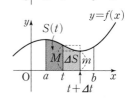

(b) $\varDelta t<0$일 때, (a)와 같은 방법으로

$$m\leq \frac{\varDelta S}{\varDelta t}\leq M$$

이다.

함수 $f(x)$는 닫힌구간 $[a, b]$에서 연속이고 $\varDelta t\to 0$이면 $m\to f(t)$, $M\to f(t)$이므로

$\displaystyle\lim_{\varDelta t\to 0}\frac{\varDelta S}{\varDelta t}=f(t)$, 즉 $S'(t)=f(t)$이다. 따라서 $S(t)$는 $f(t)$의 한 부정적분이다. 이때 $S(a)=0$이므로

$$\int_a^t f(x)dx=\Big[S(x)\Big]_a^t=S(t)-S(a)=S(t)$$

이다. 또 $t=b$일 때 $S(b)=\displaystyle\int_a^b f(x)dx$이다.

그런데 $S(b)$는 곡선 $y=f(x)$와 x축 및 두 직선 $x=a$, $x=b$로 둘러싸인 부분의 넓이이므로 S는 다음과 같다.

$$S=\int_a^b f(x)dx=\int_a^b |f(x)|\,dx$$

(ii) 닫힌구간 $[a, b]$에서 $f(x)\leq 0$일 때,

곡선 $y=f(x)$를 x축에 대하여 대칭이동한 곡선 $y=-f(x)$에 대하여 닫힌구간 $[a, b]$에서 $-f(x)\geq 0$이므로 S는 다음과 같다.

$$S=\int_a^b \{-f(x)\}dx=\int_a^b |f(x)|\,dx$$

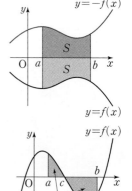

(iii) 닫힌구간 $[a, c]$에서 $f(x)\geq 0$이고 닫힌구간 $[c, b]$에서 $f(x)\leq 0$일 때, S는 다음과 같다.

$$S=\int_a^c f(x)dx+\int_c^b \{-f(x)\}dx=\int_a^c |f(x)|\,dx+\int_c^b |f(x)|\,dx$$

$$=\int_a^b |f(x)|\,dx$$

(i), (ii), (iii)에 의하여 $S=\displaystyle\int_a^b |f(x)|\,dx$이다.

예제 1 곡선과 x축 사이의 넓이

최고차항의 계수가 양수인 사차함수 $f(x)$가 다음 조건을 만족시킬 때, $f(1)$의 값은?

(가) $f(2)=0$, $f(0)=-2$

(나) 모든 실수 x에 대하여 $f(-x)=f(x)$이다.

(다) 곡선 $y=f(x)$와 x축으로 둘러싸인 부분의 넓이는 $\dfrac{32}{3}$이다.

① $-\dfrac{7}{2}$ ② $-\dfrac{27}{8}$ ③ $-\dfrac{13}{4}$ ④ $-\dfrac{25}{8}$ ⑤ -3

길잡이 함수 $f(x)$가 닫힌구간 $[a, b]$에서 연속일 때, 곡선 $y=f(x)$와 x축 및 두 직선 $x=a$, $x=b$로 둘러싸인 부분의 넓이는 $\displaystyle\int_a^b |f(x)|dx$이다.

풀이 최고차항의 계수가 양수인 사차함수 $f(x)$는 조건 (가)의 $f(0)=-2$와 조건 (나)를 만족시키므로
$f(x)=ax^4+bx^2-2$ (a, b는 상수, $a>0$)으로 놓을 수 있다.

조건 (가)에서 $f(2)=16a+4b-2=0$, $b=-4a+\dfrac{1}{2}$ $\cdots\cdots$ ㉠

$f(x)=ax^4+bx^2-2=ax^4+\left(-4a+\dfrac{1}{2}\right)x^2-2=(x^2-4)\left(ax^2+\dfrac{1}{2}\right)$ ($a>0$)이므로 곡선 $y=f(x)$는 x축과 두 점

$(-2, 0)$, $(2, 0)$에서만 만나고 $-2\le x\le 2$에서 $f(x)\le 0$이다.

그러므로 곡선 $y=f(x)$와 x축으로 둘러싸인 부분의 넓이는

$$\int_{-2}^{2} |f(x)|dx=2\int_0^2 |f(x)|dx=2\int_0^2 \{-f(x)\}dx=-2\int_0^2 \left\{ax^4+\left(-4a+\dfrac{1}{2}\right)x^2-2\right\}dx$$

$$=-2\times\left[\dfrac{a}{5}x^5+\left(-4a+\dfrac{1}{2}\right)\times\dfrac{1}{3}x^3-2x\right]_0^2$$

$$=-2\times\left(-\dfrac{64}{15}a-\dfrac{8}{3}\right)=\dfrac{32}{3}$$

에서 $\dfrac{64}{15}a+\dfrac{8}{3}=\dfrac{16}{3}$, $\dfrac{64}{15}a=\dfrac{8}{3}$, $a=\dfrac{5}{8}$

㉠에서 $b=-4\times\dfrac{5}{8}+\dfrac{1}{2}=-2$

따라서 $f(x)=\dfrac{5}{8}x^4-2x^2-2$이므로 $f(1)=\dfrac{5}{8}-2-2=-\dfrac{27}{8}$

답 ②

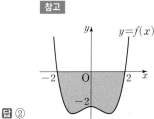

참고

유제

정답과 **풀이** 55쪽

1 곡선 $y=x^3+x^2-2x$와 x축으로 둘러싸인 부분의 넓이는?

[24009-0158]

① $\dfrac{37}{12}$ ② $\dfrac{13}{4}$ ③ $\dfrac{41}{12}$ ④ $\dfrac{43}{12}$ ⑤ $\dfrac{15}{4}$

2 곡선 $y=a|x|(x-1)-2a$ ($a>0$)과 x축, y축으로 둘러싸인 부분의 넓이가 10일 때, 상수 a의 값을

[24009-0159] 구하시오.

2. 두 곡선 사이의 넓이

두 함수 $f(x)$, $g(x)$가 닫힌구간 $[a, b]$에서 연속일 때, 두 곡선 $y=f(x)$, $y=g(x)$ 및 두 직선 $x=a$, $x=b$로 둘러싸인 부분의 넓이 S는

$$S=\int_a^b |f(x)-g(x)|\,dx$$

설명 두 함수 $f(x)$, $g(x)$가 닫힌구간 $[a, b]$에서 연속일 때, 두 곡선 $y=f(x)$, $y=g(x)$ 및 두 직선 $x=a$, $x=b$로 둘러싸인 부분의 넓이 S를 구해 보자.

(i) 닫힌구간 $[a, b]$에서 $f(x) \geq g(x) \geq 0$일 때,

$$S=\int_a^b f(x)\,dx-\int_a^b g(x)\,dx$$
$$=\int_a^b \{f(x)-g(x)\}\,dx=\int_a^b |f(x)-g(x)|\,dx$$

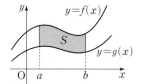

(ii) 닫힌구간 $[a, b]$에서 $f(x) \geq g(x)$이고 $f(x)$ 또는 $g(x)$의 값이 음수인 경우가 있을 때,

두 곡선 $y=f(x)$, $y=g(x)$를 y축의 방향으로 k만큼 평행이동하여 닫힌구간 $[a, b]$에서

$$f(x)+k \geq g(x)+k \geq 0$$

이 되게 한다. 이때 넓이 S는 두 곡선 $y=f(x)+k$, $y=g(x)+k$ 및 두 직선 $x=a$, $x=b$로 둘러싸인 부분의 넓이와 같으므로

$$S=\int_a^b [\{f(x)+k\}-\{g(x)+k\}]\,dx$$
$$=\int_a^b \{f(x)-g(x)\}\,dx=\int_a^b |f(x)-g(x)|\,dx$$

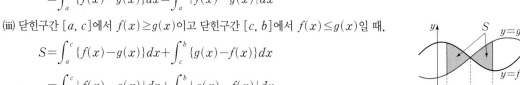

(iii) 닫힌구간 $[a, c]$에서 $f(x) \geq g(x)$이고 닫힌구간 $[c, b]$에서 $f(x) \leq g(x)$일 때,

$$S=\int_a^c \{f(x)-g(x)\}\,dx+\int_c^b \{g(x)-f(x)\}\,dx$$
$$=\int_a^c |f(x)-g(x)|\,dx+\int_c^b |g(x)-f(x)|\,dx$$
$$=\int_a^b |f(x)-g(x)|\,dx$$

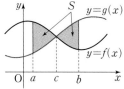

(i), (ii), (iii)에서 $S=\int_a^b |f(x)-g(x)|\,dx$

참고 두 함수 $f(x)$, $g(x)$가 닫힌구간 $[a, b]$에서 연속일 때, 두 곡선 $y=f(x)$, $y=g(x)$ 및 두 직선 $x=a$, $x=b$로 둘러싸인 부분의 넓이는 곡선 $y=f(x)-g(x)$와 x축 및 두 직선 $x=a$, $x=b$로 둘러싸인 부분의 넓이와 같다.

예 곡선 $y=x^2$과 직선 $y=x$로 둘러싸인 부분의 넓이 S를 구해 보자.

곡선 $y=x^2$과 직선 $y=x$가 만나는 점의 x좌표는

$x^2=x$에서 $x(x-1)=0$, 즉 $x=0$ 또는 $x=1$

따라서 구하는 넓이 S는

$$S=\int_0^1 |x^2-x|\,dx=\int_0^1 (x-x^2)\,dx=\left[\frac{1}{2}x^2-\frac{1}{3}x^3\right]_0^1=\frac{1}{2}-\frac{1}{3}=\frac{1}{6}$$

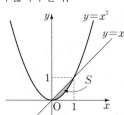

예제 2 두 곡선 사이의 넓이

최고차항의 계수가 1인 삼차함수 $f(x)$가

$$\lim_{x \to 0} \frac{f(x)}{x} = 0, \ f(1) = f'(1)$$

을 만족시킬 때, 두 곡선 $y=f(x)$, $y=f'(x)$로 둘러싸인 부분의 넓이는 $\dfrac{q}{p}$이다. $p+q$의 값을 구하시오.

(단, p와 q는 서로소인 자연수이다.)

길잡이 두 함수 $f(x)$, $g(x)$가 닫힌구간 $[a, b]$에서 연속일 때, 두 곡선 $y=f(x)$, $y=g(x)$ 및 두 직선 $x=a$, $x=b$로 둘러싸인 부분의 넓이

S는 $S = \displaystyle\int_a^b |f(x) - g(x)| \, dx$이다.

풀이 $\displaystyle\lim_{x \to 0} \frac{f(x)}{x} = 0$에서 $x \to 0$일 때 (분모) $\to 0$이고 극한값이 존재하므로 (분자) $\to 0$이어야 한다.

즉, $\displaystyle\lim_{x \to 0} f(x) = 0$이고, 삼차함수 $f(x)$는 연속함수이므로 $f(0) = 0$ ····· ㉠

$\displaystyle\lim_{x \to 0} \frac{f(x)}{x} = \lim_{x \to 0} \frac{f(x) - f(0)}{x - 0} = f'(0)$이므로 $\displaystyle\lim_{x \to 0} \frac{f(x)}{x} = 0$에서 $f'(0) = 0$ ····· ㉡

㉠, ㉡에서 최고차항의 계수가 1인 삼차함수 $f(x)$를

$f(x) = x^2(x + a) = x^3 + ax^2$ (a는 상수)로 놓을 수 있다.

$f'(x) = 3x^2 + 2ax$이고 $f(1) = 1 + a$, $f'(1) = 3 + 2a$이므로 $f(1) = f'(1)$에서

$\quad 1 + a = 3 + 2a$, $a = -2$

이때 $f(x) = x^3 - 2x^2$, $f'(x) = 3x^2 - 4x$이고

$\quad f(x) - f'(x) = x^3 - 5x^2 + 4x = x(x-1)(x-4)$

이므로 두 곡선 $y=f(x)$, $y=f'(x)$로 둘러싸인 부분은 오른쪽 그림과 같다.

그러므로 구하는 넓이는

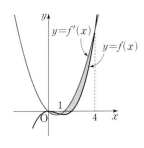

$$\int_0^4 |f(x) - f'(x)| \, dx = \int_0^1 \{f(x) - f'(x)\} \, dx + \int_1^4 \{f'(x) - f(x)\} \, dx$$

$$= \int_0^1 (x^3 - 5x^2 + 4x) \, dx + \int_1^4 (-x^3 + 5x^2 - 4x) \, dx$$

$$= \left[\frac{1}{4}x^4 - \frac{5}{3}x^3 + 2x^2 \right]_0^1 + \left[-\frac{1}{4}x^4 + \frac{5}{3}x^3 - 2x^2 \right]_1^4$$

$$= \left(\frac{7}{12} - 0 \right) + \left\{ \frac{32}{3} - \left(-\frac{7}{12} \right) \right\} = \frac{71}{6}$$

따라서 $p = 6$, $q = 71$이므로 $p + q = 6 + 71 = 77$

답 77

유제

정답과 풀이 55쪽

3

[24009-0160]

함수 $f(x) = x^2 + 1$에 대하여 곡선 $y=f(x)$ 위의 점 $(1, f(1))$에서의 접선을 l이라 하자. 곡선 $y=f(x)$와 직선 l 및 y축으로 둘러싸인 부분의 넓이는?

① $\dfrac{1}{12}$ ② $\dfrac{1}{6}$ ③ $\dfrac{1}{4}$ ④ $\dfrac{1}{3}$ ⑤ $\dfrac{5}{12}$

3. 두 곡선으로 둘러싸인 두 부분의 넓이가 같은 경우

(1) 곡선과 x축으로 둘러싸인 두 부분의 넓이가 같은 경우

그림과 같이 함수 $f(x)$가 닫힌구간 $[a, b]$에서 연속이고 닫힌구간 $[a, c]$에서 $f(x) \geq 0$, 닫힌구간 $[c, b]$에서 $f(x) \leq 0$이며, 닫힌구간 $[a, c]$와 닫힌구간 $[c, b]$에서 곡선 $y=f(x)$와 x축으로 둘러싸인 부분의 넓이를 각각 S_1, S_2라 할 때,

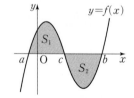

$S_1=S_2$이면 $\int_a^b f(x)dx=0$

설명 닫힌구간 $[a, c]$에서 $f(x) \geq 0$이고 닫힌구간 $[c, b]$에서 $f(x) \leq 0$이므로

$$S_1=\int_a^c f(x)dx, \ S_2=\int_c^b \{-f(x)\}dx=-\int_c^b f(x)dx$$

이때 $S_1=S_2$이면 $\int_a^c f(x)dx=-\int_c^b f(x)dx$이므로

$$\int_a^c f(x)dx+\int_c^b f(x)dx=0$$

따라서 $\int_a^b f(x)dx=0$

(2) 두 곡선으로 둘러싸인 두 부분의 넓이가 같은 경우

그림과 같이 두 함수 $f(x)$, $g(x)$가 닫힌구간 $[a, b]$에서 연속이고 닫힌구간 $[a, c]$에서 $f(x) \geq g(x)$, 닫힌구간 $[c, b]$에서 $f(x) \leq g(x)$이며, 닫힌구간 $[a, c]$와 닫힌구간 $[c, b]$에서 두 곡선 $y=f(x)$, $y=g(x)$로 둘러싸인 부분의 넓이를 각각 S_1, S_2라 할 때,

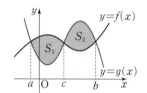

$S_1=S_2$이면 $\int_a^b \{f(x)-g(x)\}dx=0$

설명 닫힌구간 $[a, c]$에서 $f(x) \geq g(x)$이고 닫힌구간 $[c, b]$에서 $f(x) \leq g(x)$이므로

$$S_1=\int_a^c \{f(x)-g(x)\}dx, \ S_2=\int_c^b \{g(x)-f(x)\}dx=-\int_c^b \{f(x)-g(x)\}dx$$

이때 $S_1=S_2$이면 $\int_a^c \{f(x)-g(x)\}dx=-\int_c^b \{f(x)-g(x)\}dx$이므로

$$\int_a^c \{f(x)-g(x)\}dx+\int_c^b \{f(x)-g(x)\}dx=0$$

따라서 $\int_a^b \{f(x)-g(x)\}dx=0$

4. 역함수와 넓이의 관계

역함수가 존재하는 연속인 함수 $f(x)$의 역함수를 $g(x)$라 하자. 그림과 같이 두 곡선 $y=f(x)$, $y=g(x)$가 두 점 (a, a), (b, b)에서만 만날 때, 닫힌구간 $[a, b]$에서 두 곡선 $y=f(x)$, $y=g(x)$로 둘러싸인 부분의 넓이 S는

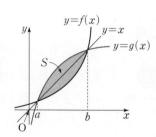

$$S=2\int_a^b |x-f(x)|dx$$

이차함수 $f(x)=ax(x-1)$ $(a>0)$과 직선 $l : y=m(x-1)$ $(m<0)$에 대하여 그림과 같이 곡선 $y=f(x)$와 직선 l로 둘러싸인 부분(어두운 부분)을 S, 곡선 $y=f(x)$와 직선 l 및 직선 $x=a+1$로 둘러싸인 부분(빗금 친 부분)을 T라 하자. S, T가 다음 조건을 만족시킬 때, $(a-m+2)^2$의 값을 구하시오. (단, a, m은 상수이다.)

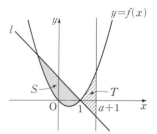

(가) S의 넓이는 y축에 의하여 이등분된다.
(나) S의 넓이는 T의 넓이의 2배이다.

길잡이 두 함수 $f(x)$, $g(x)$가 닫힌구간 $[a, b]$에서 연속이고, $a \leq c \leq b$일 때,
$$\int_a^c \{f(x)-g(x)\}dx = \int_c^b \{g(x)-f(x)\}dx$$이면 $\int_a^b \{f(x)-g(x)\}dx=0$이다.

풀이 곡선 $y=f(x)$와 직선 l의 교점의 x좌표는 $ax(x-1)=m(x-1)$, $(x-1)(ax-m)=0$, 즉 $x=1$ 또는 $x=\dfrac{m}{a}$

조건 (가)에서 $\int_{\frac{m}{a}}^0 |(x-1)(ax-m)|dx = \int_0^1 |(x-1)(ax-m)|dx$이고 곡선 $y=(x-1)(ax-m)$과 x축으로 둘러싸인 부분의 넓이는직선 $x=\dfrac{1}{2} \times \left(1+\dfrac{m}{a}\right) = \dfrac{a+m}{2a}$에 의하여 이등분되므로

$$\dfrac{a+m}{2a}=0, \ m=-a \quad \cdots\cdots \ \text{㉠}$$

이때 조건 (가), (나)에 의하여 닫힌구간 $[0, a+1]$에서 곡선 $y=f(x)$와 직선 l 및 두 직선 $x=0$, $x=a+1$로 둘러싸인 두 부분의 넓이가 같으므로

$$\int_0^{a+1} \{ax(x-1)-m(x-1)\}dx = \int_0^{a+1} a(x^2-1)dx = 0$$

$a \neq 0$이므로 $\int_0^{a+1}(x^2-1)dx = \left[\dfrac{1}{3}x^3-x\right]_0^{a+1} = \dfrac{1}{3}(a+1)^3-(a+1)-0=0$, $(a+1)^3=3(a+1)$

$a>0$이므로 $(a+1)^2=3$, $a=-1+\sqrt{3}$

㉠에서 $m=1-\sqrt{3}$

따라서 $(a-m+2)^2=(2\sqrt{3})^2=12$

🔲 12

유제

정답과 풀이 56쪽

4
[24009-0161]

곡선 $y=x^3+x$와 직선 $y=-x+k$ 및 y축으로 둘러싸인 부분의 넓이와 곡선 $y=x^3+x$와 직선 $y=-x+k$ 및 직선 $x=1$로 둘러싸인 부분의 넓이가 서로 같을 때, 상수 k의 값은? (단, $0<k<3$)

① $\dfrac{9}{8}$ ② $\dfrac{5}{4}$ ③ $\dfrac{11}{8}$ ④ $\dfrac{3}{2}$ ⑤ $\dfrac{13}{8}$

5
[24009-0162]

함수 $f(x)=x^3+3x-3$의 역함수를 $g(x)$라 하자. 곡선 $y=g(x)$와 x축 및 직선 $x=1$로 둘러싸인 부분의 넓이가 S일 때, $12S$의 값을 구하시오.

5. 속도와 거리

수직선 위를 움직이는 점 P의 시각 t에서의 속도를 $v(t)$라 하자.

(1) 시각 t에서의 점 P의 위치를 $x(t)$라 하면

$$x(t)=x(a)+\int_a^t v(t)dt$$

(2) 시각 $t=a$에서 $t=b$ $(a\leq b)$까지 점 P의 위치의 변화량은

$$\int_a^b v(t)dt$$

(3) 시각 $t=a$에서 $t=b$ $(a\leq b)$까지 점 P가 움직인 거리 s는

$$s=\int_a^b |v(t)|dt$$

설명 (1) $\dfrac{d}{dt}x(t)=v(t)$에서 $x(t)$는 $v(t)$의 한 부정적분이므로

$$\int_a^t v(t)dt=\Big[x(t) \Big]_a^t=x(t)-x(a)$$

따라서 $x(t)=x(a)+\displaystyle\int_a^t v(t)dt$

(2) 시각 $t=a$, $t=b$에서의 점 P의 위치가 각각 $x(a)$, $x(b)$이므로 시각 $t=a$에서 $t=b$ $(a\leq b)$까지 점 P의 위치의 변화량은

$$x(b)-x(a)=\Big[x(t) \Big]_a^b=\int_a^b v(t)dt$$

(3) 시각 $t=a$에서 $t=b$ $(a\leq b)$까지 점 P가 움직인 거리 s는

(ⅰ) 닫힌구간 $[a, b]$에서 $v(t)\geq 0$일 때,

점 P는 양의 방향으로 움직이므로 $s=x(b)-x(a)$이다. 즉,

$$s=x(b)-x(a)=\int_a^b v(t)dt=\int_a^b |v(t)|dt$$

(ⅱ) 닫힌구간 $[a, b]$에서 $v(t)\leq 0$일 때,

점 P는 음의 방향으로 움직이므로 $s=x(a)-x(b)$이다. 즉,

$$s=x(a)-x(b)=-\int_a^b v(t)dt=\int_a^b \{-v(t)\}dt$$

$$=\int_a^b |v(t)|dt$$

(ⅲ) 닫힌구간 $[a, c]$에서 $v(t)\geq 0$이고, 닫힌구간 $[c, b]$에서 $v(t)\leq 0$일 때, 시각 $t=a$에서 $t=c$까지 점 P가 움직인 거리를 s_1, 시각 $t=c$에서 $t=b$까지 점 P가 움직인 거리를 s_2라 하면 $s=s_1+s_2$이고 (ⅰ), (ⅱ)와 같은 방법으로

$$s=s_1+s_2=\{x(c)-x(a)\}+\{x(c)-x(b)\}$$

$$=\int_a^c v(t)dt+\int_c^b \{-v(t)\}dt=\int_a^c |v(t)|dt+\int_c^b |v(t)|dt=\int_a^b |v(t)|dt$$

(ⅰ), (ⅱ), (ⅲ)에 의하여 $s=\displaystyle\int_a^b |v(t)|dt$

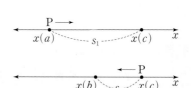

시각 $t=0$일 때 점 A를 출발하여 수직선 위를 움직이는 점 P의 시각 t $(t \ge 0)$에서의 속도 $v(t)$가

$$v(t) = \begin{cases} -t+1 & (0 \le t \le 2) \\ k(t-2)-1 & (t > 2) \end{cases}$$

이다. 출발 후 점 P의 운동 방향이 두 번째로 바뀌는 시각에서 $\overline{\text{AP}}=2$일 때, 상수 k의 값은?

① $\dfrac{1}{16}$ ② $\dfrac{1}{8}$ ③ $\dfrac{1}{4}$ ④ $\dfrac{1}{2}$ ⑤ 1

길잡이 수직선 위를 움직이는 점 P의 시각 t에서의 속도가 $v(t)$일 때, 시각 $t=a$에서 $t=b$ $(a \le b)$까지 점 P의 위치의 변화량은 $\displaystyle\int_a^b v(t)dt$이다.

풀이 $0 \le t \le 2$일 때, $v(t)=0$에서 $t=1$

점 P가 출발 후 운동 방향을 2번 바꾸는 경우가 존재하려면 $t > 2$에서 $v(t)=0$인 경우가 존재해야 하므로 $k > 0$이다.

$t > 2$일 때, $k(t-2)-1=0$, $t=2+\dfrac{1}{k}$

즉, 출발 후 점 P의 운동 방향이 두 번째로 바뀌는 시각은 $t=2+\dfrac{1}{k}$이다.

함수 $y=v(t)$의 그래프는 오른쪽 그림과 같다.

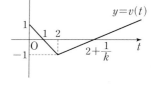

$\displaystyle\int_0^2 v(t)dt = \int_0^2 (-t+1)dt = 0$이고 $2 \le t \le 2+\dfrac{1}{k}$일 때, $v(t) \le 0$이므로

$$\int_0^{2+\frac{1}{k}} v(t)dt = \int_0^2 v(t)dt + \int_2^{2+\frac{1}{k}} v(t)dt$$

$$= 0 + \int_2^{2+\frac{1}{k}} v(t)dt = \int_2^{2+\frac{1}{k}} v(t)dt \le 0 \quad\cdots\cdots \text{㉠}$$

$t=2+\dfrac{1}{k}$일 때, $\overline{\text{AP}}=2$이므로 $\left| \displaystyle\int_0^{2+\frac{1}{k}} v(t)dt \right| = 2$ $\quad\cdots\cdots \text{㉡}$

㉠, ㉡에서 $\displaystyle\int_0^{2+\frac{1}{k}} v(t)dt = \int_2^{2+\frac{1}{k}} v(t)dt = -2$

$$\int_2^{2+\frac{1}{k}} \{k(t-2)-1\}dt = \int_2^{2+\frac{1}{k}} (kt-2k-1)dt = \left[\frac{k}{2}t^2 - (2k+1)t \right]_2^{2+\frac{1}{k}} = -\frac{1}{2k} = -2$$

따라서 $k=\dfrac{1}{4}$

답 ③

유제

정답과 풀이 56쪽

6

[24009-0163]

양수 a에 대하여 수직선 위를 움직이는 점 P의 시각 t $(t \ge 0)$에서의 속도 $v(t)$가

$$v(t) = at(t-1)$$

이다. 시각 $t=0$에서 $t=2$까지 점 P의 위치의 변화량이 4일 때, 시각 $t=0$에서 $t=2$까지 점 P가 움직인 거리를 구하시오.

1 [24009-0164]
닫힌구간 $[0, 4]$에서 정의된 연속함수 $f(x)$에 대하여 $f(0)=f(1)=f(4)=0$이고,
$0\leq x<1$일 때 $f(x)\geq0$, $1\leq x\leq4$일 때 $f(x)\leq0$이다.

$\displaystyle\int_0^1 f(x)dx=3$, $\displaystyle\int_0^4 f(x)dx=-6$일 때, 곡선 $y=f(x)$와 x축으로 둘러싸인 부분의
넓이는?

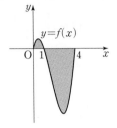

① 10   ② 11   ③ 12

④ 13   ⑤ 14

2 [24009-0165]
양수 a에 대하여 곡선 $y=ax^2$과 x축 및 직선 $x=2$로 둘러싸인 부분의 넓이를 S,
두 곡선 $y=3ax^2$, $y=ax^2$과 직선 $x=2$로 둘러싸인 부분의 넓이를 T라 할 때,
$\dfrac{T}{S}$의 값은?

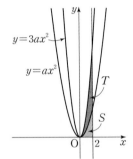

① 1   ② $\dfrac{3}{2}$ ③ 2

④ $\dfrac{5}{2}$ ⑤ 3

3 [24009-0166]
곡선 $y=-x^3$과 x축 및 직선 $x=k\ (k>0)$으로 둘러싸인 부분의 넓이가 $2k$일 때, 상수 k의 값은?

① $\dfrac{1}{2}$ ② 1   ③ $\dfrac{3}{2}$ ④ 2   ⑤ $\dfrac{5}{2}$

4 [24009-0167]
두 곡선 $y=x^3+2x$, $y=x^2+2x$로 둘러싸인 부분의 넓이는?

① $\dfrac{1}{24}$ ② $\dfrac{1}{12}$ ③ $\dfrac{1}{8}$ ④ $\dfrac{1}{6}$ ⑤ $\dfrac{5}{24}$

5 [24009–0168]
함수 $f(x)=|x^2-1|$에 대하여 그림과 같이 곡선 $y=f(x)$와 x축으로 둘러싸인 부분(어두운 부분)의 넓이를 A, 곡선 $y=f(x)$와 x축 및 직선 $x=k$ $(k>1)$로 둘러싸인 부분(빗금 친 부분)의 넓이를 B라 하자. $A=2B$일 때, 상수 k의 값은?

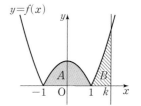

① $\dfrac{\sqrt{15}}{3}$ ② $\sqrt{2}$ ③ $\dfrac{\sqrt{21}}{3}$

④ $\dfrac{2\sqrt{6}}{3}$ ⑤ $\sqrt{3}$

6 [24009–0169]
함수 $f(x)=x^3-x^2+x$의 역함수를 $g(x)$라 하자. 두 함수 $y=f(x)$, $y=g(x)$의 그래프로 둘러싸인 부분의 넓이는?

① $\dfrac{1}{24}$ ② $\dfrac{1}{12}$ ③ $\dfrac{1}{8}$ ④ $\dfrac{1}{6}$ ⑤ $\dfrac{5}{24}$

7 [24009–0170]
시각 $t=0$일 때 원점을 출발하여 수직선 위를 움직이는 점 P의 시각 t $(t\geq0)$에서의 속도 $v(t)$는
$$v(t)=4t+a$$
이다. 시각 $t=2$에서 점 P의 위치가 4일 때, 상수 a의 값은?

① -2 ② -1 ③ 0 ④ 1 ⑤ 2

8 [24009–0171]
수직선 위를 움직이는 점 P의 시각 t $(t\geq0)$에서의 속도 $v(t)$와 가속도 $a(t)$가 다음 조건을 만족시킬 때, 시각 $t=0$에서 $t=2$까지 점 P가 움직인 거리는?

> (가) $0\leq t\leq1$일 때, $v(t)=t^2-1$이다.
> (나) $t\geq1$일 때, $a(t)=2$이다.

① 1 ② $\dfrac{4}{3}$ ③ $\dfrac{5}{3}$ ④ 2 ⑤ $\dfrac{7}{3}$

1 [24009-0172]

함수 $f(x)=\dfrac{2}{7}x^3+x-\dfrac{16}{7}$의 역함수를 $g(x)$라 하자. 두 함수 $y=g(x)$, $y=|x|$의 그래프로 둘러싸인

부분의 넓이는?

① $\dfrac{27}{14}$　　　　② 2　　　　③ $\dfrac{29}{14}$　　　　④ $\dfrac{15}{7}$　　　　⑤ $\dfrac{31}{14}$

2 [24009-0173]

그림과 같이 두 함수

$$f(x)=\begin{cases} x+1 & (x<0) \\ (x-1)^2(x+1) & (x\ge 0) \end{cases}, \quad g(x)=\begin{cases} ax & (x<0) \\ 0 & (x\ge 0) \end{cases}$$

에 대하여 두 함수 $y=f(x)$, $y=g(x)$의 그래프로 둘러싸인 부분의 넓이가 y축에 의하여 이등분될 때, 상수 a의 값은? (단, $a<0$)

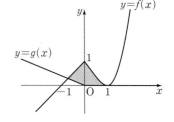

① $-\dfrac{1}{8}$　　　　② $-\dfrac{1}{7}$　　　　③ $-\dfrac{1}{6}$

④ $-\dfrac{1}{5}$　　　　⑤ $-\dfrac{1}{4}$

3 [24009-0174]

자연수 n에 대하여 곡선 $y=-n^2x^2+1$과 x축으로 둘러싸인 부분의 넓이를 S, 두 곡선 $y=-n^2x^2+1$, $y=kx^2\,(k>-n^2)$으로 둘러싸인 부분의 넓이를 T라 할 때, $S=3T$가 되도록 하는 실수 k의 값을 $f(n)$이라 하자. $\displaystyle\sum_{n=1}^{5}f(n)$의 값은?

① 360　　　　② 400　　　　③ 440　　　　④ 480　　　　⑤ 520

4 [24009-0175]

그림과 같이 $-8<k<0$인 상수 k에 대하여 곡선 $y=-x^4+2x^3$과 직선 $y=k(x-2)$ 및 y축으로 둘러싸인 부분(어두운 부분)의 넓이를 A, 곡선 $y=-x^4+2x^3$과 직선 $y=k(x-2)$로 둘러싸인 부분(빗금 친 부분)의 넓이를 B라 하자. $B-A=1$일 때, k의 값은?

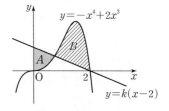

① $-\dfrac{3}{5}$　　　　② $-\dfrac{1}{2}$　　　　③ $-\dfrac{2}{5}$

④ $-\dfrac{3}{10}$　　　　⑤ $-\dfrac{1}{5}$

5 [24009-0176]

실수 전체의 집합에서 연속인 함수 $f(x)$가

$$-1 \le x < 1$$일 때, $f(x) = -x^2 + ax$

이고 모든 실수 x에 대하여 $f(x) = f(x-2) + 4$를 만족시킨다.

곡선 $y = f(x)$와 x축 및 직선 $x = -2$로 둘러싸인 부분의 넓이를 A, 곡선 $y = f(x)$와 x축 및 직선 $x = 3$으로 둘러싸인 부분의 넓이를 B라 할 때, $A + B$의 값은? (단, a는 상수이다.)

① 12
② $\dfrac{38}{3}$
③ $\dfrac{40}{3}$
④ 14
⑤ $\dfrac{44}{3}$

6 [24009-0177]

시각 $t = 0$일 때 원점을 출발하여 수직선 위를 움직이는 점 P의 시각 $t\ (t \ge 0)$에서의 속도 $v(t)$가

$$v(t) = \frac{1}{3}t^3 - at^2 + 3a\ (a > 0)$$

이다. 점 P가 출발 후 운동 방향을 바꾸지 않도록 하는 모든 양수 a에 대하여 시각 $t = 2$에서 점 P의 위치의 최댓값은?

① $\dfrac{17}{3}$
② 6
③ $\dfrac{19}{3}$
④ $\dfrac{20}{3}$
⑤ 7

7 [24009-0178]

시각 $t = 0$일 때 동시에 원점을 출발하여 수직선 위를 움직이는 두 점 P, Q의 시각 $t\ (t \ge 0)$에서의 속도를 각각 $v_1(t)$, $v_2(t)$라 할 때, 정수 a에 대하여

$$v_1(t) = t^2 + at - a, \quad v_2(t) = 2t + a$$

이다. 시각 $t = k\ (k > 0)$에서 두 점 P, Q의 위치가 서로 같고 두 점 P, Q의 속도도 서로 같을 때, 상수 k의 값은?

① 2
② 3
③ 4
④ 5
⑤ 6

[24009–0179]

1 두 양수 a, b와 함수 $f(x)=-x^3+x$가 다음 조건을 만족시킨다.

(가) 두 곡선 $y=f(x)$, $y=f(x-a)+b$가 오직 점 P에서 만난다.

(나) 점 A$(-1, 0)$일 때, 직선 AP가 곡선 $y=f(x)$와 만나는 점과 직선 AP가 곡선 $y=f(x-a)+b$와 만나는 점에 대하여 이 점들 중 서로 다른 점의 개수는 3이다.

직선 AP와 곡선 $y=f(x)$로 둘러싸인 부분의 넓이를 S_1, 직선 AP와 곡선 $y=f(x-a)+b$로 둘러싸인 부분의 넓이를 S_2라 할 때, S_1+S_2의 값은?

① $\dfrac{27}{32}$ ② $\dfrac{7}{8}$ ③ $\dfrac{29}{32}$ ④ $\dfrac{15}{16}$ ⑤ $\dfrac{31}{32}$

[24009–0180]

2 시각 $t=0$일 때 동시에 원점을 출발하여 수직선 위를 움직이는 두 점 P, Q가 있다. 시각 t $(t\geq0)$에서의 점 P의 속도 $v_1(t)$와 점 Q의 가속도 $a_2(t)$는

$$v_1(t)=3t^2+1, \quad a_2(t)=1-2t$$

이다. $t\geq0$에서 점 Q의 속도가 0 이상인 모든 시간 동안 점 P가 움직인 거리가 10일 때, 시각 $t=3$에서 두 점 P, Q 사이의 거리는?

① 24 ② $\dfrac{51}{2}$ ③ 27 ④ $\dfrac{57}{2}$ ⑤ 30

3 [24009-0181]

시각 $t=0$일 때 동시에 원점을 출발하여 수직선 위를 움직이는 두 점 P, Q의 시각 t $(0 \leq t \leq 1)$에서의 속도가 각각

$$v_1(t)=-\left|t-\frac{1}{2}\right|+\frac{1}{2},\ v_2(t)=-kt(t-1)\ (k>1)$$

이다. $0<t\leq 1$에서 두 점 P, Q가 오직 한 번 만나도록 하는 모든 실수 k의 값의 범위는 $1<k<\alpha$ 또는 $k=\beta$ 이다. $\alpha+\beta$의 값은? (단, α, β는 상수이다.)

① $\dfrac{11+2\sqrt{3}}{6}$ ② $\dfrac{6+\sqrt{3}}{3}$ ③ $\dfrac{13+2\sqrt{3}}{6}$ ④ $\dfrac{7+\sqrt{3}}{3}$ ⑤ $\dfrac{15+2\sqrt{3}}{6}$

4 [24009-0182]

네 점 O(0, 0), A(1, 0), B(1, 1), C(0, 1)을 꼭짓점으로 하는 정사각형 OABC가 있다. $-1<t<1$인 실수 t에 대하여 곡선 $y=x^2+t$ $(0 \leq x \leq 1)$ 위의 x좌표가 0, 1인 점을 각각 P, Q라 하고 점 Q에서 y축에 내린 수선의 발을 R이라 할 때, 곡선 $y=x^2+t$ $(0 \leq x \leq 1)$과 두 선분 PR, QR로 둘러싸인 부분의 내부와 사각형 OABC의 내부의 공통부분의 넓이를 $S(t)$라 하자. **보기**에서 옳은 것만을 있는 대로 고른 것은?

┌ 보기 ┐

ㄱ. $S(0)=\dfrac{2}{3}$

ㄴ. $-1<\alpha<0$인 모든 실수 α에 대하여 $S(\alpha)+S(1+\alpha)=\dfrac{2}{3}$이다.

ㄷ. $S\left(-\dfrac{1}{2}\right)+S\left(\dfrac{1}{2}\right)+S(\beta)=1$을 만족시키는 모든 실수 β $(-1<\beta<1)$의 값의 곱은 $\sqrt[3]{\dfrac{1}{16}}-\sqrt[3]{\dfrac{1}{4}}$이다.

① ㄱ ② ㄱ, ㄴ ③ ㄱ, ㄷ ④ ㄴ, ㄷ ⑤ ㄱ, ㄴ, ㄷ

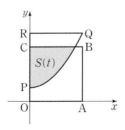

대표 기출 문제

정적분을 이용하여 곡선과 x축으로 둘러싸인 부분의 넓이를 구하는 문제, 두 곡선으로 둘러싸인 부분의 넓이를 구하는 문제 등이 출제되고 있다.

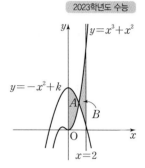
2023학년도 수능

두 곡선 $y=x^3+x^2$, $y=-x^2+k$와 y축으로 둘러싸인 부분의 넓이를 A, 두 곡선 $y=x^3+x^2$, $y=-x^2+k$와 직선 $x=2$로 둘러싸인 부분의 넓이를 B라 하자. $A=B$일 때, 상수 k의 값은? (단, $4<k<5$) [4점]

① $\dfrac{25}{6}$ ② $\dfrac{13}{3}$ ③ $\dfrac{9}{2}$

④ $\dfrac{14}{3}$ ⑤ $\dfrac{29}{6}$

출제 의도 ▷ 두 곡선으로 둘러싸인 두 부분의 넓이가 같을 때, 정적분과 넓이의 관계를 이해하여 상수의 값을 구할 수 있는지를 묻는 문제이다.

풀이 ▶ $A=B$이므로

$$\int_0^2 \{(x^3+x^2)-(-x^2+k)\}dx=0$$

이어야 한다. 이때

$$\int_0^2 \{(x^3+x^2)-(-x^2+k)\}dx=\int_0^2 (x^3+2x^2-k)dx$$
$$=\left[\frac{1}{4}x^4+\frac{2}{3}x^3-kx\right]_0^2$$
$$=4+\frac{16}{3}-2k$$
$$=\frac{28}{3}-2k=0$$

따라서 $k=\dfrac{14}{3}$

답 ④

수직선 위를 움직이는 점의 속도가 시각 t에 대한 함수 또는 그래프로 주어질 때, 점의 위치 또는 점이 움직인 거리를 구하는 문제 등이 출제되고 있다.

2022학년도 수능

수직선 위를 움직이는 점 P의 시각 t에서의 위치 $x(t)$가 두 상수 a, b에 대하여

$x(t)=t(t-1)(at+b)$ $(a \neq 0)$이다. 점 P의 시각 t에서의 속도 $v(t)$가 $\int_0^1 |v(t)|dt=2$를 만족시킬 때,

보기에서 옳은 것만을 있는 대로 고른 것은? [4점]

> ┌ 보기 ┌
> ㄱ. $\int_0^1 v(t)dt=0$
> ㄴ. $|x(t_1)|>1$인 t_1이 열린구간 $(0, 1)$에 존재한다.
> ㄷ. $0 \leq t \leq 1$인 모든 t에 대하여 $|x(t)|<1$이면 $x(t_2)=0$인 t_2가 열린구간 $(0, 1)$에 존재한다.

① ㄱ   ② ㄱ, ㄴ   ③ ㄱ, ㄷ   ④ ㄴ, ㄷ   ⑤ ㄱ, ㄴ, ㄷ

출제 의도 수직선 위를 움직이는 점의 위치와 속도 사이의 관계 및 정적분의 성질을 이해하여 명제의 참, 거짓을 판별할 수 있는지를 묻는 문제이다.

풀이 ㄱ. $x(0)=0$, $x(1)=0$이므로 $\int_0^1 v(t)dt=x(1)-x(0)=0$ (참)

ㄴ. $|x(t_1)|>1$인 t_1이 $0<t_1<1$에 존재한다고 가정하면 시각 $t=t_1$에서의 점 P와 원점 사이의 거리가 1보다

크다. 즉, 시각 $t=0$에서 $t=t_1$까지 점 P가 움직인 거리가 1보다 크므로 $\int_0^{t_1} |v(t)|dt>1$ …… ㉠

또 시각 $t=1$에서의 점 P의 위치가 원점이므로 시각 $t=t_1$에서 $t=1$까지 점 P가 움직인 거리가 1보다 크다.

즉, $\int_{t_1}^1 |v(t)|dt>1$ …… ㉡

㉠, ㉡에서 $\int_0^{t_1} |v(t)|dt + \int_{t_1}^1 |v(t)|dt = \int_0^1 |v(t)|dt>2$가 되어 $\int_0^1 |v(t)|dt=2$를 만족시키지 않는다.

따라서 $|x(t_1)|>1$인 t_1이 열린구간 $(0, 1)$에 존재하지 않는다. (거짓)

ㄷ. $0 \leq t \leq 1$인 모든 t에 대하여 $|x(t)|<1$이면 점 P와 원점 사이의 거리는 모두 1보다 작다.

$x(t_2)=0$인 t_2가 열린구간 $(0, 1)$에 존재하지 않는다고 가정하면 점 P가 시각 $t=0$에서 원점을 출발하여

$t=1$일 때 원점으로 돌아오므로 $0<t<1$에서 점 P의 운동 방향이 한 번만 바뀌어야 한다.

이때의 시각을 $t=p$ $(0<p<1)$이라 하면 $\int_0^p |v(t)|dt<1$, $\int_p^1 |v(t)|dt<1$

$\int_0^p |v(t)|dt + \int_p^1 |v(t)|dt = \int_0^1 |v(t)|dt<2$가 되어 $\int_0^1 |v(t)|dt=2$를 만족시키지 않는다.

따라서 $x(t_2)=0$인 t_2가 열린구간 $(0, 1)$에 존재한다. (참)

이상에서 옳은 것은 ㄱ, ㄷ이다.

답 ③

01 함수의 극한

유제
본문 5~11쪽

1	④	2	②	3	③	4	36	5	②
6	③	7	①	8	④				

기초 연습
본문 12~13쪽

1	②	2	①	3	2	4	④	5	④
6	④	7	③	8	⑤				

기본 연습
본문 14~15쪽

1	②	2	②	3	⑤	4	⑤	5	32
6	22	7	①	8	④				

실력 완성
본문 16쪽

1	12	2	14	3	4

02 함수의 연속

유제
본문 19~23쪽

1	③	2	2	3	④	4	④	5	③
6	13								

기초 연습
본문 24~25쪽

1	⑤	2	④	3	②	4	④	5	③
6	①	7	②	8	⑤				

기본 연습
본문 26~27쪽

1	①	2	③	3	24	4	②	5	17
6	⑤								

실력 완성
본문 28쪽

1	127	2	28	3	④

03 미분계수와 도함수

유제
본문 31~37쪽

1	④	2	15	3	①	4	②	5	29
6	23	7	27						

기초 연습
본문 38~39쪽

1	②	2	①	3	①	4	④	5	③
6	①	7	⑤	8	20				

기본 연습
본문 40~41쪽

1	③	2	⑤	3	②	4	⑤	5	④
6	①	7	10						

실력 완성
본문 42쪽

1	①	2	④	3	44

04 도함수의 활용(1)

유제
본문 45~51쪽

1	①	2	15	3	28	4	16	5	④
6	3	7	③	8	①				

기초 연습
본문 52~53쪽

1	⑤	2	①	3	④	4	5	5	55
6	⑤	7	②	8	③				

기본 연습
본문 54~55쪽

1	②	2	③	3	①	4	⑤	5	③
6	④	7	61	8	③				

실력 완성
본문 56쪽

1	③	2	50	3	④

05 도함수의 활용(2)

유제
본문 59~65쪽

1	②	2	30	3	①	4	6	5	②
6	4	7	④	8	35				

기초 연습
본문 66~67쪽

1	④	2	⑤	3	②	4	③	5	④
6	③	7	①	8	④				

기본 연습
본문 68~69쪽

1	⑤	2	②	3	③	4	④	5	19
6	②	7	③						

실력 완성
본문 70쪽

1	②	2	③	3	10

06 부정적분과 정적분

유제
본문 73~79쪽

1	④	2	25	3	④	4	8	5	①
6	100	7	③	8	9				

기초 연습
본문 80~81쪽

1	②	2	④	3	③	4	⑤	5	①
6	③	7	①	8	②	9	72		

기본 연습
본문 82~83쪽

1	④	2	④	3	44	4	⑤	5	②
6	②	7	⑤						

실력 완성
본문 84~85쪽

1	②	2	⑤	3	21	4	⑤	5	54

07 정적분의 활용

유제
본문 89~95쪽

1	①	2	3	3	④	4	②	5	27
6	6								

기초 연습
본문 96~97쪽

1	③	2	③	3	④	4	②	5	⑤
6	④	7	①	8	③				

기본 연습
본문 98~99쪽

1	⑤	2	④	3	③	4	④	5	②
6	③	7	⑤						

실력 완성
본문 100~101쪽

1	①	2	④	3	⑤	4	⑤

스스로 성장하는 힘,

나는 덕성이다

차미리사 선생님의 창학이념과
덕성의 자유전공제가 만나
더욱 단단하고 밝은
'나'의 미래를 만듭니다

살되, 네 생명을 살아라
Live, but live your own life.

알되, 네가 깨달아 알아라
Learn, but learn your own lesson.

생각하되, 네 생각으로 하여라
Think, but think for yourself.

自生 自覺 자각 자성 自立 자성 自

수도권 대학 최초 전면 자유전공제 도입

**3개 계열(인문·사회, 자연·공학, 예술) 중 하나로 입학하여, 1년 동안 적성 탐색 후
2학년 진입 시 제1전공 선택, 제2전공은 자유롭게 선택 가능**

• 제1전공 심화 가능 / 2개 이상의 제2전공 이수 가능 / 제1전공 심화와 제2전공 동시 이수 가능
※ 제1전공 : 계열 내에서 선택 / 제2전공 : 계열 제한없이 34개 전공·학부, 2개 융합전공 중에서 하나를 선택

– 본 교재 광고를 통해 얻어지는 수익금은 EBS콘텐츠 품질개선과 공익사업을 위해 사용됩니다
– 모두의 요강(mdipsi.com)을 통해 덕성여자대학교의 입시정보를 확인할 수 있습니다

2025학년도 신·편입학 안내 | 입학안내 enter.duksung.ac.kr 문의전화 02-901-8189/8190

덕성여자대학교
DUKSUNG WOMEN'S UNIVERSITY

지금 이 시간, moment!!

심장이 빠/르/게 뛰는 순간

나의 moment는

한국성서대학교에서 시작한다

수 시 모 집	2024. 09. 09(월) ~ 13(금)
정시모집(다)군	2024. 12. 31(화) ~ 2025. 01. 03(금)

수도권 4년제 대학 취업률 2위
취업률 78.2%, 교육부 대학알리미(2021. 12. 31. 기준)

3주기 대학기관평가인증 평가인증 획득
한국대학평가원, 30개 준거 'All Pass'

성서학과 첫 학기 전액장학금
국가장학금 제외 전액 장학혜택

편리한 교통
7호선 중계역(한국성서대)에서 단 2분

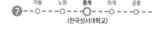
한국성서대학교
KOREAN BIBLE UNIVERSITY

중계역
(한국성서대역)

in Seoul

⑦ 마들 ─ 노원 ─ **중계** ─ 하계 ─ 공릉
(한국성서대학교)

④ 쌍문 ─ 창동 ─ **노원** ─ 상계 ─ 당고개
(한국성서대학교)

정답과 풀이

수능특강

수학영역

수학Ⅱ

2025학년도 수능 연계교재 본 교재는 대학수학능력시험을 준비하는 데 도움을 드리고자 수학과 교육과정을 토대로 제작된 교재입니다.
학교에서 선생님과 함께 교과서의 기본 개념을 충분히 익힌 후 활용하시면 더 큰 학습 효과를 얻을 수 있습니다.

11159 경기도 포천시 호국로 1007(선단동)
입학 문의 및 상담 : 031-539-1234
대진대학교 홈페이지 : http://www.daejin.ac.kr

DAEJIN UNIVERSITY

DAEJIN

FOUNDED IN 1991

대 진 대 학 교

미래를 향한 항해가 시작되었습니다.
대진대학교는 당신의 **등대**입니다.

수능특강

수학영역 수학Ⅱ

정답과 풀이

01 함수의 극한

본문 5~11쪽

유제

1 ④	**2** ②	**3** ③	**4** 36	**5** ②
6 ③	**7** ①	**8** ④	

1
$\lim_{x \to a-} f(x) = \lim_{x \to a-} (-x) = -a,$
$\lim_{x \to a+1} f(x) = \lim_{x \to a+1} x = a+1$이므로
$\lim_{x \to a-} f(x) = \lim_{x \to a+1} f(x) + 3$에서
$-a = (a+1) + 3$
따라서 $a = -2$

답 ④

2 함수 $y = f(x)$의 그래프에서 $\lim_{x \to 0-} f(x) = 1$
$\lim_{x \to 0+} f(x+1)$에서 $x+1 = t$로 놓으면
$x \to 0+$일 때 $t \to 1+$이므로
$\lim_{x \to 0+} f(x+1) = \lim_{t \to 1+} f(t) = 0$
따라서
$\lim_{x \to 0-} f(x) + \lim_{x \to 0+} f(x+1) = 1 + 0 = 1$

답 ②

3
$\lim_{x \to 1} f(x) = \lim_{x \to 1} \left\{ (x+1)f(x) \times \frac{1}{x+1} \right\}$
$= \lim_{x \to 1} (x+1)f(x) \times \lim_{x \to 1} \frac{1}{x+1}$
$= 1 \times \frac{1}{2} = \frac{1}{2}$
$\lim_{x \to 1} g(x) = \lim_{x \to 1} \left\{ \frac{g(x)}{2x+1} \times (2x+1) \right\}$
$= \lim_{x \to 1} \frac{g(x)}{2x+1} \times \lim_{x \to 1} (2x+1)$
$= \frac{1}{9} \times 3 = \frac{1}{3}$
따라서
$\lim_{x \to 1} \frac{f(x)}{f(x) + g(x)} = \frac{\lim_{x \to 1} f(x)}{\lim_{x \to 1} f(x) + \lim_{x \to 1} g(x)}$
$= \frac{\frac{1}{2}}{\frac{1}{2} + \frac{1}{3}} = \frac{3}{5}$

답 ③

4
$\lim_{x \to 1} \{f(x) + g(x)\}^2$
$= \lim_{x \to 1} [\{f(x) - g(x)\}^2 + 4f(x)g(x)]$
$= \lim_{x \to 1} \{f(x) - g(x)\}^2 + 4 \lim_{x \to 1} f(x)g(x)$
$= \lim_{x \to 1} \{f(x) - g(x)\} \times \lim_{x \to 1} \{f(x) - g(x)\}$
$\qquad\qquad\qquad + 4 \lim_{x \to 1} f(x)g(x)$
$= \left(-\frac{7}{6} \right) \times \left(-\frac{7}{6} \right) + 4 \times \left(-\frac{1}{3} \right)$
$= \frac{49}{36} - \frac{4}{3} = \frac{1}{36}$
따라서
$\lim_{x \to 1} \left\{ \frac{1}{f(x) + g(x)} \right\}^2 = \frac{1}{\lim_{x \to 1} \{f(x) + g(x)\}^2} = 36$

답 36

5 $x^3 + 3x^2 + 5x + 3 = (x+1)(x^2 + 2x + 3)$
이므로
$\lim_{x \to -1} \frac{x^3 + 3x^2 + 5x + 3}{x+1}$
$= \lim_{x \to -1} \frac{(x+1)(x^2 + 2x + 3)}{x+1}$
$= \lim_{x \to -1} (x^2 + 2x + 3)$
$= 1 - 2 + 3 = 2$

답 ②

6 $f(a) = \overline{OA} = \sqrt{a^2 + (2a-1)^2} = \sqrt{5a^2 - 4a + 1}$,
$g(a) = \overline{AB} = \sqrt{1^2 + 1^2} = \sqrt{2}$이므로
$\lim_{a \to 1} \frac{f(a) - g(a)}{a - 1}$
$= \lim_{a \to 1} \frac{\sqrt{5a^2 - 4a + 1} - \sqrt{2}}{a - 1}$
$= \lim_{a \to 1} \frac{(\sqrt{5a^2 - 4a + 1} - \sqrt{2})(\sqrt{5a^2 - 4a + 1} + \sqrt{2})}{(a-1)(\sqrt{5a^2 - 4a + 1} + \sqrt{2})}$
$= \lim_{a \to 1} \frac{5a^2 - 4a - 1}{(a-1)(\sqrt{5a^2 - 4a + 1} + \sqrt{2})}$
$= \lim_{a \to 1} \frac{(a-1)(5a+1)}{(a-1)(\sqrt{5a^2 - 4a + 1} + \sqrt{2})}$
$= \lim_{a \to 1} \frac{5a+1}{\sqrt{5a^2 - 4a + 1} + \sqrt{2}}$
$= \frac{6}{2\sqrt{2}} = \frac{3\sqrt{2}}{2}$

답 ③

7 $\lim\limits_{x \to -1} \dfrac{\sqrt{x+a}-2}{x+1}=b$ ...... ㉠

㉠에서 $x \to -1$일 때 (분모) $\to 0$이고 극한값이 존재하므로 (분자) $\to 0$이어야 한다.

즉, $\lim\limits_{x \to -1}(\sqrt{x+a}-2)=\sqrt{a-1}-2=0$이므로

$\sqrt{a-1}=2$에서 $a=5$

㉠에서

$$\lim\limits_{x \to -1} \dfrac{\sqrt{x+5}-2}{x+1}=\lim\limits_{x \to -1} \dfrac{(\sqrt{x+5}-2)(\sqrt{x+5}+2)}{(x+1)(\sqrt{x+5}+2)}$$
$$=\lim\limits_{x \to -1} \dfrac{x+1}{(x+1)(\sqrt{x+5}+2)}$$
$$=\lim\limits_{x \to -1} \dfrac{1}{\sqrt{x+5}+2}=\dfrac{1}{4}$$

이므로 $b=\dfrac{1}{4}$

따라서 $a+b=5+\dfrac{1}{4}=\dfrac{21}{4}$

답 ①

8 $\lim\limits_{x \to 1} \dfrac{x-1}{(ax)^2+ax-2}$

$=\lim\limits_{x \to 1} \dfrac{x-1}{(ax+2)(ax-1)}=b$ ...... ㉠

㉠에서 $x \to 1$일 때 (분자) $\to 0$이고 0이 아닌 극한값 b가 존재하므로 (분모) $\to 0$이어야 한다.

즉, $\lim\limits_{x \to 1}(ax+2)(ax-1)=(a+2)(a-1)=0$이므로

$a=-2$ 또는 $a=1$

이때 $a>0$이므로

$a=1$

㉠에서

$b=\lim\limits_{x \to 1} \dfrac{x-1}{(x+2)(x-1)}=\lim\limits_{x \to 1} \dfrac{1}{x+2}=\dfrac{1}{3}$

따라서

$a+b=1+\dfrac{1}{3}=\dfrac{4}{3}$

답 ④

1 $\lim\limits_{x \to 2} \dfrac{x^2-4}{x^2-5x+6}=\lim\limits_{x \to 2} \dfrac{(x-2)(x+2)}{(x-2)(x-3)}$

$=\lim\limits_{x \to 2} \dfrac{x+2}{x-3}=-4$

답 ②

2 함수 $y=f(x)$의 그래프에서

$\lim\limits_{x \to 0+} f(x)=-1$, $\lim\limits_{x \to 2-} f(x)=3$이고,

$\lim\limits_{x \to 0+}(2x+3)=3$, $\lim\limits_{x \to 2-}(x^2-2)=2$이므로

$$\lim\limits_{x \to 0+}(2x+3)f(x)+\lim\limits_{x \to 2-} \dfrac{f(x)}{x^2-2}$$
$$=\lim\limits_{x \to 0+}(2x+3) \times \lim\limits_{x \to 0+} f(x)+\dfrac{\lim\limits_{x \to 2-} f(x)}{\lim\limits_{x \to 2-}(x^2-2)}$$
$$=3 \times (-1)+\dfrac{3}{2}=-\dfrac{3}{2}$$

답 ①

3 $a<-1$이면 $x \to a+$일 때, $f(x)=2x+8$

$a \geq -1$이면 $x \to a+$일 때, $f(x)=x^2+2$

이므로 $a<-1$, $a \geq -1$인 경우로 나누어 생각하자.

(i) $a<-1$일 때,

$\lim\limits_{x \to a+} f(x)=\lim\limits_{x \to a+}(2x+8)=2a+8$

이므로 $2a+8=6$에서 $a=-1$

이때 $a<-1$이므로 $a=-1$이 될 수 없다.

(ii) $a \geq -1$일 때,

$\lim\limits_{x \to a+} f(x)=\lim\limits_{x \to a+}(x^2+2)=a^2+2$

이므로 $a^2+2=6$에서 $a=-2$ 또는 $a=2$

이때 $a \geq -1$이므로 $a=2$

(i), (ii)에 의하여 $a=2$

답 2

4 $\lim\limits_{x \to 2}(x^2-3x+2)f(x)$

$=\lim\limits_{x \to 2}\left\{(x^2-x-2)f(x) \times \dfrac{x^2-3x+2}{x^2-x-2}\right\}$

$=\lim\limits_{x \to 2}(x^2-x-2)f(x) \times \lim\limits_{x \to 2} \dfrac{x^2-3x+2}{x^2-x-2}$

$=\lim\limits_{x \to 2}(x^2-x-2)f(x) \times \lim\limits_{x \to 2} \dfrac{(x-1)(x-2)}{(x+1)(x-2)}$

$=\lim\limits_{x \to 2}(x^2-x-2)f(x) \times \lim\limits_{x \to 2} \dfrac{x-1}{x+1}$

$=4 \times \dfrac{1}{3}=\dfrac{4}{3}$

답 ④

5 $\lim_{x \to a} \dfrac{1}{x^2-5ax+4a^2}\left(\dfrac{a}{x}-1\right)$

$=\lim_{x \to a}\left\{\dfrac{1}{(x-a)(x-4a)} \times \dfrac{-(x-a)}{x}\right\}$

$=\lim_{x \to a}\dfrac{-1}{x(x-4a)}$

$=\dfrac{-1}{a \times (-3a)}=\dfrac{1}{3a^2}$

이므로 $\dfrac{1}{3a^2}=\dfrac{1}{30}$에서

$a^2=10$

답 ④

6 $\lim_{x \to 1}\dfrac{f(x)}{(x-1)^2}=3$ ······ ㉠

㉠에서 $x \to 1$일 때 (분모) $\to 0$이고 극한값이 존재하므로 최고차항의 계수가 1인 삼차다항식 $f(x)$는 $x-1$을 인수로 갖는다.

따라서 최고차항의 계수가 1인 이차다항식 $g(x)$에 대하여

$f(x)=(x-1)g(x)$ ······ ㉡

로 놓을 수 있다.

㉡을 ㉠에 대입하면

$\lim_{x \to 1}\dfrac{(x-1)g(x)}{(x-1)^2}=\lim_{x \to 1}\dfrac{g(x)}{x-1}=3$ ······ ㉢

㉢에서 $x \to 1$일 때 (분모) $\to 0$이고 극한값이 존재하므로 다항식 $g(x)$는 $x-1$을 인수로 갖는다. 따라서 ㉡에서

$f(x)=(x-1)^2(x+a)$ (a는 상수) ······ ㉣

로 놓을 수 있다.

㉣을 ㉠에 대입하면

$\lim_{x \to 1}\dfrac{(x-1)^2(x+a)}{(x-1)^2}=\lim_{x \to 1}(x+a)$

$\qquad\qquad\qquad\qquad =1+a=3$

이므로 $a=2$

따라서 $f(x)=(x-1)^2(x+2)$이므로

$f(2)=4$

답 ④

7 $\lim_{x \to 2}\dfrac{x-2}{\sqrt{3x+a}-x}=b$ ······ ㉠

㉠에서 $x \to 2$일 때 (분자) $\to 0$이고 0이 아닌 극한값이 존재하므로 (분모) $\to 0$이어야 한다. 즉,

$\lim_{x \to 2}(\sqrt{3x+a}-x)=\sqrt{6+a}-2=0$

$\sqrt{6+a}=2$에서 $a=-2$

㉠에서

$\lim_{x \to 2}\dfrac{x-2}{\sqrt{3x-2}-x}=\lim_{x \to 2}\dfrac{(x-2)(\sqrt{3x-2}+x)}{(\sqrt{3x-2}-x)(\sqrt{3x-2}+x)}$

$=\lim_{x \to 2}\dfrac{(x-2)(\sqrt{3x-2}+x)}{(\sqrt{3x-2})^2-x^2}$

$=\lim_{x \to 2}\dfrac{(x-2)(\sqrt{3x-2}+x)}{-x^2+3x-2}$

$=\lim_{x \to 2}\dfrac{(x-2)(\sqrt{3x-2}+x)}{-(x-1)(x-2)}$

$=\lim_{x \to 2}\dfrac{\sqrt{3x-2}+x}{-(x-1)}=-4$

이므로 $b=-4$

따라서 $ab=(-2) \times (-4)=8$

답 ③

8 $2x^2-1 \le f(x)-g(x) \le 2x^2+1$,

$3x^2-1 \le f(x)+g(x) \le 3x^2+1$에서

$5x^2-2 \le 2f(x) \le 5x^2+2$

$\dfrac{5}{2}x^2-1 \le f(x) \le \dfrac{5}{2}x^2+1$

모든 실수 x에 대하여 $4x^2+1>0$이므로

$\dfrac{\dfrac{5}{2}x^2-1}{4x^2+1} \le \dfrac{f(x)}{4x^2+1} \le \dfrac{\dfrac{5}{2}x^2+1}{4x^2+1}$

$\dfrac{5x^2-2}{8x^2+2} \le \dfrac{f(x)}{4x^2+1} \le \dfrac{5x^2+2}{8x^2+2}$

이때

$\lim_{x \to \infty}\dfrac{5x^2-2}{8x^2+2}=\lim_{x \to \infty}\dfrac{5-\dfrac{2}{x^2}}{8+\dfrac{2}{x^2}}=\dfrac{5}{8}$,

$\lim_{x \to \infty}\dfrac{5x^2+2}{8x^2+2}=\lim_{x \to \infty}\dfrac{5+\dfrac{2}{x^2}}{8+\dfrac{2}{x^2}}=\dfrac{5}{8}$

이므로 함수의 극한의 대소 관계에 의하여

$\lim_{x \to \infty}\dfrac{f(x)}{4x^2+1}=\dfrac{5}{8}$

답 ⑤

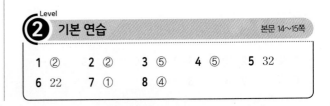

Level 2 기본 연습
본문 14~15쪽

1 ②	**2** ②	**3** ⑤	**4** ⑤	**5** 32
6 22	**7** ①	**8** ④		

1
$$f(x)=\sum_{k=1}^{6}\frac{1}{(x+k-1)(x+k)}$$
$$=\sum_{k=1}^{6}\left(\frac{1}{x+k-1}-\frac{1}{x+k}\right)$$
$$=\left(\frac{1}{x}-\frac{1}{x+1}\right)+\left(\frac{1}{x+1}-\frac{1}{x+2}\right)+\cdots$$
$$+\left(\frac{1}{x+5}-\frac{1}{x+6}\right)$$
$$=\frac{1}{x}-\frac{1}{x+6}=\frac{6}{x(x+6)}$$

이므로

$$\lim_{x\to\infty}(3x^2-1)f(x)=6\lim_{x\to\infty}\frac{3x^2-1}{x(x+6)}$$
$$=6\lim_{x\to\infty}\frac{3-\frac{1}{x^2}}{1+\frac{6}{x}}$$
$$=6\times3=18$$

답 ②

2
$$\lim_{x\to2-}\frac{|x-2|(x^2+ax+3)}{x^2-x-2}$$
$$=\lim_{x\to2-}\frac{-(x-2)(x^2+ax+3)}{(x-2)(x+1)}$$
$$=\lim_{x\to2-}\frac{-(x^2+ax+3)}{x+1}=-\frac{2a+7}{3}\quad\cdots\cdots\ \bigcirc$$
$$\lim_{x\to2+}\frac{|x-2|(x^2+ax+3)}{x^2-x-2}$$
$$=\lim_{x\to2+}\frac{(x-2)(x^2+ax+3)}{(x-2)(x+1)}$$
$$=\lim_{x\to2+}\frac{x^2+ax+3}{x+1}=\frac{2a+7}{3}\quad\cdots\cdots\ \bigcirc$$

이때 $\lim\limits_{x\to2}\dfrac{|x-2|(x^2+ax+3)}{x^2-x-2}$의 값이 존재하므로

$$\lim_{x\to2-}\frac{|x-2|(x^2+ax+3)}{x^2-x-2}=\lim_{x\to2+}\frac{|x-2|(x^2+ax+3)}{x^2-x-2}$$

$\bigcirc$, $\bigcirc$에서

$$-\frac{2a+7}{3}=\frac{2a+7}{3}$$
$$a=-\frac{7}{2}$$

$\lim\limits_{x\to2}\dfrac{|x-2|(x^2+ax+3)}{x^2-x-2}=0$이므로

$b=0$

따라서 $a+b=-\dfrac{7}{2}+0=-\dfrac{7}{2}$

답 ②

3
$$\lim_{x\to1}\frac{x-1}{\sqrt{ax+b}-3}=c\qquad\cdots\cdots\ \bigcirc$$

$\bigcirc$에서 $x\to1$일 때 (분자)$\to0$이고 0이 아닌 극한값이 존재하므로 (분모)$\to0$이어야 한다. 즉,

$$\lim_{x\to1}(\sqrt{ax+b}-3)=\sqrt{a+b}-3=0$$

$\sqrt{a+b}=3$에서 $a+b=9$

$b=9-a\qquad\cdots\cdots\ \bigcirc$

이때

$$\lim_{x\to1}\frac{x-1}{\sqrt{ax+b}-3}=\lim_{x\to1}\frac{(x-1)(\sqrt{ax+b}+3)}{(\sqrt{ax+b}-3)(\sqrt{ax+b}+3)}$$
$$=\lim_{x\to1}\frac{(x-1)(\sqrt{ax+b}+3)}{ax+b-9}$$
$$=\lim_{x\to1}\frac{(x-1)(\sqrt{ax+9-a}+3)}{ax+(9-a)-9}$$
$$=\lim_{x\to1}\frac{(x-1)(\sqrt{ax+9-a}+3)}{a(x-1)}$$
$$=\lim_{x\to1}\frac{\sqrt{ax+9-a}+3}{a}$$
$$=\frac{\sqrt{9}+3}{a}=\frac{6}{a}$$

이므로 $\bigcirc$에서 $\dfrac{6}{a}=c\qquad\cdots\cdots\ \bigcirc$

$\bigcirc$, $\bigcirc$을 만족시키는 세 자연수 a, b, c의 순서쌍 (a, b, c)는 $(1, 8, 6)$, $(2, 7, 3)$, $(3, 6, 2)$, $(6, 3, 1)$이므로 $a+b+c$의 값은 $a=1$, $b=8$, $c=6$일 때 최대이고 최댓값은 15이다.

답 ⑤

4
$$f(x)=x^2-2x-3$$
$$=(x-3)(x+1)$$

이므로 함수 $y=f(x)$의 그래프는 오른쪽 그림과 같다.

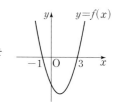

따라서

$$g(x)=\begin{cases}x^2-2x-2 & (x\le-1\ \text{또는}\ x\ge3)\\-x^2+2x+1 & (-1<x<3)\end{cases}$$

이고

$$\lim_{x\to-1+}g(x)=\lim_{x\to-1+}(-x^2+2x+1)$$
$$=-1-2+1=-2$$
$$\lim_{x\to3+}g(x)=\lim_{x\to3+}(x^2-2x-2)$$
$$=9-6-2=1$$

이므로

$$\lim_{x\to-1+}g(x)+\lim_{x\to3+}g(x)=-2+1=-1$$

답 ⑤

5 조건 (가)에서 $\lim\limits_{x\to\infty}\dfrac{f(x)}{4x^2-1}$ 의 0이 아닌 극한값이 존재하고 분모인 $4x^2-1$이 이차함수이므로 함수 $f(x)$도 이차함수이다. 따라서

$f(x)=ax^2+bx+c$ (a, b, c는 상수, $a\neq0$)

으로 놓을 수 있다.

$$\lim_{x\to\infty}\frac{f(x)}{4x^2-1}=\lim_{x\to\infty}\frac{ax^2+bx+c}{4x^2-1}$$

$$=\lim_{x\to\infty}\frac{a+\dfrac{b}{x}+\dfrac{c}{x^2}}{4-\dfrac{1}{x^2}}=\frac{a}{4}$$

이므로 $\dfrac{a}{4}=\dfrac{1}{2}$에서 $a=2$

조건 (나)의

$$\lim_{x\to\frac{1}{2}}\frac{4x^2-1}{f(x)}=\frac{1}{3}\qquad\cdots\cdots\ \text{㉠}$$

에서 $x\to\dfrac{1}{2}$일 때 (분자)$\to0$이고 0이 아닌 극한값이 존재하므로 (분모)$\to0$이어야 한다. 즉,

$$\lim_{x\to\frac{1}{2}}f(x)=f\left(\frac{1}{2}\right)=0$$

따라서 $f(x)=2\left(x-\dfrac{1}{2}\right)(x+k)$ (k는 상수)로 놓으면 ㉠에서

$$\lim_{x\to\frac{1}{2}}\frac{4x^2-1}{f(x)}=\lim_{x\to\frac{1}{2}}\frac{4\left(x-\dfrac{1}{2}\right)\left(x+\dfrac{1}{2}\right)}{2\left(x-\dfrac{1}{2}\right)(x+k)}$$

$$=\lim_{x\to\frac{1}{2}}\frac{2\left(x+\dfrac{1}{2}\right)}{x+k}$$

$$=\frac{2}{\dfrac{1}{2}+k}=\frac{4}{1+2k}$$

이므로 $\dfrac{4}{1+2k}=\dfrac{1}{3}$에서 $k=\dfrac{11}{2}$

따라서 $f(x)=2\left(x-\dfrac{1}{2}\right)\left(x+\dfrac{11}{2}\right)$이므로

$$f\left(\frac{5}{2}\right)=2\times2\times8=32$$

답 32

6 조건 (가)에서 집합 $\{-1,\ 1,\ 2\}$의 모든 원소 a에 대하여 $\lim\limits_{x\to a}\dfrac{xf(x)-2a}{x-a}$의 값이 존재하고, $x\to a$일 때 (분모)$\to0$이므로 (분자)$\to0$이어야 한다. 즉,

$$\lim_{x\to a}\{xf(x)-2a\}=af(a)-2a=0$$

이때 $a\in\{-1,\ 1,\ 2\}$에서 $a\neq0$이므로

$f(a)-2=0$

따라서

$f(x)-2=k(x+1)(x-1)(x-2)$, 즉

$f(x)=k(x+1)(x-1)(x-2)+2$ (k는 상수, $k\neq0$)

으로 놓을 수 있다.

조건 (나)에서

$$\lim_{x\to3}\frac{x-1}{f(x)}=\lim_{x\to3}\frac{x-1}{k(x+1)(x-1)(x-2)+2}$$

$$=\frac{2}{8k+2}=\frac{1}{4k+1}$$

이므로 $\dfrac{1}{4k+1}=-1$에서 $k=-\dfrac{1}{2}$

따라서 $f(x)=-\dfrac{1}{2}(x+1)(x-1)(x-2)+2$이므로

$$f(-3)=-\frac{1}{2}\times(-2)\times(-4)\times(-5)+2=22$$

답 22

7 이차함수 $g(x)$에 대하여 $\lim\limits_{x\to a}g(x)=g(a)$이므로 조건 (가)에서

$$\left\{a\ \middle|\ \lim_{x\to a}g(x)=0\right\}=\{a\,|\,g(a)=0\}=\{-1\}$$

따라서 $g(x)=k(x+1)^2$ (k는 상수, $k\neq0$) $\qquad\cdots\cdots\ \text{㉠}$

으로 놓을 수 있다.

이때 일차함수 $f(x)$와 이차함수 $g(x)$에 대하여 함수 $g(x)-f(x)$는 최고차항의 계수가 k인 이차함수이고

$$\lim_{x\to b}\frac{1}{g(x)-f(x)}$$의 값이 존재하지 않으려면

$\lim\limits_{x\to b}\{g(x)-f(x)\}=0$, 즉 $g(b)-f(b)=0$이어야 한다.

그러므로 조건 (나)에서

$$\left\{b\ \middle|\ \lim_{x\to b}\frac{1}{g(x)-f(x)}\text{의 값이 존재하지 않는다.}\right\}$$

$=\{b\,|\,g(b)-f(b)=0\}$

$=\{-2,\ 1\}$

이므로 이차방정식 $g(x)-f(x)=0$의 두 근은 -2, 1이다.

따라서

$g(x)-f(x)=k(x+2)(x-1)$

이므로

$$f(x)=g(x)-k(x+2)(x-1)$$

$$=k(x+1)^2-k(x+2)(x-1)$$

$$=k(x+3)\qquad\cdots\cdots\ \text{㉡}$$

㉠, ㉡에서 $f(3)=6k$, $g(0)=k$이므로

$$\frac{f(3)}{g(0)}=\frac{6k}{k}=6$$

답 ①

8 직선 $y=-x+t\ (t>1)$과 함수 $y=f(x)$의 그래프가 만나는 점을 D라 하자.

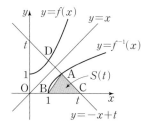

함수 $f(x)=x^2+1\,(x\geq 0)$의 그래프와 그 역함수 $y=f^{-1}(x)$의 그래프는 직선 $y=x$에 대하여 대칭이므로 점 A의 y좌표와 점 D의 x좌표는 같다.

점 D의 x좌표는

$x^2+1=-x+t$, 즉 $x^2+x+1-t=0$에서

$x=\dfrac{-1\pm\sqrt{4t-3}}{2}$

이때 $x>0$이므로 $x=\dfrac{-1+\sqrt{4t-3}}{2}$

따라서 점 A의 y좌표는 $\dfrac{-1+\sqrt{4t-3}}{2}$이므로 삼각형 ABC의 넓이 $S(t)$는

$S(t)=\dfrac{1}{2}\times(t-1)\times\dfrac{-1+\sqrt{4t-3}}{2}$

$\qquad=\dfrac{(t-1)(\sqrt{4t-3}-1)}{4}$

따라서

$\displaystyle\lim_{t\to 1+}\dfrac{S(t)}{(t-1)^2}=\dfrac{1}{4}\lim_{t\to 1+}\dfrac{\sqrt{4t-3}-1}{t-1}$

$\qquad\qquad\qquad=\dfrac{1}{4}\lim_{t\to 1+}\dfrac{(\sqrt{4t-3}-1)(\sqrt{4t-3}+1)}{(t-1)(\sqrt{4t-3}+1)}$

$\qquad\qquad\qquad=\dfrac{1}{4}\lim_{t\to 1+}\dfrac{4(t-1)}{(t-1)(\sqrt{4t-3}+1)}$

$\qquad\qquad\qquad=\lim_{t\to 1+}\dfrac{1}{\sqrt{4t-3}+1}=\dfrac{1}{2}$

답 ④

Level ③ 실력 완성

본문 16쪽

1 12 **2** 14 **3** 4

1 $g(x)$는 삼차함수이므로 $\displaystyle\lim_{x\to a}g(x)=g(a)\ (-3<a<3)$

(ⅰ) $-3<a<0$ 또는 $0<a<1$ 또는 $1<a<3$일 때,

$\displaystyle\lim_{x\to a}f(x)=f(a)$이고, $f(a)\neq 0$이므로

$\displaystyle\lim_{x\to a}\dfrac{g(x)}{f(x)}=\dfrac{\displaystyle\lim_{x\to a}g(x)}{\displaystyle\lim_{x\to a}f(x)}=\dfrac{g(a)}{f(a)}$

따라서 $-3<a<0$ 또는 $0<a<1$ 또는 $1<a<3$일 때,

$\displaystyle\lim_{x\to a}\dfrac{g(x)}{f(x)}$의 값이 존재한다.

(ⅱ) $a=0$일 때,

$\displaystyle\lim_{x\to 0-}f(x)=-1,\ \lim_{x\to 0+}f(x)=1$이므로

$\displaystyle\lim_{x\to 0-}\dfrac{g(x)}{f(x)}=\dfrac{\displaystyle\lim_{x\to 0-}g(x)}{\displaystyle\lim_{x\to 0-}f(x)}=\dfrac{g(0)}{-1}=-g(0),$

$\displaystyle\lim_{x\to 0+}\dfrac{g(x)}{f(x)}=\dfrac{\displaystyle\lim_{x\to 0+}g(x)}{\displaystyle\lim_{x\to 0+}f(x)}=\dfrac{g(0)}{1}=g(0)$

이때 $\displaystyle\lim_{x\to 0}\dfrac{g(x)}{f(x)}$의 값이 존재하므로

$\displaystyle\lim_{x\to 0-}\dfrac{g(x)}{f(x)}=\lim_{x\to 0+}\dfrac{g(x)}{f(x)}$

즉, $-g(0)=g(0)$에서

$g(0)=0$

따라서 삼차다항식 $g(x)$는 x를 인수로 갖는다. …… ㉠

(ⅲ) $a=1$일 때,

$\displaystyle\lim_{x\to 1-}f(x)=0,\ \lim_{x\to 1+}f(x)=2$이므로

$\displaystyle\lim_{x\to 1+}\dfrac{g(x)}{f(x)}=\dfrac{\displaystyle\lim_{x\to 1+}g(x)}{\displaystyle\lim_{x\to 1+}f(x)}=\dfrac{g(1)}{2}$

이때 $\displaystyle\lim_{x\to 1}\dfrac{g(x)}{f(x)}$의 값이 존재하려면

$\displaystyle\lim_{x\to 1-}\dfrac{g(x)}{f(x)}=\lim_{x\to 1+}\dfrac{g(x)}{f(x)}$이어야 한다.

$\displaystyle\lim_{x\to 1-}f(x)=0$이므로 $\displaystyle\lim_{x\to 1-}\dfrac{g(x)}{f(x)}$의 값이 존재하려면

$\displaystyle\lim_{x\to 1-}g(x)=g(1)=0$이어야 한다.

따라서 삼차다항식 $g(x)$는 $x-1$을 인수로 갖는다.

…… ㉡

㉠, ㉡에 의하여

$g(x)=x(x-1)(x+k)\ (k$는 상수$)$

로 놓을 수 있다.

그러므로 $\displaystyle\lim_{x\to 1+}\dfrac{g(x)}{f(x)}=\dfrac{g(1)}{2}=0$이고,

$\displaystyle\lim_{x\to 1-}\dfrac{g(x)}{f(x)}=0$ …… ㉢

$\displaystyle\lim_{x\to 1-}f(x)=0$에서 $(1-\alpha)(1-\beta)(1-\gamma)=0$이므로

$\alpha=1$ 또는 $\beta=1$ 또는 $\gamma=1$

이때 $\alpha,\ \beta,\ \gamma$는 서로 다른 상수이므로

$\alpha=1,\ \beta\neq 1,\ \gamma\neq 1,\ \beta\neq\gamma$라 하면 ㉢에서

$$\lim_{x \to 1-} \frac{g(x)}{f(x)} = \lim_{x \to 1-} \frac{x(x-1)(x+k)}{(x-1)(x-\beta)(x-\gamma)}$$
$$= \lim_{x \to 1-} \frac{x(x+k)}{(x-\beta)(x-\gamma)} = 0$$

이때 $\lim_{x \to 1-} (x-\beta)(x-\gamma) = (1-\beta)(1-\gamma) \neq 0$이므로

$\lim_{x \to 1-} x(x+k) = 0$이어야 한다.

즉, $\lim_{x \to 1-} x(x+k) = 1 \times (1+k) = 0$에서 $k = -1$

따라서 $g(x) = x(x-1)^2$이므로

$g(3) = 3 \times 4 = 12$

답 12

2 조건 (가)에서 모든 실수 a에 대하여 $\lim_{x \to a} \dfrac{f(x)+f(-x)}{x-a}$의

값이 존재하고, $x \to a$일 때 (분모)$\to 0$이므로 (분자)$\to 0$
이어야 한다. 즉,

$$\lim_{x \to a} \{f(x) + f(-x)\} = f(a) + f(-a) = 0$$

이므로 삼차함수 $f(x)$는 모든 실수 a에 대하여
$f(-a) = -f(a)$를 만족시킨다.

따라서 삼차함수 $y = f(x)$의 그래프는 원점에 대하여 대칭이
므로

$f(x) = px^3 + qx$ (p, q는 상수, $p \neq 0$)

으로 놓을 수 있다.

조건 (나)의

$\lim_{x \to 1} \dfrac{f(x)+2}{x-1} = 4$ ...... ㉠

에서 $x \to 1$일 때 (분모)$\to 0$이고 극한값이 존재하므로
(분자)$\to 0$이어야 한다.

즉, $\lim_{x \to 1} \{f(x)+2\} = f(1) + 2 = p + q + 2 = 0$에서

$q = -(p+2)$ ...... ㉡

이때 ㉠에서

$$\lim_{x \to 1} \frac{f(x)+2}{x-1} = \lim_{x \to 1} \frac{px^3 + qx + 2}{x-1}$$
$$= \lim_{x \to 1} \frac{px^3 - (p+2)x + 2}{x-1}$$
$$= \lim_{x \to 1} \frac{(x-1)(px^2 + px - 2)}{x-1}$$
$$= \lim_{x \to 1} (px^2 + px - 2)$$
$$= 2p - 2 = 4$$

이므로 $p = 3$이고, ㉡에서 $q = -5$

따라서 $f(x) = 3x^3 - 5x$이므로

$f(2) = 24 - 10 = 14$

답 14

3 $\overline{OA} = \sqrt{4^2 + 4^2} = 4\sqrt{2}$

점 B의 좌표를 B(t, mt) $(t > 0)$이라 하면

$\overline{OB} = \sqrt{t^2 + (mt)^2} = t\sqrt{1+m^2}$

이때 $\overline{OA} = \overline{OB}$이므로

$4\sqrt{2} = t\sqrt{1+m^2}$에서

$t = \dfrac{4\sqrt{2}}{\sqrt{1+m^2}}$

따라서 점 B의 좌표는 $\left(\dfrac{4\sqrt{2}}{\sqrt{1+m^2}}, \dfrac{4\sqrt{2}m}{\sqrt{1+m^2}} \right)$이고, 점 C의

x좌표는 $\dfrac{4\sqrt{2}}{\sqrt{1+m^2}}$이다.

또 직선 OA의 방정식은 $y = x$이고, 점 C가 직선 $y = x$ 위

의 점이므로 점 C의 y좌표는 $\dfrac{4\sqrt{2}}{\sqrt{1+m^2}}$이다.

따라서

$$\overline{BC} = \frac{4\sqrt{2}m}{\sqrt{1+m^2}} - \frac{4\sqrt{2}}{\sqrt{1+m^2}} = \frac{4\sqrt{2}(m-1)}{\sqrt{1+m^2}}$$

한편, 점 A에서 직선 BC에 내린 수선의 발을 H라 하면

$$\overline{AH} = 4 - \frac{4\sqrt{2}}{\sqrt{1+m^2}} = \frac{4(\sqrt{1+m^2} - \sqrt{2})}{\sqrt{1+m^2}}$$

이므로 삼각형 ABC의 넓이 $S(m)$은

$$S(m) = \frac{1}{2} \times \overline{BC} \times \overline{AH}$$
$$= \frac{1}{2} \times \frac{4\sqrt{2}(m-1)}{\sqrt{1+m^2}} \times \frac{4(\sqrt{1+m^2} - \sqrt{2})}{\sqrt{1+m^2}}$$
$$= \frac{8\sqrt{2}(m-1)(\sqrt{1+m^2} - \sqrt{2})}{1+m^2}$$

따라서

$$\lim_{m \to 1+} \frac{S(m)}{(m-1)^2}$$
$$= \lim_{m \to 1+} \frac{8\sqrt{2}(\sqrt{1+m^2} - \sqrt{2})}{(1+m^2)(m-1)}$$
$$= \lim_{m \to 1+} \frac{8\sqrt{2}(\sqrt{1+m^2} - \sqrt{2})(\sqrt{1+m^2} + \sqrt{2})}{(1+m^2)(m-1)(\sqrt{1+m^2} + \sqrt{2})}$$
$$= \lim_{m \to 1+} \frac{8\sqrt{2}(m^2 - 1)}{(1+m^2)(m-1)(\sqrt{1+m^2} + \sqrt{2})}$$
$$= \lim_{m \to 1+} \frac{8\sqrt{2}(m-1)(m+1)}{(1+m^2)(m-1)(\sqrt{1+m^2} + \sqrt{2})}$$
$$= \lim_{m \to 1+} \frac{8\sqrt{2}(m+1)}{(1+m^2)(\sqrt{1+m^2} + \sqrt{2})}$$
$$= \frac{8\sqrt{2} \times 2}{2 \times 2\sqrt{2}} = 4$$

답 4

02 함수의 연속

본문 19~23쪽

1 ③　　**2** 2　　**3** ④　　**4** ④　　**5** ③
6 13

1 함수 $f(x)$가 $x=-1$에서 연속이므로
$$\lim_{x \to -1-} f(x) = \lim_{x \to -1+} f(x) = f(-1)$$
이어야 한다.
$$\lim_{x \to -1-} f(x) = \lim_{x \to -1-} (2x^2 - ax) = 2 + a,$$
$$\lim_{x \to -1+} f(x) = \lim_{x \to -1+} (ax - 4) = -a - 4,$$
$$f(-1) = -a - 4$$
이므로 $2 + a = -a - 4$
따라서 $a = -3$
답 ③

2 함수 $f(x)$가 $x=0$에서 연속이므로 $\lim_{x \to 0} f(x) = f(0)$이다.
$$\lim_{x \to 0} f(x) = \lim_{x \to 0} \frac{x^2 + 2|x|}{|x|}$$
$$= \lim_{x \to 0} \frac{|x|^2 + 2|x|}{|x|}$$
$$= \lim_{x \to 0} (|x| + 2) = 2$$
이때 $f(0) = a$이므로 $a = 2$
답 2

3 함수 $\frac{g(x)}{f(x)}$가 실수 전체의 집합에서 연속이므로 $x=1$에서 연속이다. 즉,
$$\lim_{x \to 1-} \frac{g(x)}{f(x)} = \lim_{x \to 1+} \frac{g(x)}{f(x)} = \frac{g(1)}{f(1)}$$
이어야 한다.
$$\lim_{x \to 1-} \frac{g(x)}{f(x)} = \lim_{x \to 1-} \frac{2x + a}{x^2 - 3x + 4} = \frac{a+2}{2},$$
$$\lim_{x \to 1+} \frac{g(x)}{f(x)} = \lim_{x \to 1+} \frac{2x + a}{3} = \frac{a+2}{3},$$
$$\frac{g(1)}{f(1)} = \frac{a+2}{3}$$
이므로 $\frac{a+2}{2} = \frac{a+2}{3}$
따라서 $a = -2$
답 ④

4 함수 $f(x)f(-x)$가 $x=2$에서 연속이 되려면
$$\lim_{x \to 2-} f(x)f(-x) = \lim_{x \to 2+} f(x)f(-x) = f(2)f(-2)$$
이어야 한다.
$$\lim_{x \to 2-} f(x) = \lim_{x \to 2-} (ax^2 - 3) = 4a - 3$$
$$\lim_{x \to 2-} f(-x) = \lim_{s \to -2+} f(s) = \lim_{s \to -2+} (as^2 - 3) = 4a - 3$$
$$\lim_{x \to 2+} f(x) = \lim_{x \to 2+} (-x + 3a) = 3a - 2$$
$$\lim_{x \to 2+} f(-x) = \lim_{t \to -2-} f(t) = \lim_{t \to -2-} (-t + 3a) = 3a + 2$$
이므로
$$\lim_{x \to 2-} f(x)f(-x) = (4a-3) \times (4a-3) = 16a^2 - 24a + 9$$
$$\lim_{x \to 2+} f(x)f(-x) = (3a-2)(3a+2) = 9a^2 - 4$$
$$f(2)f(-2) = (4a-3) \times (4a-3) = 16a^2 - 24a + 9$$
따라서 $16a^2 - 24a + 9 = 9a^2 - 4$, $7a^2 - 24a + 13 = 0$
이차방정식 $7a^2 - 24a + 13 = 0$에서
$$a = \frac{12 - \sqrt{53}}{7} \ \text{또는} \ a = \frac{12 + \sqrt{53}}{7}$$
이므로 구하는 모든 실수 a의 값의 합은
$$\frac{12 - \sqrt{53}}{7} + \frac{12 + \sqrt{53}}{7} = \frac{24}{7}$$
답 ④

5 함수 $f(x) = 2x^3 + 3x + k$는 실수 전체의 집합에서 연속이다. 함수 $f(x)$가 역함수를 가지므로 일대일대응이고, 방정식 $f(x) = 0$의 오직 하나의 실근인 α가 열린구간 $(-1, 2)$에 속하려면 사잇값의 정리에 의하여
$f(-1)f(2) < 0$을 만족시켜야 한다.
$f(-1) = -2 - 3 + k = k - 5$
$f(2) = 16 + 6 + k = k + 22$
이므로
$f(-1)f(2) = (k-5)(k+22) < 0$에서
$-22 < k < 5$
따라서 정수 k의 값은 $-21, -20, -19, \cdots, 4$이므로 그 개수는 26이다.
답 ③

6 함수 $f(x) = \begin{cases} \dfrac{1}{(x+1)(x-4)} & (x \neq -1, \ x \neq 4) \\ 1 & (x = -1 \ \text{또는} \ x = 4) \end{cases}$ 에서
$$\lim_{x \to -1-} f(x) = \lim_{x \to -1-} \frac{1}{(x+1)(x-4)}$$
$$= \infty (\text{발산}) \qquad \cdots\cdots \ \ominus$$

정답과 풀이

$$\lim_{x \to -1+} f(x) = \lim_{x \to -1+} \frac{1}{(x+1)(x-4)}$$
$$= -\infty (\text{발산}) \quad \cdots\cdots \text{ⓛ}$$
$$\lim_{x \to 4-} f(x) = \lim_{x \to 4-} \frac{1}{(x+1)(x-4)}$$
$$= -\infty (\text{발산}) \quad \cdots\cdots \text{ⓒ}$$
$$\lim_{x \to 4+} f(x) = \lim_{x \to 4+} \frac{1}{(x+1)(x-4)}$$
$$= \infty (\text{발산}) \quad \cdots\cdots \text{ⓔ}$$

이므로 함수 $f(x)$는 $x=-1$과 $x=4$에서 불연속이고, $x \neq -1$, $x \neq 4$인 모든 실수 x에서 연속임을 알 수 있다.

(ⅰ) $a+1<-1$ 또는 $a-1>4$, 즉 $a<-2$ 또는 $a>5$일 때, 함수 $f(x)$는 닫힌구간 $[a-1,\ a+1]$에서 연속이므로 최대 · 최소 정리에 의하여 함수 $f(x)$는 닫힌구간 $[a-1,\ a+1]$에서 최댓값과 최솟값을 모두 갖는다.

(ⅱ) $a+1<4$, $a-1>-1$, 즉 $0<a<3$일 때, 함수 $f(x)$는 닫힌구간 $[a-1,\ a+1]$에서 연속이므로 최대 · 최소 정리에 의하여 함수 $f(x)$는 닫힌구간 $[a-1,\ a+1]$에서 최댓값과 최솟값을 모두 갖는다.

(ⅲ) $a-1 \leq -1 \leq a+1$, 즉 $-2 \leq a \leq 0$일 때, $x=-1$이 닫힌구간 $[a-1,\ a+1]$에 포함되므로 ⊙, ⓛ에 의하여 함수 $f(x)$는 닫힌구간 $[a-1,\ a+1]$에서 최댓값 또는 최솟값을 갖지 않는다.

(ⅳ) $a-1 \leq 4 \leq a+1$, 즉 $3 \leq a \leq 5$일 때, $x=4$가 닫힌구간 $[a-1,\ a+1]$에 포함되므로 ⓒ, ⓔ에 의하여 함수 $f(x)$는 닫힌구간 $[a-1,\ a+1]$에서 최댓값 또는 최솟값을 갖지 않는다.

(ⅰ), (ⅱ), (ⅲ), (ⅳ)에 의하여
$a<-2$ 또는 $0<a<3$ 또는 $a>5$
따라서 정수 a $(-10<a<10)$의 값은 -9, -8, -7, -6, -5, -4, -3, 1, 2, 6, 7, 8, 9이므로 그 개수는 13이다.

답 13

① 기초 연습
본문 24~25쪽

| 1 ⑤ | 2 ④ | 3 ② | 4 ④ | 5 ③ |
| 6 ① | 7 ② | 8 ⑤ | | |

1 함수 $f(x)$가 실수 전체의 집합에서 연속이므로 $x=-2$에서 연속이다. 즉, $\lim_{x \to -2} f(x) = f(-2)$이어야 한다.

$$\lim_{x \to -2} f(x) = \lim_{x \to -2} (3x+a) = -6+a$$
$$f(-2)=4$$
이므로 $-6+a=4$에서 $a=10$

답 ⑤

2 함수 $f(x)$가 실수 전체의 집합에서 연속이므로 $x=3$에서 연속이다. 즉, $\lim_{x \to 3} f(x) = f(3)$이다.

$\lim_{x \to 3}(4x-2)f(x)=8$에서
$$\lim_{x \to 3}(4x-2)f(x) = \lim_{x \to 3}(4x-2) \times \lim_{x \to 3} f(x)$$
$$= (4 \times 3 - 2)f(3)$$
$$= 10f(3)$$
이므로 $10f(3)=8$
따라서 $f(3) = \frac{4}{5}$

답 ④

3 함수 $f(x) = \dfrac{1}{x^2+ax+b}$이 $x=-2$와 $x=1$에서 불연속이므로 함수 $f(x)$는 $x=-2$와 $x=1$에서 정의되지 않는다. 즉, $x=-2$와 $x=1$은 이차방정식 $x^2+ax+b=0$의 두 근이다. 따라서 이차방정식의 근과 계수의 관계에 의하여
$(-2)+1=-a$, $(-2) \times 1 = b$이므로
$a=1$, $b=-2$
따라서 $f(x) = \dfrac{1}{x^2+x-2}$이므로
$$\lim_{x \to 1}(x^2+a+b)f(x)$$
$$= \lim_{x \to 1}\left\{(x^2-1) \times \frac{1}{x^2+x-2}\right\}$$
$$= \lim_{x \to 1}\left\{(x+1)(x-1) \times \frac{1}{(x+2)(x-1)}\right\}$$
$$= \lim_{x \to 1} \frac{x+1}{x+2} = \frac{2}{3}$$

답 ②

4 함수 $f(x)$가 $x=1$에서 연속이므로 $\lim_{x \to 1} f(x) = f(1)$이다.

$$\lim_{x \to 1} f(x) = \lim_{x \to 1} \frac{x^2+4x-5}{\sqrt{x+3}-2}$$
$$= \lim_{x \to 1} \frac{(x-1)(x+5)(\sqrt{x+3}+2)}{(\sqrt{x+3}-2)(\sqrt{x+3}+2)}$$
$$= \lim_{x \to 1} \frac{(x-1)(x+5)(\sqrt{x+3}+2)}{x-1}$$
$$= \lim_{x \to 1}(x+5)(\sqrt{x+3}+2)$$
$$= 6 \times 4 = 24,$$

$f(1)=a$

이므로 $a=24$

답 ④

5 $x \neq 2$일 때,

$$f(x) = \frac{x^3 - x^2 - x - 2}{x-2}$$

$$= \frac{(x-2)(x^2+x+1)}{x-2} = x^2+x+1$$

이때 함수 $f(x)$가 실수 전체의 집합에서 연속이면 $x=2$에서 연속이므로 $f(2) = \lim_{x \to 2} f(x)$이다.

따라서

$$f(2) = \lim_{x \to 2} f(x)$$

$$= \lim_{x \to 2}(x^2+x+1) = 7$$

답 ③

6 함수 $\{f(x)\}^2$이 실수 전체의 집합에서 연속이 되려면 $x=1$에서 연속이어야 한다.

즉, $\lim_{x \to 1-} \{f(x)\}^2 = \lim_{x \to 1+} \{f(x)\}^2 = \{f(1)\}^2$이어야 한다.

$$\lim_{x \to 1-} \{f(x)\}^2 = \lim_{x \to 1-}(3x+a)^2$$

$$= (3+a)^2 = a^2+6a+9,$$

$$\lim_{x \to 1+} \{f(x)\}^2 = \lim_{x \to 1+}(x^2-3)^2$$

$$= (-2)^2 = 4,$$

$$\{f(1)\}^2 = (-2)^2 = 4$$

이므로 $a^2+6a+9=4$에서

$a^2+6a+5=0$, $(a+5)(a+1)=0$

$a=-5$ 또는 $a=-1$

따라서 모든 실수 a의 값의 합은

$-5+(-1)=-6$

답 ①

7 함수 $f(x)g(x)$가 실수 전체의 집합에서 연속이 되려면 $x=-1$에서 연속이어야 한다. 즉,

$$\lim_{x \to -1-} f(x)g(x) = \lim_{x \to -1+} f(x)g(x) = f(-1)g(-1)$$

이어야 한다.

$$\lim_{x \to -1-} f(x)g(x) = \lim_{x \to -1-}(x+a)(x^2+2x+a)$$

$$= (-1+a) \times (-1+a)$$

$$= a^2-2a+1,$$

$$\lim_{x \to -1+} f(x)g(x) = \lim_{x \to -1+}(2x-1)(x^2+2x+a)$$

$$= -3 \times (-1+a)$$

$$= -3a+3,$$

$f(-1)g(-1) = -3 \times (-1+a) = -3a+3$

이므로 $a^2-2a+1 = -3a+3$에서

$a^2+a-2=0$, $(a+2)(a-1)=0$

$a=-2$ 또는 $a=1$

따라서 모든 실수 a의 값의 합은

$-2+1=-1$

답 ②

8 함수 $y=f(x)$의 그래프에서

$$\lim_{x \to 0-} f(x) = 6, \quad \lim_{x \to 0+} f(x) = -2$$

함수 $g(x)$를 $g(x) = \{3f(x)-2\}\{f(x)-a\}$라 하면 함수 $g(x)$가 $x=0$에서 연속이므로

$$\lim_{x \to 0-} g(x) = \lim_{x \to 0+} g(x) = g(0)$$이다.

$$\lim_{x \to 0-} g(x) = \lim_{x \to 0-} \{3f(x)-2\}\{f(x)-a\}$$

$$= (3 \times 6 - 2)(6-a) = 16(6-a),$$

$$\lim_{x \to 0+} g(x) = \lim_{x \to 0+} \{3f(x)-2\}\{f(x)-a\}$$

$$= \{3 \times (-2) - 2\}(-2-a) = 8(2+a),$$

$g(0) = \{3 \times (-2) - 2\}(-2-a) = 8(2+a)$

이므로 $16(6-a) = 8(2+a)$, $3a=10$

따라서 $a = \dfrac{10}{3}$

답 ⑤

② 기본 연습

본문 26~27쪽

1 ①	**2** ③	**3** 24	**4** ②	**5** 17
6 ⑤				

1 함수 $f(x)g(x)$가 $x=-1$에서 연속이 되려면

$$\lim_{x \to -1-} f(x)g(x) = \lim_{x \to -1+} f(x)g(x) = f(-1)g(-1)$$

이어야 한다.

$$\lim_{x \to -1-} f(x)g(x) = \lim_{x \to -1-}(-x+a)(x+3)$$

$$= (1+a) \times 2$$

$$= 2a+2,$$

$$\lim_{x \to -1+} f(x)g(x) = \lim_{x \to -1+}(2x+3)(3x+a)$$

$$= 1 \times (-3+a)$$

$$= a-3,$$

$f(-1)g(-1) = 1 \times (-3+a)$

$$= a-3$$

이므로 $2+2a=a-3$

따라서 $a=-5$

답 ①

2 조건 (가)에서 함수 $f(x)$가 $x=-2$에서 연속이므로
$$\lim_{x\to-2-}f(x)=\lim_{x\to-2+}f(x)=f(-2)$$이다.
조건 (나)에서 $f(-2)=f(2)$이고,
$$\lim_{x\to2}f(x)=\lim_{x\to2}f(-x)=\lim_{t\to-2}f(t)=f(-2)=f(2)$$
이므로 함수 $f(x)$는 $x=2$에서 연속이다.
즉, $\lim_{x\to2-}f(x)=\lim_{x\to2+}f(x)=f(2)$이다.
$$\lim_{x\to2-}f(x)=4\lim_{x\to2+}f(x)-18$$에서
$$f(-2)=4f(2)-18$$
이때 $f(-2)=f(2)$이므로
$$f(2)=4f(2)-18$$
$$f(2)=6$$
따라서 $\lim_{x\to2-}f(x)=f(2)=6$

답 ③

3 함수 $g(x)$를 $g(x)=\{f(x)\}^2+bf(x)$라 하면
함수 $g(x)$가 $x=0$에서 연속이므로
$$\lim_{x\to0-}g(x)=\lim_{x\to0+}g(x)=g(0)$$
이다.
$$\begin{aligned}\lim_{x\to0-}g(x)&=\lim_{x\to0-}[\{f(x)\}^2+bf(x)]\\&=\lim_{x\to0-}\{(-5x-6)^2+b(-5x-6)\}\\&=(-6)^2+b\times(-6)\\&=36-6b,\end{aligned}$$
$$\begin{aligned}\lim_{x\to0+}g(x)&=\lim_{x\to0+}[\{f(x)\}^2+bf(x)]\\&=\lim_{x\to0+}\{(x+2)^2+b(x+2)\}\\&=2^2+b\times2\\&=4+2b,\end{aligned}$$
$$\begin{aligned}g(0)&=\{f(0)\}^2+bf(0)\\&=(a-b)^2+b(a-b)\\&=a(a-b)\end{aligned}$$
이므로
$$36-6b=4+2b=a(a-b)\quad\cdots\cdots\text{㉠}$$
㉠에서 $36-6b=4+2b$, $8b=32$이므로
$$b=4$$

$b=4$를 ㉠에 대입하면
$$a(a-4)=12$$
$$a^2-4a-12=0$$
$$(a+2)(a-6)=0$$
이때 $a>0$이므로 $a=6$
따라서 $ab=6\times4=24$

답 24

4 함수 $g(x)$를
$$g(x)=\frac{b^2+1}{x^2+ax+4}\ (x\neq0)$$
이라 하자.
함수 $f(x)$가 실수 전체의 집합에서 연속이 되려면 함수
$f(x)$가 $x=0$에서 연속이어야 하고, 함수 $g(x)$도 $x\neq0$인
실수 전체의 집합에서 연속이어야 한다.
(i) 함수 $f(x)$가 $x=0$에서 연속이어야 하므로
$$\lim_{x\to0}f(x)=f(0)$$을 만족시켜야 한다.
$$\lim_{x\to0}f(x)=\lim_{x\to0}\frac{b^2+1}{x^2+ax+4}=\frac{b^2+1}{4},$$
$$f(0)=\frac{|b|}{2}$$
이므로 $\dfrac{b^2+1}{4}=\dfrac{|b|}{2}$에서
$$b^2-2|b|+1=0$$
$$|b|^2-2|b|+1=0$$
$$(|b|-1)^2=0$$
$$|b|=1$$
따라서 $b=-1$ 또는 $b=1$이므로 정수 b의 개수는 2이다.
(ii) 함수 $g(x)=\dfrac{2}{x^2+ax+4}\ (x\neq0)$이 $x\neq0$인 실수 전체
의 집합에서 연속이어야 하므로 $x\neq0$인 실수 전체의 집
합에서 $x^2+ax+4\neq0$이어야 한다.
이때 $x=0$이면 $x^2+ax+4=4\neq0$이므로 이차방정식
$x^2+ax+4=0$의 판별식을 D라 하면 $D<0$이어야 한다.
$$D=a^2-16=(a+4)(a-4)<0$$
$$-4<a<4$$
따라서 정수 a의 값은 $-3,\ -2,\ -1,\ 0,\ 1,\ 2,\ 3$이므로
그 개수는 7이다.
(i), (ii)에 의하여 두 정수 a, b의 모든 순서쌍 $(a,\ b)$의 개
수는
$$2\times7=14$$

답 ②

5 함수 $f(x)$가 실수 전체의 집합에서 연속이 되려면 직선 $y=x+a$와 이차함수 $y=x^2-4x+b$의 그래프의 교점의 개수는 2이고, 이 두 교점의 x좌표는 각각 c, $c+3$이어야 한다.

따라서 이차방정식 $x^2-4x+b=x+a$, 즉
$x^2-5x+b-a=0$의 두 실근이 c, $c+3$이므로 이차방정식의 근과 계수의 관계에 의하여

$c+(c+3)=5$ ...... ㉠

$c\times(c+3)=b-a$ ...... ㉡

㉠에서 $2c=2$, $c=1$

㉡에서 $4=b-a$, $b=a+4$ ...... ㉢

따라서 $f(x)=\begin{cases} x+a & (x<1 \text{ 또는 } x>4) \\ (x-2)^2+a & (1\le x\le 4) \end{cases}$ 이고, 함수 $y=f(x)$의 그래프는 다음 그림과 같다.

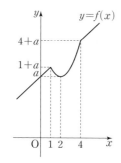

$x>0$일 때, 함수 $f(x)$의 최솟값은 a이므로 $a=6$이고, ㉢에서

$b=a+4=6+4=10$

이므로

$a+b+c=6+10+1=17$

답 17

6 곡선 $y=x^2-2x+2$와 직선 $y=-2tx+1$의 교점의 개수는 이차방정식

$x^2-2x+2=-2tx+1$, 즉 $x^2+2(t-1)x+1=0$

의 서로 다른 실근의 개수와 같다.

이차방정식 $x^2+2(t-1)x+1=0$의 판별식을 D라 하면

$\dfrac{D}{4}=(t-1)^2-1=t(t-2)$

이므로

$D>0$, 즉 $t<0$ 또는 $t>2$이면 $f(t)=2$

$D=0$, 즉 $t=0$ 또는 $t=2$이면 $f(t)=1$

$D<0$, 즉 $0<t<2$이면 $f(t)=0$

따라서 함수 $y=f(t)$의 그래프는 다음 그림과 같다.

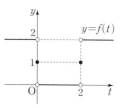

ㄱ. $\displaystyle\lim_{t\to 0-} f(t)=2$ (참)

ㄴ. $m\ge 1$이면 직선 $y=mt$와 함수 $y=f(t)$의 그래프는 만나지 않는다. (참)

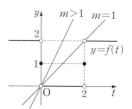

ㄷ. 함수 $y=t^2-2t$는 실수 전체의 집합에서 연속이고 함수 $y=f(t)$는 $t\ne 0$, $t\ne 2$인 실수 전체의 집합에서 연속이므로 함수 $(t^2-2t)f(t)$는 $t\ne 0$, $t\ne 2$인 실수 전체의 집합에서 연속이다.

이때 함수 $g(t)$를 $g(t)=(t^2-2t)f(t)$라 하자.

(i) $\displaystyle\lim_{t\to 0-} g(t)=\lim_{t\to 0-}(t^2-2t)f(t)$
$\displaystyle =\lim_{t\to 0-}(t^2-2t)\times \lim_{t\to 0-}f(t)$
$=0\times 2=0$,

$\displaystyle\lim_{t\to 0+} g(t)=\lim_{t\to 0+}(t^2-2t)f(t)$
$\displaystyle =\lim_{t\to 0+}(t^2-2t)\times \lim_{t\to 0+}f(t)$
$=0\times 0=0$,

$g(0)=0\times 1=0$

이므로 $\displaystyle\lim_{t\to 0-} g(t)=\lim_{t\to 0+} g(t)=g(0)$이 성립한다.

즉, 함수 $g(t)$는 $t=0$에서 연속이다.

(ii) $\displaystyle\lim_{t\to 2-} g(t)=\lim_{t\to 2-}(t^2-2t)f(t)$
$\displaystyle =\lim_{t\to 2-}(t^2-2t)\times \lim_{t\to 2-}f(t)$
$=0\times 0=0$,

$\displaystyle\lim_{t\to 2+} g(t)=\lim_{t\to 2+}(t^2-2t)f(t)$
$\displaystyle =\lim_{t\to 2+}(t^2-2t)\times \lim_{t\to 2+}f(t)$
$=0\times 2=0$,

$g(2)=0\times 1=0$

이므로 $\displaystyle\lim_{t\to 2-} g(t)=\lim_{t\to 2+} g(t)=g(2)$가 성립한다.

즉, 함수 $g(t)$는 $t=2$에서 연속이다.

(ⅰ), (ⅱ)에 의하여 함수 $g(t)$가 $t=0$, $t=2$에서 연속이므로 함수 $g(t)$는 실수 전체의 집합에서 연속이다. (참)
이상에서 옳은 것은 ㄱ, ㄴ, ㄷ이다.

답 ⑤

Level 3 실력 완성

본문 28쪽

1 127   **2** 28   **3** ④

1 함수 $f(x)$는 $k \le x < k+1$ (k는 자연수)에서 연속이므로 함수 $f(x)$가 구간 $[1, \infty)$에서 연속이 되려면 모든 자연수 n에 대하여 함수 $f(x)$는 $x=n+1$에서 연속이어야 한다. 즉,
$$\lim_{x \to (n+1)-} f(x) = \lim_{x \to (n+1)+} f(x) = f(n+1)$$
이어야 한다.
$$\lim_{x \to (n+1)-} f(x)$$
$$= \lim_{x \to (n+1)-} \{(na_n+1)x + n(n+1)\}$$
$$= (na_n+1)(n+1) + n(n+1),$$
$$\lim_{x \to (n+1)+} f(x)$$
$$= \lim_{x \to (n+1)+} [\{(n+1)a_{n+1}+1\}x + (n+1)(n+2)]$$
$$= \{(n+1)a_{n+1}+1\}(n+1) + (n+1)(n+2),$$
$$f(n+1) = \{(n+1)a_{n+1}+1\}(n+1) + (n+1)(n+2)$$
이므로
$$(na_n+1)(n+1) + n(n+1)$$
$$= \{(n+1)a_{n+1}+1\}(n+1) + (n+1)(n+2)$$
에서
$$(n+1)a_{n+1} = na_n - 2 \ (n=1, 2, 3, \cdots) \quad \cdots\cdots ㉠$$
$a_1 = p$라 하고, ㉠에 $n=1, 2, 3, 4, 5$를 대입하면
$$2a_2 = a_1 - 2 = p - 2$$
$$3a_3 = 2a_2 - 2 = p - 4$$
$$4a_4 = 3a_3 - 2 = p - 6$$
$$5a_5 = 4a_4 - 2 = p - 8$$
$$6a_6 = 5a_5 - 2 = p - 10 \quad \cdots\cdots ㉡$$
$a_6 = 8$이므로 ㉡에서
$$p = 6a_6 + 10 = 6 \times 8 + 10 = 58$$
따라서 $a_1 = 58$, $a_2 = 28$, $a_3 = 18$, $a_4 = 13$, $a_5 = 10$이므로
$$\sum_{n=1}^{5} a_n = a_1 + a_2 + a_3 + a_4 + a_5$$
$$= 58 + 28 + 18 + 13 + 10 = 127$$

답 127

2 조건 (가)에서 함수 $|f(x)|$가 실수 전체의 집합에서 연속이므로 $x=-1$, $x=2$에서 연속이어야 한다.
함수 $|f(x)|$가 $x=-1$에서 연속이어야 하므로
$$\lim_{x \to -1-} |f(x)| = \lim_{x \to -1+} |f(x)| = |f(-1)|$$이어야 한다.
$$\lim_{x \to -1-} |f(x)| = \lim_{x \to -1-} |-2| = 2,$$
$$\lim_{x \to -1+} |f(x)| = \lim_{x \to -1+} |x^2+ax+b| = |1-a+b|,$$
$$|f(-1)| = |1-a+b|$$
이므로
$$|1-a+b| = 2$$
$$1-a+b = -2 \text{ 또는 } 1-a+b = 2$$
$$a-b = 3 \text{ 또는 } a-b = -1$$
이때 $a < b$이므로 $a-b = -1$ $\quad \cdots\cdots ㉠$
함수 $|f(x)|$가 $x=2$에서 연속이어야 하므로
$$\lim_{x \to 2-} |f(x)| = \lim_{x \to 2+} |f(x)| = |f(2)|$$이어야 한다.
$$\lim_{x \to 2-} |f(x)| = \lim_{x \to 2-} |x^2+ax+b| = |4+2a+b|,$$
$$\lim_{x \to 2+} |f(x)| = \lim_{x \to 2+} |2| = 2,$$
$$|f(2)| = |4+2a+b|$$
이므로
$$|4+2a+b| = 2$$
$$4+2a+b = -2 \text{ 또는 } 4+2a+b = 2$$
$$2a+b = -6 \text{ 또는 } 2a+b = -2 \quad \cdots\cdots ㉡$$
㉠, ㉡에서
(ⅰ) $a-b=-1$, $2a+b=-6$일 때,
연립하여 풀면 $a = -\dfrac{7}{3}$, $b = -\dfrac{4}{3}$이므로
$$f(x) = \begin{cases} -2 & (x < -1) \\ x^2 - \dfrac{7}{3}x - \dfrac{4}{3} = \left(x - \dfrac{7}{6}\right)^2 - \dfrac{97}{36} & (-1 \le x \le 2) \\ 2 & (x > 2) \end{cases}$$
이고, 함수 $y=f(x)$의 그래프는 다음 그림과 같다.

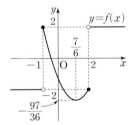

함수 $f(x)$의 최솟값이 $-\dfrac{97}{36}$이고, -2보다 작으므로 조건 (나)를 만족시킨다.
이때 $ab = \left(-\dfrac{7}{3}\right) \times \left(-\dfrac{4}{3}\right) = \dfrac{28}{9}$

(ii) $a-b=-1$, $2a+b=-2$일 때,

연립하여 풀면 $a=-1$, $b=0$이므로

$$f(x)=\begin{cases} -2 & (x<-1) \\ x^2-x=\left(x-\dfrac{1}{2}\right)^2-\dfrac{1}{4} & (-1\le x\le2) \\ 2 & (x>2) \end{cases}$$

이고, 함수 $y=f(x)$의 그래프는 다음 그림과 같다.

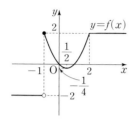

함수 $f(x)$의 최솟값이 -2이고, 이 값은 -2보다 작지 않으므로 조건 (나)를 만족시키지 않는다.

(i), (ii)에서 $ab=\dfrac{28}{9}$이므로 $9ab=28$

답 28

3 $x<-1$일 때, $f(x)=x-3$이고,

$x\ge-1$일 때,

$f(x)=(x+1)(x-3)$

　　$=x^2-2x-3$

　　$=(x-1)^2-4$

이므로 함수 $y=f(x)$의 그래프는 다음 그림과 같다.

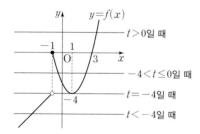

(i) $t<-4$일 때,

방정식 $f(x)=t$의 실근은 두 직선 $y=x-3$ $(x<-1)$과 $y=t$가 만나는 점의 x좌표와 같다.

즉, $x-3=t$에서 $x=t+3$이므로

$g(t)=t+3$

(ii) $t=-4$일 때,

방정식 $f(x)=-4$의 실근은 곡선 $y=x^2-2x-3$ $(x\ge-1)$과 직선 $y=-4$가 만나는 점의 x좌표와 같다.

즉, $x^2-2x-3=-4$, $(x-1)^2=0$에서 $x=1$이므로

$g(t)=1$

(iii) $-4<t\le0$일 때

방정식 $f(x)=t$의 실근은 곡선 $y=x^2-2x-3$ $(x\ge-1)$과 직선 $y=t$가 만나는 점의 x좌표와 같다.

이차방정식 $x^2-2x-3=t$, 즉 $x^2-2x-3-t=0$의 두 실근을 β, γ $(\beta<\gamma)$라 하면 이차방정식의 근과 계수의 관계에 의하여 $\beta+\gamma=2$이므로

$g(t)=2$

(iv) $t>0$일 때,

방정식 $f(x)=t$의 실근은 곡선 $y=x^2-2x-3$ $(x\ge-1)$과 직선 $y=t$가 만나는 점의 x좌표와 같다.

이차방정식 $x^2-2x-3-t=0$의 실근은

$x=1-\sqrt{t+4}<-1$, $x=1+\sqrt{t+4}>3$

이므로

$g(t)=1+\sqrt{t+4}$

(i), (ii), (iii), (iv)에 의하여

$$g(t)=\begin{cases} t+3 & (t<-4) \\ 1 & (t=-4) \\ 2 & (-4<t\le0) \\ 1+\sqrt{t+4} & (t>0) \end{cases}$$

이므로 함수 $y=g(t)$의 그래프는 다음 그림과 같다.

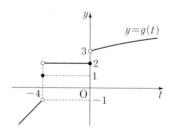

ㄱ. $\displaystyle\lim_{t\to0-}g(t)=\lim_{t\to0-}2=2$ (참)

ㄴ. $t\to5$일 때 $-t\to-5$이므로

$g(-t)=-t+3$

$\displaystyle\lim_{t\to5}\frac{g(-t)+2}{g(t)-4}=\lim_{t\to5}\frac{(-t+3)+2}{(1+\sqrt{t+4})-4}$

$\displaystyle=\lim_{t\to5}\frac{-(t-5)}{\sqrt{t+4}-3}$

$\displaystyle=\lim_{t\to5}\frac{-(t-5)(\sqrt{t+4}+3)}{(\sqrt{t+4}-3)(\sqrt{t+4}+3)}$

$\displaystyle=\lim_{t\to5}\frac{-(t-5)(\sqrt{t+4}+3)}{t-5}$

$\displaystyle=-\lim_{t\to5}(\sqrt{t+4}+3)$

$=-6$ (거짓)

ㄷ. 함수 $h(t)$를 $h(t)=(|t+2|-2)g(t)$라 하자.

함수 $y=|t+2|-2$는 실수 전체의 집합에서 연속이고, 함수 $y=g(t)$는 $t\neq-4$, $t\neq0$인 모든 실수에서 연속이므로 함수 $h(t)$는 $t\neq-4$, $t\neq0$인 모든 실수에서 연속이다.

(i) $\displaystyle\lim_{t\to-4-}h(t)=\lim_{t\to-4-}(|t+2|-2)g(t)$
$$=0\times(-1)=0,$$
$\displaystyle\lim_{t\to-4+}h(t)=\lim_{t\to-4+}(|t+2|-2)g(t)$
$$=0\times2=0,$$
$$h(-4)=0\times1=0$$
이므로
$$\lim_{t\to-4-}h(t)=\lim_{t\to-4+}h(t)=h(-4)$$
따라서 함수 $h(t)$는 $t=-4$에서 연속이다.

(ii) $\displaystyle\lim_{t\to0-}h(t)=\lim_{t\to0-}(|t+2|-2)g(t)$
$$=0\times2=0,$$
$\displaystyle\lim_{t\to0+}h(t)=\lim_{t\to0+}(|t+2|-2)g(t)$
$$=0\times3=0,$$
$$h(0)=0\times2=0$$
이므로
$$\lim_{t\to0-}h(t)=\lim_{t\to0+}h(t)=h(0)$$
따라서 함수 $h(t)$는 $t=0$에서 연속이다.

(i), (ii)에 의하여 함수 $h(t)=(|t+2|-2)g(t)$는 실수 전체의 집합에서 연속이다. (참)

이상에서 옳은 것은 ㄱ, ㄷ이다.

답 ④

---

03 미분계수와 도함수

유제
본문 31~37쪽

1 ④	**2** 15	**3** ①	**4** ②	**5** 29
6 23	**7** 27		

1 $\displaystyle\lim_{x\to1}\frac{f(x)-2}{x^2-1}=3f(1)$ ...... ㉠

㉠에서 $x\to1$일 때 (분모) $\to0$이고 극한값이 존재하므로 (분자) $\to0$이어야 한다.

즉, $\displaystyle\lim_{x\to1}\{f(x)-2\}=0$이고 다항함수 $f(x)$는 실수 전체의 집합에서 연속이므로

$f(1)-2=0$에서 $f(1)=2$

㉠에서

$$\lim_{x\to1}\frac{f(x)-2}{x^2-1}=\lim_{x\to1}\left\{\frac{f(x)-f(1)}{x-1}\times\frac{1}{x+1}\right\}=\frac{f'(1)}{2}$$

이므로

$\dfrac{f'(1)}{2}=3f(1)$에서

$f'(1)=6f(1)=6\times2=12$

따라서 $f(1)+f'(1)=2+12=14$

답 ④

2 x의 값이 -2에서 1까지 변할 때의 함수 $y=f(x)$의 평균변화율은

$$\frac{f(1)-f(-2)}{1-(-2)}=\frac{f(1)-f(-2)}{3}$$

이고, $x=-2$에서의 미분계수는 $f'(-2)$이므로 조건 (가)에 의하여

$\dfrac{f(1)-f(-2)}{3}=f'(-2)$에서

$f(1)-f(-2)=3f'(-2)$ ...... ㉠

조건 (나)에서

$$\lim_{h\to0}\frac{f(-2-h)-(1-h)f(-2)}{h}$$
$$=\lim_{h\to0}\frac{f(-2-h)-f(-2)+hf(-2)}{h}$$
$$=\lim_{h\to0}\left\{\frac{f(-2-h)-f(-2)}{-h}\times(-1)+f(-2)\right\}$$
$$=-f'(-2)+f(-2)$$

이므로

$$-f'(-2)+f(-2)=f(1)-60$$

$f'(-2)=-f(1)+f(-2)+60$

이때 ㉠에 의하여

$f'(-2)=-3f'(-2)+60$

$4f'(-2)=60,\ f'(-2)=15$

따라서

$\displaystyle\lim_{x\to-2}\frac{f(x)-f(-2)}{x^2+5x+6}$

$=\displaystyle\lim_{x\to-2}\frac{f(x)-f(-2)}{(x+2)(x+3)}$

$=\displaystyle\lim_{x\to-2}\left\{\frac{f(x)-f(-2)}{x-(-2)}\times\frac{1}{x+3}\right\}$

$=f'(-2)=15$

目 15

3 함수 $f(x)$가 실수 전체의 집합에서 미분가능하려면 $x=1$ 에서 미분가능하면 된다.

(i) 함수 $f(x)$가 $x=1$에서 미분가능하므로 $x=1$에서 연속 이다.

즉, $\displaystyle\lim_{x\to1-}f(x)=\lim_{x\to1+}f(x)=f(1)$이다.

$\displaystyle\lim_{x\to1-}f(x)=\lim_{x\to1-}(ax-3)(x+a)$

$\qquad\qquad=(a-3)(1+a)$

$\qquad\qquad=a^2-2a-3,$

$\displaystyle\lim_{x\to1+}f(x)=\lim_{x\to1+}(4ax+4)$

$\qquad\qquad=4a+4,$

$f(1)=4a+4$

이므로 $a^2-2a-3=4a+4$에서

$a^2=6a+7$

(ii) 함수 $f(x)$가 $x=1$에서 미분가능하므로

$\displaystyle\lim_{x\to1-}\frac{f(x)-f(1)}{x-1}=\lim_{x\to1+}\frac{f(x)-f(1)}{x-1}$이다.

$\displaystyle\lim_{x\to1-}\frac{f(x)-f(1)}{x-1}$

$=\displaystyle\lim_{x\to1-}\frac{(ax-3)(x+a)-(4a+4)}{x-1}$

$=\displaystyle\lim_{x\to1-}\frac{ax^2+(a^2-3)x-7a-4}{x-1}$

$=\displaystyle\lim_{x\to1-}\frac{ax^2+\{(6a+7)-3\}x-7a-4}{x-1}$

$=\displaystyle\lim_{x\to1-}\frac{ax^2+(6a+4)x-7a-4}{x-1}$

$=\displaystyle\lim_{x\to1-}\frac{(x-1)(ax+7a+4)}{x-1}$

$=\displaystyle\lim_{x\to1-}(ax+7a+4)$

$=8a+4,$

$\displaystyle\lim_{x\to1+}\frac{f(x)-f(1)}{x-1}$

$=\displaystyle\lim_{x\to1+}\frac{(4ax+4)-(4a+4)}{x-1}$

$=\displaystyle\lim_{x\to1+}\frac{4a(x-1)}{x-1}$

$=\displaystyle\lim_{x\to1+}4a=4a$

이므로 $8a+4=4a$

따라서 $a=-1$

目 ①

다른 풀이

함수 $f(x)$가 실수 전체의 집합에서 미분가능하려면 $x=1$ 에서 미분가능하면 되므로 $x=1$에서 연속이다.

즉, $\displaystyle\lim_{x\to1-}f(x)=\lim_{x\to1+}f(x)=f(1)$이다.

$\displaystyle\lim_{x\to1-}f(x)=\lim_{x\to1-}(ax-3)(x+a)$

$\qquad\qquad=(a-3)(1+a)=a^2-2a-3,$

$\displaystyle\lim_{x\to1+}f(x)=\lim_{x\to1+}(4ax+4)=4a+4,$

$f(1)=4a+4$

이므로 $a^2-2a-3=4a+4$에서

$a^2-6a-7=0$

$(a+1)(a-7)=0$

따라서 $a=-1$ 또는 $a=7$

(i) $a=-1$일 때,

$f(x)=\begin{cases}-(x+3)(x-1) & (x<1)\\ -4x+4 & (x\geq1)\end{cases}$

이다. 이때

$\displaystyle\lim_{x\to1-}\frac{f(x)-f(1)}{x-1}=\lim_{x\to1-}\frac{-(x+3)(x-1)}{x-1}$

$\qquad\qquad=-\lim_{x\to1-}(x+3)=-4,$

$\displaystyle\lim_{x\to1+}\frac{f(x)-f(1)}{x-1}=\lim_{x\to1+}\frac{-4x+4}{x-1}$

$\qquad\qquad=\displaystyle\lim_{x\to1+}\frac{-4(x-1)}{x-1}$

$\qquad\qquad=\displaystyle\lim_{x\to1+}(-4)=-4$

이므로

$\displaystyle\lim_{x\to1-}\frac{f(x)-f(1)}{x-1}=\lim_{x\to1+}\frac{f(x)-f(1)}{x-1}$

따라서 함수 $f(x)$는 $x=1$에서 미분가능하다.

(ii) $a=7$일 때,

$f(x)=\begin{cases}(7x-3)(x+7) & (x<1)\\ 28x+4 & (x\geq1)\end{cases}$

이다. 이때

$$\lim_{x \to 1-} \frac{f(x)-f(1)}{x-1} = \lim_{x \to 1-} \frac{(7x-3)(x+7)-32}{x-1}$$
$$= \lim_{x \to 1-} \frac{(7x+53)(x-1)}{x-1}$$
$$= \lim_{x \to 1-} (7x+53) = 60,$$
$$\lim_{x \to 1+} \frac{f(x)-f(1)}{x-1} = \lim_{x \to 1+} \frac{(28x+4)-32}{x-1}$$
$$= \lim_{x \to 1+} \frac{28(x-1)}{x-1}$$
$$= \lim_{x \to 1+} 28 = 28$$

이므로

$$\lim_{x \to 1-} \frac{f(x)-f(1)}{x-1} \neq \lim_{x \to 1+} \frac{f(x)-f(1)}{x-1}$$

따라서 함수 $f(x)$는 $x=1$에서 미분가능하지 않다.

(i), (ii)에 의하여 상수 a의 값은 -1이다.

4 다항함수 $y=f(x)$의 그래프 위의 점 $(x, f(x))$에서의 접선의 기울기가 $3x^2+4x-1$이므로

$$f'(x)=3x^2+4x-1$$

따라서

$$\lim_{h \to 0} \frac{f(-1+2h)-f(-1)}{h}$$
$$= \lim_{h \to 0} \left\{ \frac{f(-1+2h)-f(-1)}{2h} \times 2 \right\}$$
$$= 2 \lim_{h \to 0} \frac{f(-1+2h)-f(-1)}{2h}$$
$$= 2f'(-1)$$
$$= 2 \times \{3 \times (-1)^2 + 4 \times (-1) - 1\}$$
$$= -4$$

답 ②

5 $\lim_{h \to 0} \dfrac{f(h)f(x+h)-f(h)f(x)}{h^2} = 2x^3+4$에서

$$\lim_{h \to 0} \frac{f(h)f(x+h)-f(h)f(x)}{h^2}$$
$$= \lim_{h \to 0} \frac{f(h)\{f(x+h)-f(x)\}}{h^2}$$
$$= \lim_{h \to 0} \frac{f(h)}{h} \times \lim_{h \to 0} \frac{f(x+h)-f(x)}{h}$$
$$= \lim_{h \to 0} \frac{f(0+h)-f(0)}{h} \times \lim_{h \to 0} \frac{f(x+h)-f(x)}{h}$$
$$= f'(0) \times f'(x) = 2f'(x)$$

이므로 $2f'(x)=2x^3+4$, 즉 $f'(x)=x^3+2$

따라서 $f'(3)=3^3+2=29$

답 29

6 $g(x)=(3x-1)f(x)$에서

$$g'(x)=3f(x)+(3x-1)f'(x)$$

따라서

$$g'(2)=3f(2)+5f'(2)$$
$$= 3 \times 1 + 5 \times 4$$
$$= 23$$

답 23

7 조건 (가)에서 $x \to 0$일 때 (분모) $\to 0$이고 극한값이 존재하므로 (분자) $\to 0$이어야 한다.

즉, $\lim_{x \to 0} \{f(x)-g(x)\}=0$에서 두 다항함수 $f(x)$, $g(x)$는 연속함수이므로

$$f(0)=g(0) \qquad \cdots\cdots \text{㉠}$$

이때

$$\lim_{x \to 0} \frac{f(x)-g(x)}{x}$$
$$= \lim_{x \to 0} \frac{f(x)-f(0)}{x} - \lim_{x \to 0} \frac{g(x)-g(0)}{x}$$
$$= f'(0)-g'(0)$$

이므로 $f'(0)-g'(0)=0$에서

$$f'(0)=g'(0) \qquad \cdots\cdots \text{㉡}$$

조건 (나)에서 주어진 식에 $x=0$을 대입하면

$$f(0)+g(0)=12 \qquad \cdots\cdots \text{㉢}$$

㉠, ㉢을 연립하면

$$f(0)=g(0)=6$$

또 조건 (나)에서

$$f'(x)+g'(x)=2x-6$$

위 식의 양변에 $x=0$을 대입하면

$$f'(0)+g'(0)=-6 \qquad \cdots\cdots \text{㉣}$$

㉡, ㉣을 연립하면

$$f'(0)=g'(0)=-3$$

한편, $f(x)$가 일차함수이므로

$$f(x)=ax+b \ (a, b\text{는 상수}, a \neq 0)$$

으로 놓을 수 있다.

$$f(0)=b=6$$

$f'(x)=a$이고 $f'(0)=-3$이므로

$$a=-3$$

따라서 $f(x)=-3x+6$, $f'(x)=-3$이고

$f(5)=-9$, $f'(5)=-3$이므로

$$f(5) \times f'(5) = (-9) \times (-3)$$
$$= 27$$

답 27

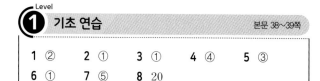

Level
① 기초 연습 본문 38~39쪽

| **1** ② | **2** ① | **3** ① | **4** ④ | **5** ③ |
| **6** ① | **7** ⑤ | **8** 20 | | |

1 $\lim\limits_{h \to 0} \dfrac{f(2+h)+1}{h}=3$ ······ ㉠

㉠에서 $h \to 0$일 때 (분모) $\to 0$이고 극한값이 존재하므로 (분자) $\to 0$이어야 한다.

즉, $\lim\limits_{h \to 0}\{f(2+h)+1\}=0$이고, 다항함수 $f(x)$는 연속함수이므로

$\lim\limits_{h \to 0}\{f(2+h)+1\}=f(2)+1=0$에서

$f(2)=-1$

이때

$\lim\limits_{h \to 0}\dfrac{f(2+h)+1}{h}=\lim\limits_{h \to 0}\dfrac{f(2+h)-f(2)}{h}$
$\qquad\qquad\qquad\quad =f'(2)$

이므로 ㉠에서

$f'(2)=3$

따라서 $f(2)+f'(2)=-1+3=2$

답 ②

2 함수 $f(x)=x^3+ax^2$에 대하여 x의 값이 1에서 3까지 변할 때의 함수 $y=f(x)$의 평균변화율은

$\dfrac{f(3)-f(1)}{3-1}=\dfrac{(27+9a)-(1+a)}{2}$
$\qquad\qquad\qquad =13+4a$ ······ ㉠

$f(x)=x^3+ax^2$에서

$f'(x)=3x^2+2ax$이므로

$x=1$에서의 미분계수는

$f'(1)=3+2a$ ······ ㉡

㉠과 ㉡이 서로 같으므로

$13+4a=3+2a$

따라서 $a=-5$

답 ①

3 함수 $f(x)$가 $x=1$에서 미분가능하면 함수 $f(x)$는 $x=1$에서 연속이므로

$\lim\limits_{x \to 1-} f(x)=\lim\limits_{x \to 1+} f(x)=f(1)$이다.

$\lim\limits_{x \to 1-} f(x)=\lim\limits_{x \to 1-}(x+a)=1+a$,

$\lim\limits_{x \to 1+} f(x)=\lim\limits_{x \to 1+}(bx^2+1)=b+1$,

$f(1)=1+a$

이므로 $1+a=b+1$, 즉 $a=b$ ······ ㉠

함수 $f(x)$가 $x=1$에서 미분가능하므로

$\lim\limits_{x \to 1-}\dfrac{f(x)-f(1)}{x-1}=\lim\limits_{x \to 1+}\dfrac{f(x)-f(1)}{x-1}$이다.

$\lim\limits_{x \to 1-}\dfrac{f(x)-f(1)}{x-1}=\lim\limits_{x \to 1+}\dfrac{(x+a)-(1+a)}{x-1}$
$\qquad\qquad\qquad\quad =\lim\limits_{x \to 1-}\dfrac{x-1}{x-1}=\lim\limits_{x \to 1-}1=1,$

$\lim\limits_{x \to 1+}\dfrac{f(x)-f(1)}{x-1}=\lim\limits_{x \to 1+}\dfrac{(bx^2+1)-(1+a)}{x-1}$
$\qquad\qquad\qquad\quad =\lim\limits_{x \to 1+}\dfrac{(bx^2+1)-(b+1)}{x-1}$
$\qquad\qquad\qquad\quad =\lim\limits_{x \to 1+}\dfrac{b(x-1)(x+1)}{x-1}$
$\qquad\qquad\qquad\quad =\lim\limits_{x \to 1+}b(x+1)=2b$

이므로

$1=2b$, 즉 $b=\dfrac{1}{2}$

㉠에서 $a=b=\dfrac{1}{2}$

따라서 $ab=\dfrac{1}{2}\times\dfrac{1}{2}=\dfrac{1}{4}$

답 ①

4 $f(x)=3x^3+2x^2+ax$에서

$f'(x)=9x^2+4x+a$

곡선 $y=f(x)$ 위의 점 $(-1,\ f(-1))$에서의 접선의 기울기는 $f'(-1)$이고, x축과 평행한 직선의 기울기는 0이므로

$f'(-1)=0$이다.

$f'(-1)=9-4+a=0$

따라서 $a=-5$

답 ④

5 $g(x)=(x^2+1)f(x)$에서

$g'(x)=2xf(x)+(x^2+1)f'(x)$

이므로

$g'(1)=2f(1)+2f'(1)$
$\qquad =2\{f(1)+f'(1)\}$
$\qquad =2\times 3=6$

답 ③

6 $f(x)=x^2+ax$에서

$f'(x)=2x+a$

$\lim\limits_{x \to 1}\dfrac{xf'(x)}{x-1}=b$에서 $x \to 1$일 때 (분모) $\to 0$이고 극한값이 존재하므로 (분자) $\to 0$이어야 한다.

즉, $\lim\limits_{x \to 1}xf'(x)=0$

이때 함수 $xf'(x)$는 다항함수이고, 다항함수는 연속함수이
므로
$\lim_{x \to 1} xf'(x) = f'(1) = 2 + a = 0$에서
$a = -2$
이때 $f'(x) = 2x - 2 = 2(x-1)$이므로
$b = \lim_{x \to 1} \dfrac{xf'(x)}{x-1} = \lim_{x \to 1} \dfrac{2x(x-1)}{x-1} = \lim_{x \to 1} 2x = 2$
따라서 $ab = (-2) \times 2 = -4$

답 ①

7 $f(x) = x^3 + 3x^2 - x$에서 $f'(x) = 3x^2 + 6x - 1$이므로
$f'(-1) = -4$, $f'(0) = -1$, $f'(k) = 3k^2 + 6k - 1$
$f'(-1)$, $f'(0)$, $f'(k)$의 값이 이 순서대로 등차수열을 이
루므로
$2f'(0) = f'(-1) + f'(k)$
$-2 = 3k^2 + 6k - 5$
$k^2 + 2k - 1 = 0$
$k = -1 \pm \sqrt{2}$
따라서 모든 실수 k의 값의 합은 -2이다.

답 ⑤

8 $\lim_{x \to 3} \dfrac{f(x)-5}{x-3} = \lim_{h \to 0} \dfrac{f(1-h)-f(1)}{h}$ ...... ㉠
이차함수 $f(x)$는 실수 전체의 집합에서 미분가능하므로 ㉠
의 우변은
$\lim_{h \to 0} \dfrac{f(1-h)-f(1)}{h} = -\lim_{h \to 0} \dfrac{f(1-h)-f(1)}{-h}$
$\qquad\qquad = -f'(1)$
$\lim_{x \to 3} \dfrac{f(x)-5}{x-3} = -f'(1)$에서 $x \to 3$일 때 (분모) $\to 0$이
고 극한값이 존재하므로 (분자) $\to 0$이어야 한다.
즉, $\lim_{x \to 3}\{f(x)-5\} = 0$이고 다항함수 $f(x)$는 연속함수이
므로
$\lim_{x \to 3}\{f(x)-5\} = f(3) - 5 = 0$에서 $f(3) = 5$
이때
$\lim_{x \to 3} \dfrac{f(x)-5}{x-3} = \lim_{x \to 3} \dfrac{f(x)-f(3)}{x-3} = f'(3)$
이므로 $f'(3) = -f'(1)$ ...... ㉡
$f(x)$는 최고차항의 계수가 1인 이차함수이므로
$f(x) = x^2 + ax + b$ (a, b는 상수)로 놓을 수 있다.
$f'(x) = 2x + a$이므로 ㉡에서
$6 + a = -(2+a)$, $a = -4$
또한 $f(3) = 5$이므로
$9 + (-4) \times 3 + b = 5$, $b = 8$

따라서 $f(x) = x^2 - 4x + 8$이므로
$f(-2) = 4 + 8 + 8 = 20$

답 20

참고

이차함수의 그래프는 축에 대하여 대칭인 포물선이므로 어
떤 두 점에서의 접선의 기울기가 절댓값이 같고 부호가 다
르면 이 두 점은 축에 대하여 대칭이다.
그러므로 ㉠에서 이차함수 $y = f(x)$의 그래프는 직선
$x = \dfrac{1+3}{2}$, 즉 $x = 2$에 대하여 대칭임을 알 수 있다.
따라서 최고차항의 계수가 1인 이차함수 $f(x)$는
$f(x) = (x-2)^2 + c$ (c는 상수)로 놓을 수 있고
$f(3) = 1 + c = 5$에서 $c = 4$
이므로 $f(x) = (x-2)^2 + 4$
따라서 $f(-2) = (-4)^2 + 4 = 20$

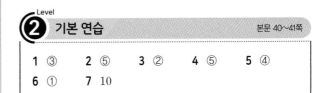

Level
2 기본 연습
본문 40~41쪽

1 ③	2 ⑤	3 ②	4 ⑤	5 ④
6 ①	7 10			

1 $\lim_{h \to 0} \dfrac{f(2-h)-f(2)}{h} = f(2) - 5$에서
$\lim_{h \to 0} \dfrac{f(2-h)-f(2)}{h} = \lim_{h \to 0}\left\{\dfrac{f(2-h)-f(2)}{-h} \times (-1)\right\}$
$\qquad\qquad = -f'(2)$
즉, $-f'(2) = f(2) - 5$에서
$f'(2) + f(2) = 5$ ...... ㉠
$\lim_{x \to 2} \dfrac{(3-x)f(x)-f(2)}{x-2} = -1$에서
함수 $g(x)$를 $g(x) = (3-x)f(x)$라 하면
$g(2) = f(2)$이므로
$\lim_{x \to 2} \dfrac{(3-x)f(x)-f(2)}{x-2} = \lim_{x \to 2} \dfrac{g(x)-g(2)}{x-2}$
$\qquad\qquad = g'(2) = -1$
이때 $g'(x) = -f(x) + (3-x)f'(x)$이므로
$g'(2) = -f(2) + f'(2)$
따라서 $-f(2) + f'(2) = -1$에서
$f'(2) - f(2) = -1$ ...... ㉡
㉠, ㉡을 연립하여 풀면 $f(2) = 3$, $f'(2) = 2$이므로
$f(2) \times f'(2) = 3 \times 2 = 6$

답 ③

2 실수 t에 대하여 곡선 $y=f(x)$ 위의 점 $(t,\ f(t))$에서의 접선의 기울기가 함수 $g(t)$이므로 $g(t)=f'(t)$, 즉 $g(x)=f'(x)$이다.

함수 $f(x)$가 최고차항의 계수가 1인 삼차함수이므로 함수 $f(x)$의 도함수 $f'(x)$, 즉 함수 $g(x)$는 최고차항의 계수가 3인 이차함수이다.

한편, $\lim\limits_{h\to 0}\dfrac{f(x+h)-f(x)}{h}=f'(x)=g(x)$이므로

$$\left\{x\,\middle|\,\lim\limits_{h\to 0}\dfrac{f(x+h)-f(x)}{h}=2\right\}=\{x\,|\,f'(x)=2\}$$
$$=\{x\,|\,g(x)=2\}$$
$$=\{-3,\ 4\}$$

즉, $g(-3)=2$, $g(4)=2$이므로

$g(x)-2=3(x+3)(x-4)$

$g(x)=3(x+3)(x-4)+2$

따라서 $g(-2)=3\times 1\times(-6)+2=-16$

답 ⑤

3 상수항이 0인 이차함수 $f(x)$를
$f(x)=ax^2+bx$ (a, b는 상수, $a\neq 0$)이라 하면
$f'(x)=2ax+b$
x의 값이 n에서 $n+1$까지 변할 때의 함수 $y=f(x)$의 평균변화율 $g(n)$은

$$g(n)=\dfrac{f(n+1)-f(n)}{(n+1)-n}$$
$$=\{a(n+1)^2+b(n+1)\}-(an^2+bn)$$
$$=2an+a+b$$

이때
$$\sum_{n=1}^{9}g(n)=\sum_{n=1}^{9}(2an+a+b)$$
$$=2a\times\dfrac{9\times 10}{2}+9(a+b)$$
$$=99a+9b$$

이므로 조건 (가)에 의해 $99a+9b=9$에서
$11a+b=1$ ...... ㉠
조건 (나)의
$$\lim\limits_{h\to 0}\dfrac{f(1+h)-f(10+h)+k}{h}=-\dfrac{k}{2}$$ ...... ㉡
에서 $h\to 0$일 때 (분모) $\to 0$이고 극한값이 존재하므로 (분자) $\to 0$이어야 한다.
즉, $\lim\limits_{h\to 0}\{f(1+h)-f(10+h)+k\}=0$
이때 이차함수 $f(x)$는 실수 전체의 집합에서 연속이므로
$f(1)-f(10)+k=0$

$k=f(10)-f(1)$
$\quad=(100a+10b)-(a+b)$
$\quad=99a+9b=9$
㉡에서

$$\lim\limits_{h\to 0}\dfrac{f(1+h)-f(10+h)+k}{h}$$
$$=\lim\limits_{h\to 0}\dfrac{f(1+h)-f(10+h)+f(10)-f(1)}{h}$$
$$=\lim\limits_{h\to 0}\dfrac{\{f(1+h)-f(1)\}-\{f(10+h)-f(10)\}}{h}$$
$$=\lim\limits_{h\to 0}\dfrac{f(1+h)-f(1)}{h}-\lim\limits_{h\to 0}\dfrac{f(10+h)-f(10)}{h}$$
$$=f'(1)-f'(10)$$
$$=(2a+b)-(20a+b)=-18a$$

이므로 $-18a=-\dfrac{k}{2}$에서

$$a=\dfrac{k}{36}=\dfrac{9}{36}=\dfrac{1}{4}$$

㉠에서 $b=1-11a=1-\dfrac{11}{4}=-\dfrac{7}{4}$이므로

$f(x)=\dfrac{1}{4}x^2-\dfrac{7}{4}x$이고, $f(-1)=\dfrac{1}{4}+\dfrac{7}{4}=2$

따라서 $\dfrac{f(-1)}{k}=\dfrac{2}{9}$

답 ②

4 조건 (가)의 $\{x\,|\,f(x)=3\}=\{-a,\ a,\ 2a\}$에서
$f(-a)=3$, $f(a)=3$, $f(2a)=3$이고, 함수 $f(x)$가 최고차항의 계수가 1인 삼차함수이므로
$f(x)=(x+a)(x-a)(x-2a)+3\ (a\neq 0)$ ...... ㉠
㉠에서
$f'(x)$
$=(x-a)(x-2a)+(x+a)(x-2a)+(x+a)(x-a)$
이므로
$f'(1)$
$=(1-a)(1-2a)+(1+a)(1-2a)+(1+a)(1-a)$
$=(2a^2-3a+1)+(-2a^2-a+1)+(-a^2+1)$
$=-a^2-4a+3$
조건 (나)에서 $f'(1)=-2$이므로
$-a^2-4a+3=-2$, $a^2+4a-5=0$
$(a+5)(a-1)=0$
$a=-5$ 또는 $a=1$
㉠에서 $f(0)=2a^3+3$이므로
$a=-5$이면 $f(0)=-247<0$이고,
$a=1$이면 $f(0)=5>0$
조건 (나)에서 $f(0)>0$이므로 $a=1$이다.

따라서 $f(x)=(x+1)(x-1)(x-2)+3$이므로

$f(3)=4\times2\times1+3=11$

답 ⑤

5 $\lim\limits_{h\to0}\dfrac{g(h)-26}{h}=49$ ...... ㉠

㉠에서 $h\to0$일 때 (분모) $\to0$이고 극한값이 존재하므로 (분자) $\to0$이어야 한다.

즉, $\lim\limits_{h\to0}\{g(h)-26\}=0$이고, $g(h)=\sum\limits_{k=1}^{6}f(k+h)$는 다항

함수이므로

$\lim\limits_{h\to0}\{g(h)-26\}=g(0)-26=0$

따라서 $g(0)=26$이고,

$g(0)=\sum\limits_{k=1}^{6}f(k)=\sum\limits_{k=1}^{6}\left(\dfrac{1}{3}k^3+ak^2+b\right)$

$=\dfrac{1}{3}\left(\dfrac{6\times7}{2}\right)^2+a\times\left(\dfrac{6\times7\times13}{6}\right)+6b$

$=147+91a+6b$

이므로

$147+91a+6b=26$에서

$91a+6b=-121$ ...... ㉡

$g(h)=\sum\limits_{k=1}^{6}f(k+h)=f(1+h)+f(2+h)+\cdots+f(6+h)$,

$g(0)=\sum\limits_{k=1}^{6}f(k)=f(1)+f(2)+\cdots+f(6)=26$

이므로 ㉠에서

$\lim\limits_{h\to0}\dfrac{g(h)-26}{h}$

$=\lim\limits_{h\to0}\dfrac{f(1+h)-f(1)}{h}+\lim\limits_{h\to0}\dfrac{f(2+h)-f(2)}{h}$

$\qquad\qquad\qquad+\cdots+\lim\limits_{h\to0}\dfrac{f(6+h)-f(6)}{h}$

$=f'(1)+f'(2)+\cdots+f'(6)$

$=\sum\limits_{k=1}^{6}f'(k)=49$

한편, $f'(x)=x^2+2ax$이고,

$\sum\limits_{k=1}^{6}f'(k)=\sum\limits_{k=1}^{6}(k^2+2ak)$

$=\dfrac{6\times7\times13}{6}+2a\times\dfrac{6\times7}{2}$

$=91+42a$

이므로

$91+42a=49$에서 $a=-1$

㉡에서 $-91+6b=-121$, $b=-5$

따라서 $a-b=-1-(-5)=4$

답 ④

6 함수 $f(x)$가 최고차항의 계수가 1인 이차함수이므로

$f(x)=x^2+ax+b$ (a, b는 상수)

라 하면

$f(x+1)-f(x)$

$=\{(x+1)^2+a(x+1)+b\}-(x^2+ax+b)$

$=2x+a+1$

이므로

$g(x)=\begin{cases}x^2+ax+b & (x<1)\\2x+a+1 & (x\geq1)\end{cases}$

이다.

조건에서 함수 $g(x)$가 $x=1$에서 미분가능하므로 함수 $g(x)$는 $x=1$에서 연속이다.

즉, $\lim\limits_{x\to1-}g(x)=\lim\limits_{x\to1+}g(x)=g(1)$이다.

$\lim\limits_{x\to1-}g(x)=\lim\limits_{x\to1-}(x^2+ax+b)=1+a+b$,

$\lim\limits_{x\to1+}g(x)=\lim\limits_{x\to1+}(2x+a+1)=a+3$,

$g(1)=a+3$

이므로 $1+a+b=a+3$에서

$b=2$

함수 $g(x)$가 $x=1$에서 미분가능하므로

$\lim\limits_{x\to1-}\dfrac{g(x)-g(1)}{x-1}=\lim\limits_{x\to1+}\dfrac{g(x)-g(1)}{x-1}$

이다. 이때

$\lim\limits_{x\to1-}\dfrac{g(x)-g(1)}{x-1}=\lim\limits_{x\to1-}\dfrac{(x^2+ax+2)-(a+3)}{x-1}$

$=\lim\limits_{x\to1-}\dfrac{(x-1)(x+a+1)}{x-1}$

$=\lim\limits_{x\to1-}(x+a+1)=a+2$,

$\lim\limits_{x\to1+}\dfrac{g(x)-g(1)}{x-1}=\lim\limits_{x\to1+}\dfrac{(2x+a+1)-(a+3)}{x-1}$

$=\lim\limits_{x\to1+}\dfrac{2(x-1)}{x-1}$

$=\lim\limits_{x\to1+}2=2$

이므로 $a+2=2$에서

$a=0$

따라서 $f(x)=x^2+2$이므로

$f(2)=4+2=6$

답 ①

7 (i) $a>1$일 때,

$f(x)=\begin{cases}-(x-1) & (x<1)\\x-1 & (1\leq x<a)\\-x^2+bx+b-5 & (x\geq a)\end{cases}$

이므로

$$\lim_{x \to 1-} \frac{f(x)-f(1)}{x-1} = \lim_{x \to 1-} \frac{-(x-1)}{x-1} = -1,$$

$$\lim_{x \to 1+} \frac{f(x)-f(1)}{x-1} = \lim_{x \to 1+} \frac{x-1}{x-1} = 1$$

에서

$$\lim_{x \to 1-} \frac{f(x)-f(1)}{x-1} \neq \lim_{x \to 1+} \frac{f(x)-f(1)}{x-1}$$

따라서 함수 $f(x)$는 $x=1$에서 미분가능하지 않으므로 함수 $f(x)$가 실수 전체의 집합에서 미분가능하다고 할 수 없다.

(ii) $a \leq 1$일 때,

$$f(x) = \begin{cases} -(x-1) & (x < a) \\ -x^2+bx+b-5 & (x \geq a) \end{cases}$$

이므로 함수 $f(x)$가 실수 전체의 집합에서 미분가능하려면 $x=a$에서 미분가능하면 된다.

함수 $f(x)$가 $x=a$에서 미분가능하려면 함수 $f(x)$는 $x=a$에서 연속이어야 한다.

즉, $\lim_{x \to a-} f(x) = \lim_{x \to a+} f(x) = f(a)$이어야 한다.

이때

$$\lim_{x \to a-} f(x) = -\lim_{x \to a-} (x-1)$$
$$= -(a-1) = -a+1,$$

$$\lim_{x \to a+} f(x) = \lim_{x \to a+} (-x^2+bx+b-5)$$
$$= -a^2+ab+b-5,$$

$$f(a) = -a^2+ab+b-5$$

이므로

$$-a+1 = -a^2+ab+b-5 \qquad \cdots\cdots \ \bigcirc$$

함수 $f(x)$가 $x=a$에서 미분가능하려면

$$\lim_{x \to a-} \frac{f(x)-f(a)}{x-a} = \lim_{x \to a+} \frac{f(x)-f(a)}{x-a}$$

이어야 하고,

$$\lim_{x \to a-} \frac{f(x)-f(a)}{x-a}$$
$$= \lim_{x \to a-} \frac{-(x-1)-(-a^2+ab+b-5)}{x-a}$$
$$= \lim_{x \to a-} \frac{-(x-1)-(-a+1)}{x-a}$$
$$= \lim_{x \to a-} \frac{-(x-a)}{x-a} = -1,$$

$$\lim_{x \to a+} \frac{f(x)-f(a)}{x-a}$$
$$= \lim_{x \to a+} \frac{(-x^2+bx+b-5)-(-a^2+ab+b-5)}{x-a}$$
$$= \lim_{x \to a+} \frac{-(x-a)(x+a-b)}{x-a}$$
$$= -\lim_{x \to a+} (x+a-b) = -2a+b$$

이므로

$-1 = -2a+b$에서

$$b = 2a-1 \qquad \cdots\cdots \ \bigcirc\!\!\!\bigcirc$$

$\bigcirc\!\!\!\bigcirc$을 $\bigcirc$에 대입하면

$$-a+1 = -a^2+a(2a-1)+(2a-1)-5$$
$$a^2+2a-7 = 0$$

이때 $a \leq 1$이므로

$$a = -1-\sqrt{1^2-1\times(-7)} = -1-2\sqrt{2}$$

이고, $\bigcirc\!\!\!\bigcirc$에서

$$b = 2(-1-2\sqrt{2})-1 = -3-4\sqrt{2}$$

그러므로

$$a+b = (-1-2\sqrt{2})+(-3-4\sqrt{2})$$
$$= -4-6\sqrt{2}$$

따라서 $p=-4$, $q=-6$이므로

$$|p+q| = |(-4)+(-6)| = 10$$

目 10

Level
③ 실력 완성   본문 42쪽

| **1** ① | **2** ④ | **3** 44 |

1 $f(x) = x^4+ax^2+bx$에서

$$f'(x) = 4x^3+2ax+b$$

한편, x의 값이 -1에서 2까지 변할 때의 함수 $y=f(x)$의 평균변화율은

$$\frac{f(2)-f(-1)}{2-(-1)} = \frac{(16+4a+2b)-(1+a-b)}{2-(-1)}$$
$$= a+b+5$$

조건 (가)에서 x의 값이 -1에서 2까지 변할 때의 함수 $y=f(x)$의 평균변화율은 $2f'(0)=2b$이므로

$$a+b+5 = 2b, \ \ \text{즉} \ a-b = -5 \qquad \cdots\cdots \ \bigcirc$$

조건 (나)에서

$$\lim_{x \to 2} \frac{f(x)-f(2)}{x^2-4} = \lim_{x \to 2} \frac{f(x)-f(2)}{x-2} \times \lim_{x \to 2} \frac{1}{x+2}$$
$$= \frac{f'(2)}{4}$$

이므로 $\dfrac{f'(2)}{4} = \dfrac{11}{2}$

$$f'(2) = 22$$

$f'(2)=32+4a+b=22$에서

$4a+b=-10$ …… ㉡

㉠, ㉡을 연립하여 풀면 $a=-3$, $b=2$

이때 $f(x)=x^4-3x^2+2x$, $f'(x)=4x^3-6x+2$

$\lim_{x \to \infty} x\left\{ f\left(\dfrac{1-2x}{x}\right) + f\left(\dfrac{2-2x}{x}\right) \right\}$

$= \lim_{x \to \infty} \dfrac{f\left(-2+\dfrac{1}{x}\right)+f\left(-2+\dfrac{2}{x}\right)}{\dfrac{1}{x}}$ …… ㉢

㉢에서 $\dfrac{1}{x}=h$로 놓으면 $x \to \infty$일 때, $h \to 0+$이고,

$f(-2)=0$이므로

$\lim_{x \to \infty} \dfrac{f\left(-2+\dfrac{1}{x}\right)+f\left(-2+\dfrac{2}{x}\right)}{\dfrac{1}{x}}$

$= \lim_{h \to 0+} \dfrac{f(-2+h)+f(-2+2h)}{h}$

$= \lim_{h \to 0+} \dfrac{f(-2+h)-f(-2)+f(-2+2h)-f(-2)}{h}$

$= \lim_{h \to 0+} \dfrac{f(-2+h)-f(-2)}{h}$

$\qquad\qquad + 2\lim_{h \to 0+} \dfrac{f(-2+2h)-f(-2)}{2h}$

$= f'(-2)+2f'(-2)$

$= 3f'(-2)$

$= 3 \times (-18) = -54$

답 ①

2 함수 $f(x)$가 실수 전체의 집합에서 미분가능하므로

함수 $f(x)$가 $x=-1$과 $x=2$에서 미분가능하다.

함수 $f(x)$가 $x=-1$에서 미분가능할 때

함수 $f(x)$는 $x=-1$에서 연속이므로

$\lim_{x \to -1-} f(x) = \lim_{x \to -1+} f(x) = f(-1)$

이어야 한다.

$\lim_{x \to -1-} f(x) = \lim_{x \to -1-} (-4x-2) = 2$,

$\lim_{x \to -1+} f(x) = \lim_{x \to -1+} (ax^2+bx-1) = a-b-1$,

$f(-1)=2$

이므로

$a-b-1=2$

$b=a-3$ …… ㉠

함수 $f(x)$는 $x=-1$에서 미분가능하므로

$\lim_{x \to -1-} \dfrac{f(x)-f(-1)}{x-(-1)} = \lim_{x \to -1+} \dfrac{f(x)-f(-1)}{x-(-1)}$

이어야 한다.

$\lim_{x \to -1-} \dfrac{f(x)-f(-1)}{x-(-1)}$

$= \lim_{x \to -1-} \dfrac{(-4x-2)-2}{x-(-1)}$

$= \lim_{x \to -1-} \dfrac{-4(x+1)}{x+1}$

$= -4$,

$\lim_{x \to -1+} \dfrac{f(x)-f(-1)}{x-(-1)}$

$= \lim_{x \to -1+} \dfrac{(ax^2+bx-1)-2}{x-(-1)}$

$= \lim_{x \to -1+} \dfrac{ax^2+bx-3}{x+1}$

$= \lim_{x \to -1+} \dfrac{ax^2+(a-3)x-3}{x+1}$

$= \lim_{x \to -1+} \dfrac{(x+1)(ax-3)}{x+1}$

$= \lim_{x \to -1+} (ax-3)$

$= -a-3$

이므로 $-4=-a-3$, 즉 $a=1$

$a=1$을 ㉠에 대입하면

$b=1-3=-2$

또 함수 $f(x)$가 $x=2$에서 미분가능할 때,

함수 $f(x)$는 $x=2$에서 연속이므로

$\lim_{x \to 2-} f(x) = \lim_{x \to 2+} f(x) = f(2)$

이어야 한다.

$\lim_{x \to 2-} f(x) = \lim_{x \to 2-} (x^2-2x-1) = -1$,

$\lim_{x \to 2+} f(x) = \lim_{x \to 2+} (2x+c) = 4+c$,

$f(2)=4+c$

이므로 $-1=4+c$, 즉 $c=-5$

이때

$\lim_{x \to 2-} \dfrac{f(x)-f(2)}{x-2} = \lim_{x \to 2-} \dfrac{(x^2-2x-1)-(-1)}{x-2}$

$\qquad\qquad = \lim_{x \to 2-} \dfrac{x(x-2)}{x-2}$

$\qquad\qquad = \lim_{x \to 2-} x = 2$,

$\lim_{x \to 2+} \dfrac{f(x)-f(2)}{x-2} = \lim_{x \to 2+} \dfrac{(2x-5)-(-1)}{x-2}$

$\qquad\qquad = \lim_{x \to 2+} \dfrac{2(x-2)}{x-2} = 2$

이므로

$\lim_{x \to 2-} \dfrac{f(x)-f(2)}{x-2} = \lim_{x \to 2+} \dfrac{f(x)-f(2)}{x-2}$

즉, 함수 $f(x)$는 $x=2$에서 미분가능하다.

$$f(x) = \begin{cases} -4x-2 & (x \le -1) \\ x^2-2x-1 & (-1 < x < 2), \\ 2x-5 & (x \ge 2) \end{cases}$$

$$g(x) = -x^2+4x+3$$

$\displaystyle\lim_{x \to 1} \dfrac{f(x)g(x)+12}{x-1}$에서

$h(x) = f(x)g(x)$라 하면

$h(1) = f(1)g(1) = (-2) \times 6 = -12$

이므로

$$\lim_{x \to 1} \dfrac{f(x)g(x)+12}{x-1} = \lim_{x \to 1} \dfrac{h(x)-h(1)}{x-1}$$
$$= h'(1)$$

이때

$$f'(x) = \begin{cases} -4 & (x \le -1) \\ 2x-2 & (-1 < x < 2), \\ 2 & (x \ge 2) \end{cases}$$

$g'(x) = -2x+4$

이고 $h'(x) = f'(x)g(x) + f(x)g'(x)$이므로

$h'(1) = f'(1)g(1) + f(1)g'(1)$
$\qquad = 0 \times 6 + (-2) \times 2 = -4$

따라서

$$\lim_{x \to 1} \dfrac{f(x)g(x)+12}{x-1} = h'(1) = -4$$

답 ④

3 조건 (가)에서 $\displaystyle\lim_{x \to \infty} \dfrac{f(x)}{x^3} = 2$이므로 다항함수 $f(x)$는 최고차항의 계수가 2인 삼차함수이다.

조건 (나)의

$$\lim_{x \to 0} \dfrac{f(x)-2}{x} = 24 \quad\cdots\cdots \text{㉠}$$

에서 $x \to 0$일 때 (분모) $\to 0$이고 극한값이 존재하므로 (분자) $\to 0$이어야 한다.

즉, $\displaystyle\lim_{x \to 0}\{f(x)-2\} = 0$에서 다항함수 $f(x)$는 연속함수이므로

$\displaystyle\lim_{x \to 0}\{f(x)-2\} = f(0)-2 = 0$, $f(0) = 2$

이때 ㉠에서 $\displaystyle\lim_{x \to 0} \dfrac{f(x)-f(0)}{x} = 24$이므로

$f'(0) = 24$

한편, $f(0) = 2$이므로 함수 $y = f(x)$의 그래프는 점 $(0, 2)$를 지난다. 또 점 $(0, 2)$는 직선 $y = 2$ 위의 점이므로 세 점 A, B, C 중 한 점의 좌표가 $(0, 2)$이다. 원점 O에서 직선 $y = 2$ 위의 점 중 점 $(0, 2)$까지의 거리가 최소이고

$\overline{OA} < \overline{OB} < \overline{OC}$이므로 점 A의 좌표는 $(0, 2)$이다.

두 점 B, C의 x좌표를 각각 b, c $(0 < |b| < |c|)$라 하면 점 B가 선분 AC를 $1:2$로 내분하는 점이므로

$c = 3b$

이때 $f(x)-2 = 2x(x-b)(x-3b)$이므로

$f(x) = 2x(x-b)(x-3b)+2$

$f'(x) = 2(x-b)(x-3b) + 2x(x-3b) + 2x(x-b)$

$f'(0) = 6b^2 = 24$에서

$b^2 = 4$

$b = -2$ 또는 $b = 2$

(ⅰ) $b = -2$일 때,

$\quad f(x) = 2x(x+2)(x+6)+2$

$\quad f(1) = 2 \times 1 \times 3 \times 7 + 2 = 44$

(ⅱ) $b = 2$일 때,

$\quad f(x) = 2x(x-2)(x-6)+2$

$\quad f(1) = 2 \times 1 \times (-1) \times (-5) + 2 = 12$

(ⅰ), (ⅱ)에서 $f(1)$의 최댓값은 44이다.

답 44

04 도함수의 활용(1)

1 $f(x)=x^4+ax+4$에서

$f'(x)=4x^3+a$

곡선 $y=f(x)$ 위의 점 $(1, f(1))$에서의 접선의 방정식이

$y=-2x+b$이므로

$f'(1)=4\times1^3+a=-2$, $a=-6$

$f(x)=x^4-6x+4$이므로

$f(1)=1^4-6\times1+4=-1$

점 $(1, -1)$이 직선 $y=-2x+b$ 위의 점이므로

$-1=-2\times1+b$, $b=1$

따라서 $a+b=-6+1=-5$

답 ①

2 삼차함수 $f(x)$의 최고차항의 계수가 1이고 곡선 $y=f(x)$가 점 $(0, 0)$을 지나므로

$f(x)=x^3+ax^2+bx$ (a, b는 상수)

로 놓을 수 있다.

곡선 $y=xf(x)$가 점 $(-2, 0)$을 지나므로

$-2f(-2)=0$, 즉 $f(-2)=0$

$f(-2)=(-2)^3+a\times(-2)^2+b\times(-2)=0$에서

$2a-b=4$ …… ㉠

$f'(x)=3x^2+2ax+b$

$y=xf(x)$에서 $y'=f(x)+xf'(x)$

곡선 $y=f(x)$ 위의 점 $(0, 0)$에서의 접선과 곡선

$y=xf(x)$ 위의 점 $(-2, 0)$에서의 접선이 서로 평행하므로

$f'(0)=f(-2)-2f'(-2)=-2f'(-2)$

$b=-2(12-4a+b)$

$8a-3b=24$ …… ㉡

㉠, ㉡을 연립하여 풀면

$a=6$, $b=8$

따라서 $f(x)=x^3+6x^2+8x$이므로

$f(1)=1+6+8=15$

답 15

3 함수 $f(x)=x^3-4x^2+4x+1$은 닫힌구간 $[0, 3]$에서 연속이고 열린구간 $(0, 3)$에서 미분가능하므로 평균값 정리에 의하여

$$\frac{f(3)-f(0)}{3-0}=f'(c) \quad\quad …… ㉠$$

를 만족시키는 실수 c가 열린구간 $(0, 3)$에 적어도 하나 존재한다.

$f'(x)=3x^2-8x+4$

㉠에서 $\dfrac{4-1}{3-0}=3c^2-8c+4$

$3c^2-8c+3=0$, $c=\dfrac{4\pm\sqrt{7}}{3}$

이때 $\dfrac{4-\sqrt{7}}{3}=\dfrac{\sqrt{16}-\sqrt{7}}{3}>0$이고

$\dfrac{4+\sqrt{7}}{3}<\dfrac{4+\sqrt{9}}{3}=\dfrac{7}{3}<3$이므로

$0<\dfrac{4-\sqrt{7}}{3}<\dfrac{4+\sqrt{7}}{3}<3$

따라서 $M=\dfrac{4+\sqrt{7}}{3}$, $m=\dfrac{4-\sqrt{7}}{3}$이므로

$9(M-m)^2=9\times\left(\dfrac{4+\sqrt{7}}{3}-\dfrac{4-\sqrt{7}}{3}\right)^2=28$

답 28

4 점 $(-2, f(-2))$에서 곡선 $y=-3x^2+4x$ ($x>0$)에 그은 접선의 접점의 좌표를 구해 보자.

$y=-3x^2+4x$에서 $y'=-6x+4$

곡선 $y=-3x^2+4x$ 위의 점 $(t, -3t^2+4t)$ ($t>0$)에서의 접선의 방정식은

$y-(-3t^2+4t)=(-6t+4)(x-t)$

이 접선이 점 $(-2, f(-2))$, 즉 점 $(-2, -4)$를 지나므로

$-4-(-3t^2+4t)=(-6t+4)(-2-t)$

$3t^2+12t-4=0$

$t>0$이므로 $t=\dfrac{-6+4\sqrt{3}}{3}$

한편, $f(-2)=-4$이므로 함수 $y=f(x)$의 그래프와 직선 $y=-4$의 교점의 x좌표를 구해 보자.

(i) $x\le0$일 때,

$f(x)=-4$에서 $x^2+4x=-4$

$(x+2)^2=0$, $x=-2$

(ii) $x>0$일 때,

$f(x)=-4$에서 $-3x^2+4x=-4$

$(3x+2)(x-2)=0$

$x>0$이므로 $x=2$

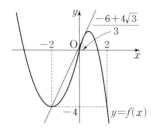

(i), (ii)에서 $x=-2$ 또는 $x=2$

한편, $\lim\limits_{x\to 0-} f(x)=\lim\limits_{x\to 0-}(x^2+4x)=0$,

$\lim\limits_{x\to 0+} f(x)=\lim\limits_{x\to 0+}(-3x^2+4x)=0$,

$f(0)=0$

이므로 $\lim\limits_{x\to 0} f(x)=f(0)$이다.

즉, 함수 $f(x)$는 $x=0$에서 연속이므로 함수 $f(x)$는 실수 전체의 집합에서 연속이다.

$\lim\limits_{x\to 0-}\dfrac{f(x)-f(0)}{x}=\lim\limits_{x\to 0-}\dfrac{x^2+4x}{x}=\lim\limits_{x\to 0-}(x+4)=4$,

$\lim\limits_{x\to 0+}\dfrac{f(x)-f(0)}{x}=\lim\limits_{x\to 0+}\dfrac{-3x^2+4x}{x}$

$\qquad\qquad\qquad\qquad =\lim\limits_{x\to 0+}(-3x+4)=4$

이므로 $\lim\limits_{x\to 0-}\dfrac{f(x)-f(0)}{x}=\lim\limits_{x\to 0+}\dfrac{f(x)-f(0)}{x}$이다.

즉, 함수 $f(x)$는 $x=0$에서 미분가능하다.

따라서 함수 $f(x)$는 실수 전체의 집합에서 미분가능하다.

$\dfrac{f(a)-f(-2)}{a+2}=f'(c)$를 만족시키고 열린구간 $(-2,\,a)$에 속하는 상수 c의 개수는 a의 값의 범위에 따라 다음과 같다.

$-2<a\le\dfrac{-6+4\sqrt{3}}{3}$일 때 상수 c의 개수는 1이고,

$\dfrac{-6+4\sqrt{3}}{3}<a<2$일 때 상수 c의 개수는 2이고,

$a\ge 2$일 때 상수 c의 개수는 1이다.

그러므로 상수 c의 개수가 2가 되도록 하는 모든 실수 a의 값의 범위는 $\dfrac{-6+4\sqrt{3}}{3}<a<2$이다.

따라서 $p=\dfrac{-6+4\sqrt{3}}{3}$, $q=2$이므로

$3(p+q)^2=3\times\left(\dfrac{4\sqrt{3}}{3}\right)^2=16$

🔲 16

5 $f(x)=x^3+ax^2+\left(2a+\dfrac{7}{3}\right)x-5$에서

$f'(x)=3x^2+2ax+2a+\dfrac{7}{3}$

함수 $f(x)$가 실수 전체의 집합에서 증가하려면 모든 실수 x에 대하여 $f'(x)=3x^2+2ax+2a+\dfrac{7}{3}\ge 0$이어야 한다.

이차방정식 $3x^2+2ax+2a+\dfrac{7}{3}=0$의 판별식을 D라 하면

$\dfrac{D}{4}=a^2-3\left(2a+\dfrac{7}{3}\right)\le 0$

$a^2-6a-7\le 0$, $(a+1)(a-7)\le 0$

$-1\le a\le 7$

따라서 정수 a의 값은 -1, 0, 1, $\cdots$, 7이므로 그 개수는 9이다.

🔲 ④

6 $f(x)=-x^3+ax^2-ax+1$에서

$f'(x)=-3x^2+2ax-a$

삼차함수 $f(x)$의 최고차항의 계수가 -1이고 $f(x)$의 역함수가 존재하므로 함수 $f(x)$는 실수 전체의 집합에서 감소해야 한다.

즉, 모든 실수 x에 대하여

$f'(x)=-3x^2+2ax-a\le 0$이므로

$3x^2-2ax+a\ge 0$

이차방정식 $3x^2-2ax+a=0$의 판별식을 D라 하면

$\dfrac{D}{4}=(-a)^2-3a\le 0$

$a(a-3)\le 0$, $0\le a\le 3$

따라서 정수 a의 최댓값은 3이다.

🔲 3

7 사차함수 $f(x)$가 $x=2$에서 극대이므로 $f'(2)=0$

$f(x)=-\dfrac{1}{4}x^4+\dfrac{1}{3}x^3+2x^2+ax$에서

$f'(x)=-x^3+x^2+4x+a$

$f'(2)=-2^3+2^2+4\times 2+a=4+a=0$

에서 $a=-4$

$f'(x)=-x^3+x^2+4x-4=-(x+2)(x-1)(x-2)$

$f'(x)=0$에서 $x=-2$ 또는 $x=1$ 또는 $x=2$

함수 $f(x)$의 증가와 감소를 표로 나타내면 다음과 같다.

x	$\cdots$	-2	$\cdots$	1	$\cdots$	2	$\cdots$
$f'(x)$	$+$	0	$-$	0	$+$	0	$-$
$f(x)$	↗	극대	↘	극소	↗	극대	↘

따라서 함수 $f(x)$는 $x=1$에서 극소이므로 극솟값은

$f(1)=-\dfrac{1}{4}+\dfrac{1}{3}+2-4=-\dfrac{23}{12}$

🔲 ③

8 $f(x)=x^3+ax^2-a^2x-2$에서
$f'(x)=3x^2+2ax-a^2$
함수 $f(x)$가 $x=1$에서 극값을 가지므로 $f'(1)=0$이다.
$f'(1)=3+2a-a^2=-(a+1)(a-3)=0$이므로
$a=-1$ 또는 $a=3$
(ⅰ) $a=-1$일 때
  $f(x)=x^3-x^2-x-2$이므로
  $f(-a)=f(1)=1-1-1-2=-3<0$이 되어 주어진
  조건을 만족시키지 않는다.
(ⅱ) $a=3$일 때
  $f(x)=x^3+3x^2-9x-2$이므로
  $f(-a)=f(-3)=-27+27+27-2=25>0$이 되
  어 주어진 조건을 만족시킨다.
(ⅰ), (ⅱ)에서 $a=3$
즉, $f'(x)=3x^2+6x-9=3(x+3)(x-1)$이므로
$f'(x)=0$에서 $x=-3$ 또는 $x=1$
함수 $f(x)$의 증가와 감소를 표로 나타내면 다음과 같다.

x	$\cdots$	-3	$\cdots$	1	$\cdots$
$f'(x)$	$+$	0	$-$	0	$+$
$f(x)$	↗	극대	↘	극소	↗

함수 $f(x)$는 $x=-3$에서 극대이다.
따라서 함수 $f(x)$의 극댓값은 $f(-3)=25$이다.
답 ①

Level ① 기초 연습　　　　　　본문 52~53쪽

1 ⑤	**2** ①	**3** ④	**4** 5	**5** 55
6 ⑤	**7** ②	**8** ③		

1 $y=x^4-4x^2+x+1$에서 $y'=4x^3-8x+1$
곡선 $y=x^4-4x^2+x+1$ 위의 점 $(1,\ -1)$에서의 접선의
기울기는
$4\times1^3-8\times1+1=-3$
이므로 접선의 방정식은
$y-(-1)=-3(x-1)$, 즉 $y=-3x+2$
따라서 $a=-3,\ b=2$이므로
$a-b=-3-2=-5$
답 ⑤

2 점 $(1,\ 1)$이 곡선 $y=-x^3-ax^2+3x+b$ 위의 점이므로
$1=-1-a+3+b$
$a-b=1$　　……㉠
$y=-x^3-ax^2+3x+b$에서 $y'=-3x^2-2ax+3$
곡선 $y=-x^3-ax^2+3x+b$ 위의 점 $(1,\ 1)$에서의 접선의
기울기는
$-3-2a+3=-2a$
곡선 $y=-x^3-ax^2+3x+b$ 위의 점 $(1,\ 1)$에서의 접선과
수직인 직선의 기울기가 $-\dfrac{1}{4}$이므로
$-2a\times\left(-\dfrac{1}{4}\right)=-1$, $a=-2$
$a=-2$를 ㉠에 대입하면
$-2-b=1$, $b=-3$
따라서 $ab=(-2)\times(-3)=6$
답 ①

3 $y=x^3-9x+16$에서 $y'=3x^2-9$
곡선 $y=x^3-9x+16$ 위의 점 $(t,\ t^3-9t+16)$에서의 접선
의 방정식은
$y-(t^3-9t+16)=(3t^2-9)(x-t)$
이 접선이 원점을 지나므로 $x=0,\ y=0$을 대입하면
$0-(t^3-9t+16)=(3t^2-9)(0-t)$
$2(t-2)(t^2+2t+4)=0$
$t^2+2t+4=(t+1)^2+3>0$이므로 $t=2$
이때 접선의 방정식은
$y-6=3(x-2)$, 즉 $y=3x$
$x^3-9x+16=3x$에서
$(x+4)(x-2)^2=0$
$x=-4$ 또는 $x=2$
따라서 $x_1=-4,\ x_2=2$ 또는 $x_1=2,\ x_2=-4$이므로
$|x_1-x_2|=|-4-2|=6$
답 ④

4 $y=-x^4+2x^3+1$에서 $y'=-4x^3+6x^2$
곡선 $y=-x^4+2x^3+1$ 위의 점 $A(1,\ 2)$에서의 접선의 기
울기는
$-4\times1^3+6\times1^2=2$
이므로 접선의 방정식은
$y-2=2(x-1)$, 즉 $y=2x$
$y=x^2-2x+4$에서 $y'=2x-2$
곡선 $y=x^2-2x+4$ 위의 점 B의 좌표를 $(t,\ t^2-2t+4)$라
하면 곡선 $y=x^2-2x+4$ 위의 점 B에서의 접선이 직선
$y=2x$이므로

$2t-2=2$에서 $t=2$

이때 $y=2^2-2\times2+4=4$

점 B의 좌표가 $(2, 4)$이므로

$\overline{AB}=\sqrt{(2-1)^2+(4-2)^2}=\sqrt{5}$

따라서 $k^2=(\sqrt{5})^2=5$

답 5

5 함수 $f(x)=x^3-2x^2$은 닫힌구간 $[0, a]$에서 연속이고 열린구간 $(0, a)$에서 미분가능하다. 함수 $f(x)$에 대하여 닫힌구간 $[0, a]$에서 평균값 정리를 만족시키는 상수 c의 값이 3이므로

$$\frac{f(a)-f(0)}{a-0}=f'(3) \quad \cdots\cdots ㉠$$

$f(x)=x^3-2x^2$에서 $f'(x)=3x^2-4x$

㉠에서 $\dfrac{a^3-2a^2}{a}=3\times3^2-4\times3$

$a^2-2a-15=0$, $(a+3)(a-5)=0$

이때 $a>3$이므로 $a=5$

따라서 $f'(a)=f'(5)=3\times5^2-4\times5=55$

답 55

6 $f(x)=-2x^3+ax^2-5ax+5$에서

$f'(x)=-6x^2+2ax-5a$

함수 $f(x)$가 실수 전체의 집합에서 감소해야 하므로 모든 실수 x에 대하여 $f'(x)\leq0$이다.

즉, $-6x^2+2ax-5a\leq0$에서

$6x^2-2ax+5a\geq0$

이차방정식 $6x^2-2ax+5a=0$의 판별식을 D라 하면

$$\frac{D}{4}=(-a)^2-6\times5a\leq0$$

$a(a-30)\leq0$, $0\leq a\leq30$

따라서 실수 a의 최댓값은 30이다.

답 ⑤

7 $f(x)=x^3+ax^2+(2a^2-10a)x+5$에서

$f'(x)=3x^2+2ax+2a^2-10a$

함수 $y=f'(x)$의 그래프는 [그림 1], [그림 2], [그림 3] 중 하나이다.

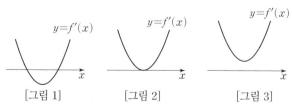

[그림 1]　　　[그림 2]　　　[그림 3]

삼차함수 $f(x)$가 극값을 가지려면 함수 $y=f'(x)$의 그래프는 [그림 1]과 같아야 한다. 즉, 이차방정식 $f'(x)=0$이

서로 다른 두 실근을 가져야 한다.

이차방정식 $3x^2+2ax+2a^2-10a=0$의 판별식을 D라 하면

$$\frac{D}{4}=a^2-3\times(2a^2-10a)>0$$

$5a(a-6)<0$, $0<a<6$

따라서 정수 a의 값은 1, 2, 3, 4, 5이므로 그 개수는 5이다.

답 ②

8 $f(x)=x^3-6x^2-15x+a$에서

$f'(x)=3x^2-12x-15=3(x+1)(x-5)$

$f'(x)=0$에서 $x=-1$ 또는 $x=5$

함수 $f(x)$의 증가와 감소를 표로 나타내면 다음과 같다.

x	$\cdots$	-1	$\cdots$	5	$\cdots$
$f'(x)$	$+$	0	$-$	0	$+$
$f(x)$	↗	극대	↘	극소	↗

함수 $f(x)$는 $x=-1$에서 극대이므로 $b=-1$

함수 $f(x)$의 극댓값이 12이므로

$f(-1)=(-1)^3-6\times(-1)^2-15\times(-1)+a=12$

$8+a=12$, 즉 $a=4$

따라서 $a+b=4+(-1)=3$

답 ③

Level ② 기본 연습　　　본문 54~55쪽

1 ②	2 ③	3 ①	4 ⑤	5 ③
6 ④	7 61	8 ③		

1 $f(x)=2x^3-ax^2+2x$에서 $f'(x)=6x^2-2ax+2$

$f'(0)=2$

곡선 $y=f(x)$ 위의 점 $(0, 0)$에서의 접선과 수직인 직선의 기울기는 $-\dfrac{1}{2}$이므로

$f'(x)=-\dfrac{1}{2}$에서

$6x^2-2ax+2=-\dfrac{1}{2}$

$12x^2-4ax+5=0$　　　$\cdots\cdots ㉠$

㉠이 실근을 가져야 하므로 ㉠의 판별식을 D라 하면

$$\frac{D}{4}=(-2a)^2-12\times5\geq0, \text{ 즉 } a^2\geq15$$

따라서 자연수 a의 최솟값은 4이다.

답 ②

2 $\lim\limits_{x \to \infty} \dfrac{f(x)}{x^3} = \dfrac{1}{3}$ 이므로 다항함수 $f(x)$는 최고차항의 계수

가 $\dfrac{1}{3}$인 삼차함수이다.

$\lim\limits_{x \to 2} \dfrac{f(x)}{(x-2)^2} = 2$ 에서 $x \to 2$일 때 (분모) $\to 0$이고 극한

값이 존재하므로 (분자) $\to 0$이어야 한다.

즉, $\lim\limits_{x \to 2} f(x) = f(2) = 0$이므로

$f(x) = (x-2)g(x)$ ($g(x)$는 이차함수)로 놓을 수 있다.

이때 $\lim\limits_{x \to 2} \dfrac{f(x)}{(x-2)^2} = \lim\limits_{x \to 2} \dfrac{g(x)}{x-2} = 2$

마찬가지로 $g(2) = 0$이므로

$f(x) = \dfrac{1}{3}(x-2)^2(x-k)$ (k는 상수)로 놓을 수 있다.

$\lim\limits_{x \to 2} \dfrac{f(x)}{(x-2)^2} = \lim\limits_{x \to 2} \dfrac{x-k}{3} = \dfrac{2-k}{3} = 2$ 에서

$k = -4$

따라서

$f(x) = \dfrac{1}{3}(x-2)^2(x+4) = \dfrac{1}{3}x^3 - 4x + \dfrac{16}{3}$,

$f'(x) = x^2 - 4$

이므로

$f'(-1) = -3$, $f(-1) = 9$

곡선 $y = f(x)$ 위의 점 $(-1, f(-1))$에서의 접선의 방정

식은

$y - 9 = -3(x+1)$, 즉 $y = -3x + 6$

이 접선이 점 $(1, a)$를 지나므로

$a = -3 + 6 = 3$

답 ③

3 $f(x) = x^3 + ax^2 - a^2x$에서 $f'(x) = 3x^2 + 2ax - a^2$

곡선 $y = f(x)$ 위의 점 $(t, f(t))$에서의 접선의 방정식은

$y - (t^3 + at^2 - a^2t) = (3t^2 + 2at - a^2)(x-t)$

$x = 0$일 때, $y = g(t)$이므로

$g(t) - (t^3 + at^2 - a^2t) = (3t^2 + 2at - a^2)(0-t)$

$g(t) = -2t^3 - at^2$

$g'(t) = -6t^2 - 2at = -2t(3t + a)$

$g'(t) = 0$에서 $t = 0$ 또는 $t = -\dfrac{a}{3}$

(i) $a > 0$일 때,

함수 $g(t)$의 증가와 감소를 표로 나타내면 다음과 같다.

t	$\cdots$	$-\dfrac{a}{3}$	$\cdots$	0	$\cdots$
$g'(t)$	$-$	0	$+$	0	$-$
$g(t)$	$\searrow$	극소	$\nearrow$	극대	$\searrow$

함수 $g(t)$는 $t = 0$에서 극대이고, 극댓값은

$g(0) = 0$이므로 주어진 조건을 만족시키지 않는다.

(ii) $a < 0$일 때,

함수 $g(t)$의 증가와 감소를 표로 나타내면 다음과 같다.

t	$\cdots$	0	$\cdots$	$-\dfrac{a}{3}$	$\cdots$
$g'(t)$	$-$	0	$+$	0	$-$
$g(t)$	$\searrow$	극소	$\nearrow$	극대	$\searrow$

함수 $g(t)$는 $t = -\dfrac{a}{3}$에서 극대이고, 극댓값은

$g\left(-\dfrac{a}{3}\right) = -\dfrac{a^3}{27} = \dfrac{64}{27}$

$a^3 = -64$, $(a+4)(a^2-4a+16) = 0$

이때 $a^2 - 4a + 16 = (a-2)^2 + 12 > 0$이므로

$a = -4$

(i), (ii)에서 $a = -4$

따라서 $f(x) = x^3 - 4x^2 - 16x$이므로

$f(a) = f(-4) = (-4)^3 - 4 \times (-4)^2 - 16 \times (-4) = -64$

답 ①

4 $f(x) = x^3 + ax^2 + bx + c$ (a, b, c는 상수)로 놓으면

$f'(x) = 3x^2 + 2ax + b$ $\cdots\cdots$ ㉠

$f'(0) = f'(2) = -24$이므로

$f'(x) - (-24) = 3x(x-2)$

$f'(x) = 3x^2 - 6x - 24$ $\cdots\cdots$ ㉡

㉠, ㉡에서

$a = -3$, $b = -24$

$f(x) = x^3 - 3x^2 - 24x + c$

한편, $f'(x) = 3(x+2)(x-4)$이므로

$f'(x) = 0$에서 $x = -2$ 또는 $x = 4$

함수 $f(x)$의 증가와 감소를 표로 나타내면 다음과 같다.

x	$\cdots$	-2	$\cdots$	4	$\cdots$
$f'(x)$	$+$	0	$-$	0	$+$
$f(x)$	$\nearrow$	극대	$\searrow$	극소	$\nearrow$

함수 $f(x)$는 $x = -2$에서 극대이고, 극댓값은

$f(-2) = (-2)^3 - 3 \times (-2)^2 - 24 \times (-2) + c = 28 + c$

이때 함수 $f(x)$의 극댓값이 15이므로

$28 + c = 15$, 즉 $c = -13$

따라서 $f(x) = x^3 - 3x^2 - 24x - 13$이므로

$f(-1) = (-1)^3 - 3 \times (-1)^2 - 24 \times (-1) - 13 = 7$

답 ⑤

5 $f(x)=x^3+ax^2-9x+b$에서

$f'(x)=3x^2+2ax-9$

함수 $f(x)$가 $x=-3a$, $x=a$에서 극값을 가지므로

$f'(-3a)=0$, $f'(a)=0$

즉, 이차방정식 $3x^2+2ax-9=0$의 두 근이 $-3a$, a이므로 이차방정식의 근과 계수의 관계에 의하여

$-3a+a=-\dfrac{2a}{3}$, $(-3a)\times a=\dfrac{-9}{3}$

$(-3a)\times a=\dfrac{-9}{3}$에서 $a^2=1$

$a>0$이므로 $a=1$

또 $-3a+a=-\dfrac{2a}{3}$에서 $-2=-\dfrac{2a}{3}$, 즉 $a=3$

함수 $f(x)$의 증가와 감소를 표로 나타내면 다음과 같다.

x	$\cdots$	-3	$\cdots$	1	$\cdots$
$f'(x)$	$+$	0	$-$	0	$+$
$f(x)$	↗	극대	↘	극소	↗

함수 $f(x)$는 $x=1$에서 극솟값을 갖고, 극솟값은 -4이므로

$f(1)=1+3-9+b=-4$에서 $b=1$

즉, $f(x)=x^3+3x^2-9x+1$이므로

$f(-3)=(-3)^3+3\times(-3)^2-9\times(-3)+1=28$

함수 $f(x)$는 닫힌구간 $[-3, 1]$에서 연속이고 열린구간 $(-3, 1)$에서 미분가능하므로 평균값 정리에 의하여

$\dfrac{f(1)-f(-3)}{1-(-3)}=f'(c)$

를 만족시키는 상수 c가 열린구간 $(-3, 1)$에 적어도 하나 존재한다.

$f'(c)=3c^2+6c-9$,

$\dfrac{f(1)-f(-3)}{1-(-3)}=\dfrac{-4-28}{1-(-3)}=-8$

이므로

$3c^2+6c-9=-8$에서 $3c^2+6c-1=0$

$c=\dfrac{-3\pm2\sqrt{3}}{3}$

따라서 $-3<\dfrac{-3-2\sqrt{3}}{3}<\dfrac{-3+2\sqrt{3}}{3}<1$이므로

상수 c의 최댓값은 $\dfrac{-3+2\sqrt{3}}{3}$이다.

답 ③

6 $f(x)=\dfrac{1}{4}x^4-2x^3+ax^2+bx$에서

$f'(x)=x^3-6x^2+2ax+b$

조건 (가)에서 함수 $f(x)$가 $x=0$에서 극값을 가지므로

$f'(0)=b=0$

조건 (나)에서 함수 $f(x)$가 구간 $(0, \infty)$에서 증가하므로 $x>0$일 때, $f'(x)\geq0$이어야 한다.

$f'(x)=x^3-6x^2+2ax\geq0$에서

$x(x^2-6x+2a)\geq0$

$x>0$이므로 $x^2-6x+2a\geq0$

$(x-3)^2+2a-9\geq0$, 즉 $a\geq\dfrac{9}{2}$

따라서 $f'(1)=1-6+2a=2a-5\geq4$이므로 $f'(1)$의 최솟값은 4이다.

답 ④

7 $f(x)=x^3+ax^2+bx+c$ $(a, b, c$는 상수)로 놓으면

조건 (가)에서 $f(-x)=-f(x)$이므로

$-x^3+ax^2-bx+c=-x^3-ax^2-bx-c$

$2ax^2+2c=0$

위 등식이 모든 실수 x에 대하여 성립하므로

$a=c=0$

$f(x)=x^3+bx$에서 $f'(x)=3x^2+b$

$b\geq0$이면 $f'(x)\geq0$이므로 $f(x)$는 극값을 갖지 않는다.

조건 (나)에서 함수 $f(x)$가 극값을 가지므로 $b<0$이다.

$f'(x)=0$에서 $x=\pm\sqrt{-\dfrac{b}{3}}$

함수 $f(x)$의 증가와 감소를 표로 나타내면 다음과 같다.

x	$\cdots$	$-\sqrt{-\dfrac{b}{3}}$	$\cdots$	$\sqrt{-\dfrac{b}{3}}$	$\cdots$
$f'(x)$	$+$	0	$-$	0	$+$
$f(x)$	↗	극대	↘	극소	↗

함수 $f(x)$는 $x=-\sqrt{-\dfrac{b}{3}}$에서 극대이고, 극댓값이 $\dfrac{1}{4}$이므로

$f\left(-\sqrt{-\dfrac{b}{3}}\right)=\left(-\sqrt{-\dfrac{b}{3}}\right)^3+b\times\left(-\sqrt{-\dfrac{b}{3}}\right)=\dfrac{1}{4}$

$-\dfrac{2b}{3}\sqrt{-\dfrac{b}{3}}=\dfrac{1}{4}$, $b^3=-\dfrac{27}{64}$

$\left(b+\dfrac{3}{4}\right)\left(b^2-\dfrac{3}{4}b+\dfrac{9}{16}\right)=0$

이때 $b^2-\dfrac{3}{4}b+\dfrac{9}{16}=\left(b-\dfrac{3}{8}\right)^2+\dfrac{27}{64}>0$이므로

$b=-\dfrac{3}{4}$

따라서 $f(x)=x^3-\dfrac{3}{4}x$이므로

$f(4)=4^3-\dfrac{3}{4}\times4=61$

답 61

8 $f(x)=x^3-ax^2+4x+2$에서 $f'(x)=3x^2-2ax+4$

함수 $f(x)$가 $x=2$에서 극소이므로

$f'(2)=3\times2^2-2a\times2+4=0$, $a=4$

$f(2)=2^3-4\times2^2+4\times2+2=2$

즉, 점 A의 좌표는 $(2,\ 2)$이다.

곡선 $y=f(x)$ 위의 점 $A(2,\ 2)$에서의 접선의 방정식은

$y=2$

곡선 $y=f(x)$와 직선 $y=2$가 만나는 점 중 A가 아닌 점 B의 좌표를 구해 보자.

$f(x)=2$에서

$x^3-4x^2+4x+2=2$, $x(x-2)^2=0$

$x=0$ 또는 $x=2$

즉, 점 B의 좌표는 $(0,\ 2)$이다.

$f'(0)=4$이므로 곡선 $y=f(x)$ 위의 점 $B(0,\ 2)$에서의 접선의 방정식은

$y=4x+2$

직선 $y=4x+2$와 x축이 만나는 점 C의 좌표를 구해 보자.

$y=0$일 때, $0=4x+2$, 즉 $x=-\dfrac{1}{2}$이므로

점 C의 좌표는 $\left(-\dfrac{1}{2},\ 0\right)$이다.

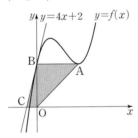

따라서 사각형 OABC의 넓이는

$\dfrac{1}{2}\times(\overline{BA}+\overline{CO})\times\overline{BO}=\dfrac{1}{2}\times\left(2+\dfrac{1}{2}\right)\times2=\dfrac{5}{2}$

답 ③

실력 완성   본문 56쪽

1 ③	**2** 50	**3** ④

1 $\displaystyle\lim_{x\to1}\dfrac{f(x)+1}{x-1}=\dfrac{g(1)}{12}$에서

$x\to1$일 때 (분모)$\to0$이고 극한값이 존재하므로

(분자)$\to0$이어야 한다.

즉, $\displaystyle\lim_{x\to1}\{f(x)+1\}=0$이고 $f(x)$가 다항함수이므로

$f(1)=-1$

$\displaystyle\lim_{x\to1}\dfrac{f(x)+1}{x-1}=\lim_{x\to1}\dfrac{f(x)-f(1)}{x-1}=f'(1)$

이므로

$f'(1)=\dfrac{g(1)}{12}$ ⋯⋯ ㉠

$f(x)g(x)=x^4+x^3-4x^2-4x$ ⋯⋯ ㉡

㉡의 양변에 $x=1$을 대입하면

$f(1)g(1)=1^4+1^3-4\times1^2-4\times1$

$(-1)\times g(1)=-6$, 즉 $g(1)=6$

$g(1)=6$을 ㉠에 대입하면

$f'(1)=\dfrac{6}{12}=\dfrac{1}{2}$

㉡의 양변을 x에 대하여 미분하면

$f'(x)g(x)+f(x)g'(x)=4x^3+3x^2-8x-4$ ⋯⋯ ㉢

㉢의 양변에 $x=1$을 대입하면

$f'(1)g(1)+f(1)g'(1)=4\times1^3+3\times1^2-8\times1-4$

$\dfrac{1}{2}\times6+(-1)\times g'(1)=-5$, 즉 $g'(1)=8$

곡선 $y=g(x)$ 위의 점 $(1,\ g(1))$, 즉 $(1,\ 6)$에서의 접선의 방정식은

$y-6=8(x-1)$, 즉 $y=8x-2$

따라서 $a=8$, $b=-2$이므로

$a-b=8-(-2)=10$

답 ③

참고

$f(x)=\dfrac{1}{2}(x+1)(x-2)$, $g(x)=2x(x+2)$이면 두 함수 $f(x)$와 $g(x)$는 주어진 조건을 만족시킨다.

2 조건 (나)에서 $f(0)=0$이므로 곡선 $y=f(x)$와 직선 $y=9x$가 모두 원점을 지난다.

조건 (가)에서 곡선 $y=f(x)$와 직선 $y=9x$가 만나는 점의 개수가 2이므로 곡선 $y=f(x)$와 직선 $y=9x$가 만나는 두 점을 $O(0,\ 0)$, $A(a,\ f(a))$ (a는 0이 아닌 상수)라 할 수 있다.

즉, 곡선 $y=f(x)$와 직선 $y=9x$는 두 점 O, A 중 한 점에서만 접한다.

(ⅰ) 곡선 $y=f(x)$와 직선 $y=9x$가 원점 O에서 접할 때,

$f(x)-9x=x^2(x-a)$

로 놓을 수 있다.

즉, $f(x)=x^3-ax^2+9x$에서

$f'(x)=3x^2-2ax+9$

조건 (나)에서

$f'(3)=3\times 3^2-2a\times 3+9=0$, $a=6$

$f'(x)=3x^2-12x+9=3(x-1)(x-3)$

$f'(x)=0$에서 $x=1$ 또는 $x=3$

함수 $f(x)$의 증가와 감소를 표로 나타내면 다음과 같다.

x	$\cdots$	1	$\cdots$	3	$\cdots$
$f'(x)$	$+$	0	$-$	0	$+$
$f(x)$	$\nearrow$	극대	$\searrow$	극소	$\nearrow$

함수 $f(x)$는 $x=3$에서 극소이므로 조건 (나)를 만족시키지 않는다.

(ii) 곡선 $y=f(x)$와 직선 $y=9x$가 점 A에서 접할 때,

$f(x)-9x=x(x-a)^2$

으로 놓을 수 있다.

즉, $f(x)=x^3-2ax^2+(a^2+9)x$에서

$f'(x)=3x^2-4ax+a^2+9$

조건 (나)에서

$f'(3)=3\times 3^2-4a\times 3+a^2+9=0$

$(a-6)^2=0$, $a=6$

$f'(x)=3x^2-24x+45=3(x-3)(x-5)$

$f'(x)=0$에서 $x=3$ 또는 $x=5$

함수 $f(x)$의 증가와 감소를 표로 나타내면 다음과 같다.

x	$\cdots$	3	$\cdots$	5	$\cdots$
$f'(x)$	$+$	0	$-$	0	$+$
$f(x)$	$\nearrow$	극대	$\searrow$	극소	$\nearrow$

함수 $f(x)$는 $x=3$에서 극대이고 $x=5$에서 극소이므로 조건 (나)를 만족시킨다.

(i), (ii)에서 $f(x)=x(x-6)^2+9x$

따라서 함수 $f(x)$의 극솟값은

$f(5)=5\times(5-6)^2+9\times 5=50$

目 50

즉, $f(a)=0$, $f'(-1)=0$이므로 $f(x)=(x+1)^2(x-a)$로 놓을 수 있다.

함수 $g(x)$는 최고차항의 계수가 1인 일차함수이고, 조건 (나)에서 모든 실수 x에 대하여 $f(x)g(x)\geq 0$이므로

$f(x)g(x)=(x+1)^2(x-a)^2$이어야 한다.

이때 $f(x)g(x)=(x^2+2x+1)(x^2-2ax+a^2)$이므로

$\{f(x)g(x)\}'$

$=(2x+2)(x^2-2ax+a^2)+(x^2+2x+1)(2x-2a)$

$=2(x+1)(x-a)(2x-a+1)$

$\{f(x)g(x)\}'=0$에서

$x=-1$ 또는 $x=a$ 또는 $x=\dfrac{a-1}{2}$

함수 $f(x)g(x)$의 증가와 감소를 표로 나타내면 다음과 같다.

x	$\cdots$	-1	$\cdots$	$\dfrac{a-1}{2}$	$\cdots$	a	$\cdots$
$\{f(x)g(x)\}'$	$-$	0	$+$	0	$-$	0	$+$
$f(x)g(x)$	$\searrow$	극소	$\nearrow$	극대	$\searrow$	극소	$\nearrow$

함수 $f(x)g(x)$는 $x=\dfrac{a-1}{2}$에서 극대이고,

조건 (나)에서 함수 $f(x)g(x)$의 극댓값이 81이므로

$f\left(\dfrac{a-1}{2}\right)g\left(\dfrac{a-1}{2}\right)=\left(\dfrac{a-1}{2}+1\right)^2\left(\dfrac{a-1}{2}-a\right)^2$

$\qquad\qquad\qquad\qquad =\left(\dfrac{a+1}{2}\right)^4=81$

에서

$\left(\dfrac{a+1}{2}+3\right)\left(\dfrac{a+1}{2}-3\right)\left\{\left(\dfrac{a+1}{2}\right)^2+9\right\}=0$

$\dfrac{a+1}{2}+3=0$ 또는 $\dfrac{a+1}{2}-3=0$

$a=-7$ 또는 $a=5$

$a>-1$이므로 $a=5$

따라서 $A=\{-1,\ 2,\ 5\}$이므로 집합 A의 모든 원소의 합은 $-1+2+5=6$

目 ④

3 조건 (가)에서 $f(-1)=0$이고 함수 $|f(x)|$는 $x=a\ (a>-1)$에서만 미분가능하지 않으므로 함수 $y=f(x)$의 그래프의 개형은 다음 그림과 같아야 한다.

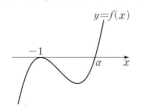

05 도함수의 활용(2)

본문 59~65쪽

유제				
1 ②	2 30	3 ①	4 6	5 ②
6 4	7 ④	8 35		

1 $f(x)=-2x^3+9x^2-6$에서
$f'(x)=-6x^2+18x=-6x(x-3)$
$f'(x)=0$에서 $x=0$ 또는 $x=3$
닫힌구간 $[-1, 4]$에서 함수 $f(x)$의 증가와 감소를 표로 나타내면 다음과 같다.

x	-1	$\cdots$	0	$\cdots$	3	$\cdots$	4
$f'(x)$		$-$	0	$+$	0	$-$	
$f(x)$	5	$\searrow$	-6	$\nearrow$	21	$\searrow$	10

닫힌구간 $[-1, 4]$에서 함수 $f(x)$는 $x=3$일 때 최댓값 21을 갖고, $x=0$일 때 최솟값 -6을 갖는다.
따라서 $M=21$, $m=-6$이므로
$M+m=21+(-6)=15$

답 ②

2 $f(x)=3x^4-4x^3+a$에서
$f'(x)=12x^3-12x^2=12x^2(x-1)$
$f'(x)=0$에서 $x=0$ 또는 $x=1$
함수 $f(x)$의 증가와 감소를 표로 나타내면 다음과 같다.

x	$\cdots$	0	$\cdots$	1	$\cdots$
$f'(x)$	$-$	0	$-$	0	$+$
$f(x)$	$\searrow$	a	$\searrow$	$a-1$	$\nearrow$

함수 $f(x)$는 $x=1$일 때 극소이고, 극솟값은 $a-1$이다.
함수 $f(x)$의 극솟값이 2이므로
$a-1=2$, 즉 $a=3$
이때 $f(-1)=3+4+3=10$이므로 닫힌구간 $[-1, 1]$에서 함수 $f(x)$는 $x=-1$일 때 최댓값 $M=10$을 갖는다.
따라서 $aM=3\times10=30$

답 30

3 곡선 $y=x^3+3x^2+5x-1$과 직선 $y=5x+k$가 만나는 점의 개수가 3이려면 방정식 $x^3+3x^2+5x-1=5x+k$가 서로 다른 세 실근을 가져야 한다.

$x^3+3x^2+5x-1=5x+k$에서
$x^3+3x^2-1=k$
$f(x)=x^3+3x^2-1$이라 하면
$f'(x)=3x^2+6x=3x(x+2)$
$f'(x)=0$에서 $x=-2$ 또는 $x=0$
함수 $f(x)$의 증가와 감소를 표로 나타내면 다음과 같다.

x	$\cdots$	-2	$\cdots$	0	$\cdots$
$f'(x)$	$+$	0	$-$	0	$+$
$f(x)$	$\nearrow$	3	$\searrow$	-1	$\nearrow$

함수 $y=f(x)$의 그래프는 오른쪽 그림과 같다.
방정식 $x^3+3x^2-1=k$가 서로 다른 세 실근을 가지려면 함수 $y=f(x)$의 그래프와 직선 $y=k$가 서로 다른 세 점에서 만나야 하므로
$-1<k<3$
따라서 정수 k의 값은 0, 1, 2이므로 그 개수는 3이다.

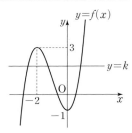

답 ①

4 $x^3-6x^2+9x-k=0$에서
$x^3-6x^2+9x=k$
$f(x)=x^3-6x^2+9x$라 하면
$f'(x)=3x^2-12x+9=3(x-1)(x-3)$
$f'(x)=0$에서 $x=1$ 또는 $x=3$
함수 $f(x)$의 증가와 감소를 표로 나타내면 다음과 같다.

x	$\cdots$	1	$\cdots$	3	$\cdots$
$f'(x)$	$+$	0	$-$	0	$+$
$f(x)$	$\nearrow$	4	$\searrow$	0	$\nearrow$

함수 $y=f(x)$의 그래프는 오른쪽 그림과 같다.
방정식 $x^3-6x^2+9x=k$의 서로 다른 실근의 개수가 3이 되려면 함수 $y=f(x)$의 그래프와 직선 $y=k$가 서로 다른 세 점에서 만나야 하므로
$0<k<4$
따라서 정수 k의 값은 1, 2, 3이므로 모든 정수 k의 값의 합은
$1+2+3=6$

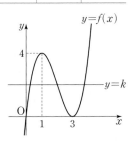

답 6

5 부등식 $x^3-\dfrac{3}{2}x^2-6x+15>a$, 즉

$x^3-\dfrac{3}{2}x^2-6x+15-a>0$에서

$f(x)=x^3-\dfrac{3}{2}x^2-6x+15-a$라 하면

$f'(x)=3x^2-3x-6=3(x+1)(x-2)$

$f'(x)=0$에서 $x=-1$ 또는 $x=2$

$x>0$에서 함수 $f(x)$의 증가와 감소를 표로 나타내면 다음과 같다.

x	(0)	$\cdots$	2	$\cdots$
$f'(x)$		$-$	0	$+$
$f(x)$	$(15-a)$	$\searrow$	$5-a$	$\nearrow$

$x>0$에서 함수 $f(x)$의 최솟값은 $f(2)=5-a$이므로

$x>0$인 모든 실수 x에 대하여 부등식

$x^3-\dfrac{3}{2}x^2-6x+15-a>0$이 성립하려면

$5-a>0$, 즉 $a<5$

이어야 한다.

따라서 자연수 a의 값은 1, 2, 3, 4이므로 그 개수는 4이다.

답 ②

6 부등식 $f(x)\geq g(x)$에서

$x^3-x^2+3x+5\geq 4x+k$

$x^3-x^2-x+5-k\geq 0$

$h(x)=x^3-x^2-x+5-k$라 하면

$h'(x)=3x^2-2x-1=(3x+1)(x-1)$

$h'(x)=0$에서 $x=-\dfrac{1}{3}$ 또는 $x=1$

$x>0$에서 함수 $h(x)$의 증가와 감소를 표로 나타내면 다음과 같다.

x	(0)	$\cdots$	1	$\cdots$
$h'(x)$		$-$	0	$+$
$h(x)$	$(5-k)$	$\searrow$	$4-k$	$\nearrow$

$x>0$에서 함수 $h(x)$의 최솟값은 $h(1)=4-k$이므로

$x>0$인 모든 실수 x에 대하여 부등식

$x^3-x^2-x+5-k\geq 0$이 성립하려면

$4-k\geq 0$, 즉 $k\leq 4$

이어야 한다.

따라서 실수 k의 최댓값은 4이다.

답 4

7 점 P의 시각 t $(t>0)$에서의 위치 x가

$x=\dfrac{1}{3}t^3+2t^2-5t$

이므로 점 P의 시각 t에서의 속도를 v라 하면

$v=\dfrac{dx}{dt}=t^2+4t-5$

$v=16$에서

$t^2+4t-5=16$

$t^2+4t-21=0$

$(t+7)(t-3)=0$

$t>0$이므로 $t=3$

따라서 시각 $t=3$일 때 점 P의 위치는

$\dfrac{1}{3}\times 3^3+2\times 3^2-5\times 3=12$

답 ④

8 두 점 P, Q가 만나는 순간에 $x_1=x_2$이므로

$t^3-5t^2=-2t^2+10t$

$t^3-3t^2-10t=0$

$t(t+2)(t-5)=0$

$t>0$이므로 $t=5$

즉, 시각 $t=5$일 때 두 점 P, Q는 만난다.

한편, 두 점 P, Q의 시각 t에서의 속도를 각각 v_1, v_2라 하면

$v_1=\dfrac{dx_1}{dt}=3t^2-10t$

$v_2=\dfrac{dx_2}{dt}=-4t+10$

따라서 시각 $t=5$일 때 두 점 P, Q의 속도 p, q는

$p=3\times 5^2-10\times 5=25$, $q=-4\times 5+10=-10$

이므로

$p-q=25-(-10)=35$

답 35

Level ① **기초 연습** 본문 66~67쪽

1 ④	2 ⑤	3 ②	4 ③	5 ④
6 ③	7 ①	8 ④		

1 $f(x)=-2x^3+6x^2+1$에서

$f'(x)=-6x^2+12x=-6x(x-2)$

$f'(x)=0$에서 $x=0$ 또는 $x=2$

닫힌구간 $[0, 3]$에서 함수 $f(x)$의 증가와 감소를 표로 나타내면 다음과 같다.

x	0	$\cdots$	2	$\cdots$	3
$f'(x)$		$+$	0	$-$	
$f(x)$	1	$\nearrow$	9	$\searrow$	1

따라서 닫힌구간 $[0, 3]$에서 함수 $f(x)$는 $x=2$일 때 최댓값 9를 갖는다.

답 ④

2 $f(x)=x^4+2x^2-8x+a$에서
$$f'(x)=4x^3+4x-8$$
$$=4(x^3+x-2)$$
$$=4(x-1)(x^2+x+2)$$
$f'(x)=0$에서 $x=1$
닫힌구간 $[-1, 2]$에서 함수 $f(x)$의 증가와 감소를 표로 나타내면 다음과 같다.

x	-1	$\cdots$	1	$\cdots$	2
$f'(x)$		$-$	0	$+$	
$f(x)$	$a+11$	$\searrow$	$a-5$	$\nearrow$	$a+8$

닫힌구간 $[-1, 2]$에서 함수 $f(x)$는 $x=-1$일 때 최댓값 $a+11$을 갖고, $x=1$일 때 최솟값 $a-5$를 갖는다.
이때 $M=a+11$, $m=a-5$이므로
$M+m=16$에서
$(a+11)+(a-5)=16$
따라서 $a=5$

답 ⑤

3 $-\dfrac{1}{3}x^3+2x^2+5x+k=0$에서
$$\dfrac{1}{3}x^3-2x^2-5x=k$$
$f(x)=\dfrac{1}{3}x^3-2x^2-5x$라 하면
$$f'(x)=x^2-4x-5=(x+1)(x-5)$$
$f'(x)=0$에서 $x=-1$ 또는 $x=5$
함수 $f(x)$의 증가와 감소를 표로 나타내면 다음과 같다.

x	$\cdots$	-1	$\cdots$	5	$\cdots$
$f'(x)$	$+$	0	$-$	0	$+$
$f(x)$	$\nearrow$	$\dfrac{8}{3}$	$\searrow$	$-\dfrac{100}{3}$	$\nearrow$

이때 $f(0)=0$이므로 함수 $y=f(x)$의 그래프는 다음 그림과 같다.

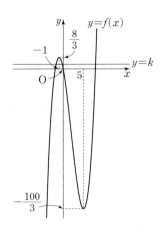

방정식 $\dfrac{1}{3}x^3-2x^2-5x=k$의 서로 다른 음의 실근의 개수가 2이려면 함수 $y=f(x)$의 그래프와 직선 $y=k$가 만나는 점 중 두 점의 x좌표가 음수이어야 하므로
$$0<k<\dfrac{8}{3}$$
따라서 정수 k의 값은 1, 2이므로 그 개수는 2이다.

답 ②

4 $f(x)=3x^4-4x^3-12x^2+10$에서
$$f'(x)=12x^3-12x^2-24x=12x(x+1)(x-2)$$
$f'(x)=0$에서 $x=-1$ 또는 $x=0$ 또는 $x=2$
함수 $f(x)$의 증가와 감소를 표로 나타내면 다음과 같다.

x	$\cdots$	-1	$\cdots$	0	$\cdots$	2	$\cdots$
$f'(x)$	$-$	0	$+$	0	$-$	0	$+$
$f(x)$	$\searrow$	5	$\nearrow$	10	$\searrow$	-22	$\nearrow$

함수 $y=f(x)$의 그래프는 다음 그림과 같다.

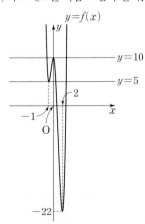

함수 $y=f(x)$의 그래프와 직선 $y=k$가 서로 다른 세 점에서 만나려면

$k=5$ 또는 $k=10$

이어야 한다.

따라서 모든 실수 k의 값의 합은

$5+10=15$

답 ③

5 부등식 $x^4-4x^3-a^2+9a+37>0$에서

$f(x)=x^4-4x^3-a^2+9a+37$이라 하면

$f'(x)=4x^3-12x^2=4x^2(x-3)$

$f'(x)=0$에서 $x=0$ 또는 $x=3$

함수 $f(x)$의 증가와 감소를 표로 나타내면 다음과 같다.

x	$\cdots$	0	$\cdots$	3	$\cdots$
$f'(x)$	$-$	0	$-$	0	$+$
$f(x)$	$\searrow$	$-a^2+9a+37$	$\searrow$	$-a^2+9a+10$	$\nearrow$

함수 $f(x)$는 $x=3$일 때 최솟값 $-a^2+9a+10$을 갖는다.

그러므로 모든 실수 x에 대하여 부등식

$x^4-4x^3-a^2+9a+37>0$이 성립하려면

$-a^2+9a+10>0$이어야 하므로

$a^2-9a-10<0$, $(a+1)(a-10)<0$

$-1<a<10$

따라서 정수 a의 값은 $0, 1, 2, \cdots, 9$이므로 그 개수는 10이다.

답 ④

6 부등식 $x^3-5x^2+3x+9>0$에서

$f(x)=x^3-5x^2+3x+9$라 하면

$f'(x)=3x^2-10x+3=(3x-1)(x-3)$

$f'(x)=0$에서 $x=\dfrac{1}{3}$ 또는 $x=3$

함수 $f(x)$의 증가와 감소를 표로 나타내면 다음과 같다.

x	$\cdots$	$\dfrac{1}{3}$	$\cdots$	3	$\cdots$
$f'(x)$	$+$	0	$-$	0	$+$
$f(x)$	$\nearrow$	$\dfrac{256}{27}$	$\searrow$	0	$\nearrow$

함수 $f(x)$는 $x=3$에서 극솟값 0을 갖고, $x=\dfrac{1}{3}$에서 극댓값 $\dfrac{256}{27}$을 가지므로 함수 $y=f(x)$의 그래프는 다음 그림과 같다.

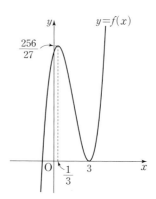

따라서 $x>a$인 모든 실수 x에 대하여 부등식

$x^3-5x^2+3x+9>0$이 성립하려면

$a\geq3$이어야 하므로 정수 a의 최솟값은 3이다.

답 ③

7 점 P의 시각 t에서의 속도를 v라 하면

$v=\dfrac{dx}{dt}=t^2-8t+6$

점 P의 시각 t에서의 가속도를 a라 하면

$a=\dfrac{dv}{dt}=2t-8$

$a=0$에서

$2t-8=0$, 즉 $t=4$

따라서 시각 $t=4$일 때 점 P의 속도는

$4^2-8\times4+6=-10$

답 ①

8 두 점 P, Q의 시각 t에서의 속도를 각각 v_1, v_2라 하면

$v_1=\dfrac{dx_1}{dt}=3t^2-6t$, $v_2=\dfrac{dx_2}{dt}=-5t+10$

$v_1=v_2$에서

$3t^2-6t=-5t+10$

$3t^2-t-10=0$, $(3t+5)(t-2)=0$

$t>0$이므로 $t=2$

즉, 시각 $t=2$일 때 두 점 P, Q의 속도가 같아진다.

따라서 시각 $t=2$일 때 점 P의 위치는

$2^3-3\times2^2=-4$

이고, 시각 $t=2$일 때 점 Q의 위치는

$-\dfrac{5}{2}\times2^2+10\times2=10$

이므로 시각 $t=2$일 때 두 점 P, Q 사이의 거리는

$10-(-4)=14$

답 ④

정답과 풀이

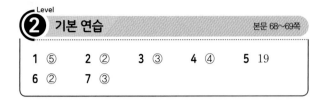

Level
2 기본 연습   본문 68~69쪽

1 ⑤	**2** ②	**3** ③	**4** ④	**5** 19
6 ②	**7** ③			

1 $f(x)=-x^3+6x^2$ 에서
$f'(x)=-3x^2+12x=-3x(x-4)$
$f'(x)=0$ 에서 $x=0$ 또는 $x=4$
함수 $f(x)$ 의 증가와 감소를 표로 나타내면 다음과 같다.

x	$\cdots$	0	$\cdots$	4	$\cdots$
$f'(x)$	$-$	0	$+$	0	$-$
$f(x)$	$\searrow$	극소	$\nearrow$	극대	$\searrow$

함수 $f(x)$ 는 $x=0$, $x=4$ 에서 극값을 가지고, $p>0$ 이므로
$p=4$
곡선 $y=f(x)$ 위의 점 $\mathrm{P}(t,\,f(t))$ 에서의 접선의 방정식은
$y-(-t^3+6t^2)=(-3t^2+12t)(x-t)$
위 식에 $x=0$ 을 대입하면
$y-(-t^3+6t^2)=(-3t^2+12t)(-t)$
$y=2t^3-6t^2$
이때 $g(t)=2t^3-6t^2$ 이므로
$g'(t)=6t^2-12t=6t(t-2)$
$g'(t)=0$ 에서 $t=0$ 또는 $t=2$
닫힌구간 $\left[-\dfrac{p}{2},\ \dfrac{p}{2}\right]$, 즉 $[-2,\,2]$ 에서 함수 $g(t)$ 의 증가
와 감소를 표로 나타내면 다음과 같다.

t	-2	$\cdots$	0	$\cdots$	2
$g'(t)$		$+$	0	$-$	
$g(t)$	-40	$\nearrow$	0	$\searrow$	-8

따라서 닫힌구간 $[-2,\,2]$ 에서 함수 $g(t)$ 의 최솟값은 -40
이다.

답 ⑤

2 함수 $f(x)$ 가 최고차항의 계수가 2인 삼차함수이므로
$f(x)=2x^3+ax^2+bx+c$ ($a,\,b,\,c$는 상수)
로 놓을 수 있다.
조건 (가)에서 $f(-x)=-f(x)$ 이므로
$-2x^3+ax^2-bx+c=-2x^3-ax^2-bx-c$
$2ax^2+2c=0$

위 등식이 모든 실수 x 에 대하여 성립하므로 $a=0$, $c=0$
$f(x)=2x^3+bx$ 에서 $f'(x)=6x^2+b$
$b\ge0$ 이면 $f'(x)\ge0$ 이므로 $f(x)$ 는 극값을 갖지 않는다.
이때 $f(1)>0$, 즉 $-f(1)<0$ 이므로 함수 $y=|f(x)|$ 의
그래프와 직선 $y=-f(1)$ 은 만나지 않는다.
조건 (나)에서 함수 $y=|f(x)|$ 의 그래프와 직선
$y=-f(1)$ 은 서로 다른 네 점에서 만나야 하므로 $b<0$ 이
어야 한다.
$f'(x)=0$ 에서 $x=\pm\sqrt{-\dfrac{b}{6}}$
함수 $f(x)$ 의 증가와 감소를 표로 나타내면 다음과 같다.

x	$\cdots$	$-\sqrt{-\dfrac{b}{6}}$	$\cdots$	$\sqrt{-\dfrac{b}{6}}$	$\cdots$
$f'(x)$	$+$	0	$-$	0	$+$
$f(x)$	$\nearrow$	극대	$\searrow$	극소	$\nearrow$

$f(0)=0$ 이므로 함수 $y=|f(x)|$ 의 그래프의 개형은 다음
그림과 같다.

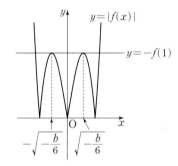

조건 (나)에서 함수 $y=|f(x)|$ 의 그래프와 직선
$y=-f(1)$ 이 서로 다른 네 점에서 만나므로 $f(1)<0$ 이어
야 한다.
이때 $\sqrt{-\dfrac{b}{6}}=1$, 즉 $-\dfrac{b}{6}=1$ 에서
$b=-6$
따라서 $f(x)=2x^3-6x$ 이므로
$f(3)=2\times3^3-6\times3=36$

답 ②

3 방정식 $\dfrac{1}{3}x^3-\dfrac{1}{2}x^2+k=0$ 에서
$-\dfrac{1}{3}x^3+\dfrac{1}{2}x^2=k$
$h(x)=-\dfrac{1}{3}x^3+\dfrac{1}{2}x^2$ 이라 하면
$h'(x)=-x^2+x=-x(x-1)$
$h'(x)=0$ 에서 $x=0$ 또는 $x=1$

함수 $h(x)$의 증가와 감소를 표로 나타내면 다음과 같다.

x	$\cdots$	0	$\cdots$	1	$\cdots$
$h'(x)$	$-$	0	$+$	0	$-$
$h(x)$	$\searrow$	0	$\nearrow$	$\dfrac{1}{6}$	$\searrow$

함수 $y=h(x)$의 그래프는 다음 그림과 같다.

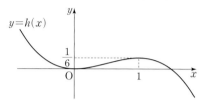

이때 함수 $f(k)$는

$$f(k)=\begin{cases} 1 & (k<0) \\ 2 & (k=0) \\ 3 & \left(0<k<\dfrac{1}{6}\right) \\ 2 & \left(k=\dfrac{1}{6}\right) \\ 1 & \left(k>\dfrac{1}{6}\right) \end{cases}$$

이다.

함수 $f(x)g(x)$가 실수 전체의 집합에서 연속이려면 함수 $f(x)g(x)$는 $x=0$과 $x=\dfrac{1}{6}$에서 연속이어야 한다.

(i) 함수 $f(x)g(x)$가 $x=0$에서 연속일 때,

$$\lim_{x \to 0+} f(x)g(x)=3g(0),$$
$$\lim_{x \to 0-} f(x)g(x)=g(0),$$
$$f(0)g(0)=2g(0)$$

이므로 $3g(0)=g(0)=2g(0)$에서

$$g(0)=0$$

(ii) 함수 $f(x)g(x)$가 $x=\dfrac{1}{6}$에서 연속일 때,

$$\lim_{x \to \frac{1}{6}+} f(x)g(x)=g\left(\dfrac{1}{6}\right),$$
$$\lim_{x \to \frac{1}{6}-} f(x)g(x)=3g\left(\dfrac{1}{6}\right),$$
$$f\left(\dfrac{1}{6}\right)g\left(\dfrac{1}{6}\right)=2g\left(\dfrac{1}{6}\right)$$

이므로 $g\left(\dfrac{1}{6}\right)=3g\left(\dfrac{1}{6}\right)=2g\left(\dfrac{1}{6}\right)$에서

$$g\left(\dfrac{1}{6}\right)=0$$

(i), (ii)에서 $g(0)=0$, $g\left(\dfrac{1}{6}\right)=0$이므로

$$g(x)=x\left(x-\dfrac{1}{6}\right)$$

따라서 $f(2)+g(2)=1+\dfrac{11}{3}=\dfrac{14}{3}$

답 ③

4 부등식 $f(x) \le g(x)$에서

$x^4+x^3-8x \le x^3-2x^2+k$

$x^4+2x^2-8x \le k$ $\cdots\cdots$ ㉠

$h(x)=x^4+2x^2-8x$라 하면

$h'(x)=4x^3+4x-8=4(x-1)(x^2+x+2)$

$h'(x)=0$에서 $x=1$

함수 $h(x)$의 증가와 감소를 표로 나타내면 다음과 같다.

x	$\cdots$	1	$\cdots$
$h'(x)$	$-$	0	$+$
$h(x)$	$\searrow$	-5	$\nearrow$

함수 $h(x)$는 $x=1$에서 극소이면서 동시에 최솟값 -5를 갖는다.

이때 $h(-1)=11$, $h(0)=0$, $h(2)=8$이므로 부등식 ㉠을 만족시키는 정수 x의 개수가 2이려면

$0 \le k < 8$

이어야 한다.

따라서 정수 k의 값은

$0, 1, 2, \cdots, 7$

이므로 그 개수는 8이다.

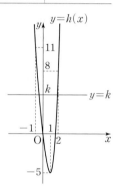

답 ④

5 조건 (나)에서 $f(0)=0$이므로

$f(x)=x(x^2+ax+b)$ $(a, b$는 상수$)$로 놓을 수 있다.

조건 (가)에서 모든 실수 x에 대하여 부등식

$(x-4)f(x) \ge 0$, 즉 $x(x-4)(x^2+ax+b) \ge 0$

이 성립해야 하므로

$x^2+ax+b=x(x-4)$

이어야 한다.

즉, $x^2+ax+b=x^2-4x$에서

$a=-4$, $b=0$

이때 $f(x)=x^3-4x^2$이므로 $f'(x)=3x^2-8x$

방정식 $f(x)-xf'(k)=0$에서

$(x^3-4x^2)-xf'(k)=0$

$x\{x^2-4x-f'(k)\}=0$

$x=0$ 또는 $x^2-4x-f'(k)=0$

(i) 방정식 $x^2-4x-f'(k)=0$이 0이 아닌 중근을 갖는 경우

이차방정식 $x^2-4x-f'(k)=0$의 판별식을 D라 하면

$$\frac{D}{4}=(-2)^2+f'(k)=4+f'(k)=0$$

$$3k^2-8k+4=0,\ (3k-2)(k-2)=0$$

$k=\dfrac{2}{3}$ 또는 $k=2$

이때 방정식 $x^2-4x-f'(k)=0$, 즉 $x^2-4x+4=0$에서 $x=2$이므로 방정식 $x^2-4x-f'(k)=0$은 0이 아닌 중근을 갖는다.

(ii) $x=0$이 방정식 $x^2-4x-f'(k)=0$의 근인 경우

$f'(k)=0$

$3k^2-8k=0,\ k(3k-8)=0$

$k=0$ 또는 $k=\dfrac{8}{3}$

이때 방정식 $x^2-4x-f'(k)=0$, 즉 $x^2-4x=0$의 근은 $x=0$ 또는 $x=4$이다.

(i), (ii)에서

$k=0$ 또는 $k=\dfrac{2}{3}$ 또는 $k=2$ 또는 $k=\dfrac{8}{3}$

이므로 모든 k의 값의 합은

$$0+\frac{2}{3}+2+\frac{8}{3}=\frac{16}{3}$$

따라서 $p=3$, $q=16$이므로

$p+q=3+16=19$

冒 19

6 점 P의 시각 t에서의 속도를 v라 하면

$$v=\frac{dx}{dt}=2t^3-6t^2+k$$

점 P가 원점을 출발한 후 운동 방향이 두 번 바뀌려면 t에 대한 방정식 $2t^3-6t^2+k=0$이 $t>0$에서 서로 다른 두 실근을 가져야 한다.

$2t^3-6t^2+k=0$, 즉 $2t^3-6t^2=-k$에서

$f(t)=2t^3-6t^2$이라 하면

$f'(t)=6t^2-12t=6t(t-2)$

$f'(t)=0$에서 $t=0$ 또는 $t=2$

$t\geq 0$에서 함수 $f(t)$의 증가와 감소를 표로 나타내면 다음과 같다.

t	0	$\cdots$	2	$\cdots$
$f'(t)$		$-$	0	$+$
$f(t)$	0	$\searrow$	-8	$\nearrow$

$t\geq 0$일 때, 함수 $f(t)$는 $t=2$에서 극솟값 -8을 가지므로 함수 $y=f(t)$의 그래프는 다음 그림과 같다.

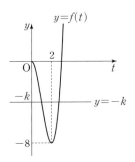

$t>0$에서 방정식 $2t^3-6t^2=-k$가 서로 다른 두 실근을 가지려면 $t>0$에서 함수 $y=f(t)$의 그래프와 직선 $y=-k$가 서로 다른 두 점에서 만나야 하므로

$-8<-k<0$, 즉 $0<k<8$

이어야 한다.

따라서 정수 k의 값은 1, 2, 3, $\cdots$, 7이므로 그 개수는 7이다.

冒 ②

7 점 P의 시각 t에서의 속도를 v라 하면

$$v=\frac{dx}{dt}=t^3-6t^2+9t+k$$

$f(t)=t^3-6t^2+9t+k$라 하면

$f'(t)=3t^2-12t+9=3(t-1)(t-3)$

$f'(t)=0$에서 $t=1$ 또는 $t=3$

$t>0$에서 함수 $f(t)$의 증가와 감소를 표로 나타내면 다음과 같다.

t	(0)	$\cdots$	1	$\cdots$	3	$\cdots$
$f'(t)$		$+$	0	$-$	0	$+$
$f(t)$	(k)	$\nearrow$	$4+k$	$\searrow$	k	$\nearrow$

함수 $f(t)$는 $t=1$에서 극댓값 $4+k$를 갖고, $t=3$에서 극솟값 k를 갖는다.

시각 $t=3$에서 점 P의 속도가 0보다 작으므로 $f(3)=k<0$이다.

시각 $t=p$와 $t=q$ $(p<q)$에서만 점 P의 속도가 2이고 $k<0$이므로 $t>0$에서 함수 $y=f(t)$의 그래프와 직선 $y=2$는 서로 다른 두 점에서 만나야 한다.

즉, $f(1)=2$이어야 하므로 $4+k=2$에서 $k=-2$

$f(t)=2$에서

$t^3-6t^2+9t-2=2$

$t^3-6t^2+9t-4=0$

$(t-1)^2(t-4)=0$

$t=1$ 또는 $t=4$

이때 $p=1$, $q=4$이다.

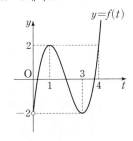

한편, 점 P의 시각 t에서의 가

속도를 a라 하면

$$a=\frac{dv}{dt}=3t^2-12t+9$$

따라서 시각 $t=q$, 즉 $t=4$에서의 점 P의 가속도는

$$3\times4^2-12\times4+9=9$$

답 ③

③ Level 실력 완성

본문 70쪽

1 ②	**2** ③	**3** 10

1 $f(x)=x^3-6x^2+9x+16$에서

$f'(x)=3x^2-12x+9=3(x-1)(x-3)$

$f'(x)=0$에서 $x=1$ 또는 $x=3$

함수 $f(x)$의 증가와 감소를 표로 나타내면 다음과 같다.

x	$\cdots$	1	$\cdots$	3	$\cdots$
$f'(x)$	$+$	0	$-$	0	$+$
$f(x)$	$\nearrow$	20	$\searrow$	16	$\nearrow$

함수 $f(x)$는 $x=1$에서 극댓값 20을 갖고, $x=3$에서 극솟값 16을 갖는다.

한편, $f(x)=(x+1)(x^2-7x+16)$이고

모든 실수 x에 대하여

$$x^2-7x+16=\left(x-\frac{7}{2}\right)^2+\frac{15}{4}>0$$이므로

$f(x)=0$에서 $x=-1$

집합 A의 $f(x)f'(t)(x-t)+f(x)f(t)=0$에서

$f(x)\{f'(t)(x-t)+f(t)\}=0$

$f(x)=0$ 또는 $f'(t)(x-t)+f(t)=0$

이때 $g(x)=f'(t)(x-t)+f(t)$라 하면 함수 $y=g(x)$의 그래프는 곡선 $y=f(x)$ 위의 점 $P(t,\ f(t))$에서의 접선이다.

집합 A의 원소의 개수가 1이려면 방정식 $f(x)g(x)=0$의 서로 다른 실근의 개수가 1이어야 한다.

즉, 접선 $y=g(x)$가 x축에 평행하거나 점 $(-1,\ 0)$을 지나야 한다.

$t=1$ 또는 $t=3$일 때, 곡선 $y=f(x)$ 위의 점 $P(t,\ f(t))$에서의 접선 $y=g(x)$는 x축에 평행하다.

곡선 $y=f(x)$ 위의 점 $P(t,\ f(t))$에서의 접선의 방정식은

$$y-(t^3-6t^2+9t+16)=(3t^2-12t+9)(x-t)$$

이 접선이 점 $(-1,\ 0)$을 지날 때,

$$0-(t^3-6t^2+9t+16)=(3t^2-12t+9)(-1-t)$$

$$(t+1)^2(2t-7)=0$$

$$t=-1 \text{ 또는 } t=\frac{7}{2}$$

즉, $t=-1$ 또는 $t=\frac{7}{2}$일 때, 곡선 $y=f(x)$ 위의 점 $P(t,\ f(t))$에서의 접선 $y=g(x)$는 점 $(-1,\ 0)$을 지난다.

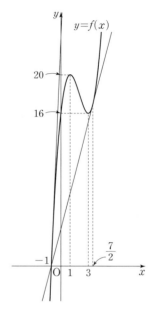

따라서 집합 A의 원소의 개수가 1이 되도록 하는 모든 t의 값의 합은

$$-1+1+3+\frac{7}{2}=\frac{13}{2}$$

답 ②

2 사차함수 $f(x)$의 최고차항의 계수가 1이고, 조건 (가)에서 함수 $|f(x)-f(1)|$은 $x=\alpha\ (\alpha\ne1)$에서만 미분가능하지 않으므로

$$f(x)-f(1)=(x-1)^3(x-\alpha)$$

로 놓을 수 있다.

즉, $f(x)=(x-1)^3(x-\alpha)+f(1)$

$\qquad =x^4-(\alpha+3)x^3+3(\alpha+1)x^2$

$\qquad\qquad\qquad -(3\alpha+1)x+\alpha+f(1)$

$f'(x)=4x^3-3(\alpha+3)x^2+6(\alpha+1)x-(3\alpha+1)$

$\qquad =(x-1)^2(4x-3\alpha-1)$

조건 (나)에서 함수 $f(x)$가 $x=-\dfrac{1}{2}$에서 극값을 가지므로

$$f'\left(-\frac{1}{2}\right)=\left(-\frac{1}{2}-1\right)^2(-2-3\alpha-1)=0$$에서

$$\alpha=-1$$

조건 (나)에서 함수 $f(x)$의 극솟값이 0이므로

$$f\left(-\frac{1}{2}\right)=\left(-\frac{1}{2}-1\right)^{3}\left(-\frac{1}{2}+1\right)+f(1)=0$$

$$f(1)=\frac{27}{16}$$

그러므로 $f(x)=(x-1)^{3}(x+1)+\dfrac{27}{16}$

한편, $f'(x)=2(x-1)^{2}(2x+1)=0$에서

$x=-\dfrac{1}{2}$ 또는 $x=1$

함수 $f(x)$의 증가와 감소를 표로 나타내면 다음과 같다.

x	$\cdots$	$-\dfrac{1}{2}$	$\cdots$	1	$\cdots$
$f'(x)$	$-$	0	$+$	0	$+$
$f(x)$	$\searrow$	0	$\nearrow$	$\dfrac{27}{16}$	$\nearrow$

$f(0)=\dfrac{11}{16}$이므로 함수
$y=f(x)$의 그래프는 오른쪽 그림과 같다.

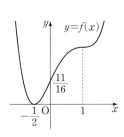

$f(f(x))=t$에서
$f(x)=X\ (X\geq0)$이라 하면
$f(X)=t$

(i) $t<\dfrac{11}{16}$일 때,

함수 $y=f(x)$의 그래프와 직선 $y=t$는 만나지 않거나
만나는 경우에도 교점의 x좌표의 값이 0보다 작으므로
방정식 $f(X)=t$의 해는 없다.
즉, $g(t)=0$이다.

(ii) $t=\dfrac{11}{16}$일 때,

$f(X)=\dfrac{11}{16}$에서 $X=0$

즉, $f(x)=0$에서 $x=-\dfrac{1}{2}$이므로

$g\left(\dfrac{11}{16}\right)=1$

(iii) $t>\dfrac{11}{16}$일 때,

제1사분면에서 함수 $y=f(x)$의 그래프와 직선 $y=t$는
오직 한 점에서 만나므로 방정식 $f(X)=t$를 만족시키
는 실수 X의 값은 1개 존재한다.
방정식 $f(X)=t$의 실근을 $p\ (p>0)$이라 하면
$X=p$에서 $f(x)=p$
함수 $y=f(x)$의 그래프와 직선 $y=p\ (p>0)$은 서로
다른 두 점에서 만나므로 방정식 $f(x)=p$는 서로 다른
두 실근을 갖는다.
즉, $g(t)=2$

(i), (ii), (iii)에서

$$g(t)=\begin{cases} 0 & \left(t<\dfrac{11}{16}\right) \\ 1 & \left(t=\dfrac{11}{16}\right) \\ 2 & \left(t>\dfrac{11}{16}\right) \end{cases}$$

함수 $g(t)$는 $t=\dfrac{11}{16}$에서만 불연속이므로

$\beta=\dfrac{11}{16}$

따라서 $\alpha+\beta=-1+\dfrac{11}{16}=-\dfrac{5}{16}$

답 ③

3 조건 (가)에서
$\{f(x)-f(3)\}^{2}+\{f'(2)\}^{2}=0$
이므로
$f(x)-f(3)=0,\ f'(2)=0$
방정식 $\{f(x)-f(3)\}^{2}+\{f'(2)\}^{2}=0$의 서로 다른 실근의
개수가 3이므로 방정식 $f(x)-f(3)=0$의 서로 다른 실근
의 개수는 3이다.
한편, $f(x)=x^{4}+ax^{3}+bx^{2}$에서 $f(0)=0$
$f'(x)=4x^{3}+3ax^{2}+2bx=x(4x^{2}+3ax+2b)$에서
$f'(0)=0$

(i) 함수 $f(x)$가 $x=0$에서만
극값을 갖는 경우
이때 $f(2)<f(3)$이므로 조
건 (나)를 만족시키지 않는다.

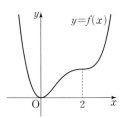

(ii) 함수 $f(x)$가 $x=2$에서만
극값을 갖는 경우
이때 $f(2)<f(3)$이므로 조
건 (나)를 만족시키지 않는다.

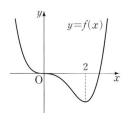

(iii) 함수 $f(x)$가 $x=0$, $x=2$
에서 모두 극값을 갖는 경우
$f(0)=0$이고 함수 $f(x)$
가 $x=0$에서 극댓값을 가
지면 $f(2)<0$이므로 조건
(나)를 만족시키지 않는다.

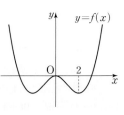

따라서 함수 $f(x)$가 $x=0$, $x=2$에서 모두 극값을 갖는 경우에는 함수 $f(x)$는 $x=0$에서 극솟값을 갖는다.

(a) 함수 $f(x)$가 $x=2$에서 극솟값을 갖는 경우
이때 $f(2)<f(3)$이므로 조건 (나)를 만족시키지 않는다.

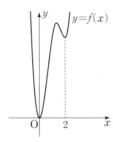

(b) 함수 $f(x)$가 $x=2$에서 극댓값을 갖는 경우
조건 (나)에서 $f(3)>0$이고 방정식
$f(x)-f(3)=0$의 서로 다른 실근의 개수가 3이려면 함수 $f(x)$는 $x=3$에서 극솟값을 가져야 한다.

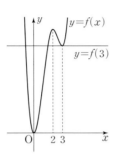

즉, $f'(0)=f'(2)=f'(3)=0$이므로 이차방정식 $4x^2+3ax+2b=0$의 두 근이 2, 3이다.
이차방정식의 근과 계수의 관계에 의해

$2+3=-\dfrac{3a}{4}$, $2\times3=\dfrac{2b}{4}$

즉, $a=-\dfrac{20}{3}$, $b=12$

이때 $f(x)=x^4-\dfrac{20}{3}x^3+12x^2$이다.

(i), (ii), (iii)에서 $f(x)=x^4-\dfrac{20}{3}x^3+12x^2$이므로

$f(3)=9$

$f(x)=9$에서 $x^4-\dfrac{20}{3}x^3+12x^2=9$

$3x^4-20x^3+36x^2-27=0$

$(x-3)^2(3x^2-2x-3)=0$

$x=3$ 또는 $x=\dfrac{1\pm\sqrt{10}}{3}$

$x\geq k$인 모든 실수 x에 대하여 부등식 $f(x)\geq f(3)$이 성립하도록 하는 실수 k의 최솟값은 $\dfrac{1+\sqrt{10}}{3}$이다.

따라서 $p=\dfrac{1+\sqrt{10}}{3}$이므로

$(3p-1)^2=\left(3\times\dfrac{1+\sqrt{10}}{3}-1\right)^2=10$

답 10

06 부정적분과 정적분

유제   본문 73~79쪽

| 1 ④ | 2 25 | 3 ④ | 4 8 | 5 ① |
| 6 100 | 7 ③ | 8 9 | | |

1 $f(x)=\displaystyle\int f'(x)dx=\int(3x^2-4x+1)dx$
$=x^3-2x^2+x+C$ (단, C는 적분상수)
$f(1)=1-2+1+C=4$에서 $C=4$
따라서 $f(x)=x^3-2x^2+x+4$이므로
$f(2)=8-8+2+4=6$

답 ④

2 $F(x)=\{f(x)\}^2$ ······ ㉠
다항함수 $f(x)$가 상수함수이면 $f(0)=-3$이므로
$f(x)=-3$이다. 이때 ㉠의 좌변은 일차식, 우변은 상수가 되어 조건을 만족시킬 수 없다.
다항함수 $f(x)$의 최고차항을 ax^n (a는 0이 아닌 상수, n은 자연수)라 하면 ㉠의 좌변의 최고차항은 $\dfrac{a}{n+1}x^{n+1}$, 우변의 최고차항은 a^2x^{2n}이므로
$n+1=2n$에서 $n=1$,
$\dfrac{a}{n+1}=a^2$에서 $\dfrac{a}{1+1}=a^2$
$a\neq0$이므로 $a=\dfrac{1}{2}$

즉, 다항함수 $f(x)$의 최고차항은 $\dfrac{1}{2}x$이다.

이때 $f(0)=-3$이므로 $f(x)=\dfrac{1}{2}x-3$

따라서 $F(1)=\{f(1)\}^2=\left(-\dfrac{5}{2}\right)^2=\dfrac{25}{4}$

이므로 $4F(1)=25$

답 25

다른 풀이

다항함수 $f(x)$의 한 부정적분이 $F(x)$이므로
$F'(x)=f(x)$
$F(x)=\{f(x)\}^2$, 즉 $F(x)=f(x)\times f(x)$의 양변을 x에 대하여 미분하면
$F'(x)=f'(x)f(x)+f(x)f'(x)$
$f(x)=2f(x)f'(x)$
$f(x)\{2f'(x)-1\}=0$

$f(x)=0$ 또는 $f'(x)=\dfrac{1}{2}$

$f(0)=-3$이므로 다항함수 $f(x)$에 대하여 $f'(x)=\dfrac{1}{2}$이다.

$f(x)=\displaystyle\int f'(x)dx=\int \dfrac{1}{2}dx=\dfrac{1}{2}x+C$ (C는 적분상수)

이고 $f(0)=C=-3$이므로

$f(x)=\dfrac{1}{2}x-3$

따라서 $f(1)=\dfrac{1}{2}-3=-\dfrac{5}{2}$이므로

$F(1)=\{f(1)\}^2=\dfrac{25}{4}$에서 $4F(1)=25$

---

3 $\displaystyle\int_2^x f'(t)dt=(x-3)^3+a$의 양변에 $x=2$를 대입하면

$\displaystyle\int_2^2 f'(t)dt=-1+a$, $0=-1+a$, 즉 $a=1$

정적분의 정의에 의하여

$\displaystyle\int_2^x f'(t)dt=\Big[f(t)\Big]_2^x=f(x)-f(2)$

이므로 $\displaystyle\int_2^x f'(t)dt=(x-3)^3+1$에서

$f(x)-f(2)=(x-3)^3+1$

따라서 $f(3)-f(2)=0^3+1=1$

답 ④

---

4 $\displaystyle\int_{-1}^x xf(t)dt-\int_{-1}^x tf(t)dt=x^4+(a-1)x^2-a$에서

$x\displaystyle\int_{-1}^x f(t)dt-\int_{-1}^x tf(t)dt=x^4+(a-1)x^2-a$ ...... ㉠

㉠의 양변을 x에 대하여 미분하면

$\displaystyle\int_{-1}^x f(t)dt+xf(x)-xf(x)=4x^3+2(a-1)x$

$\displaystyle\int_{-1}^x f(t)dt=4x^3+2(a-1)x$ ...... ㉡

㉡의 양변에 $x=-1$을 대입하면

$\displaystyle\int_{-1}^{-1} f(t)dt=-4-2(a-1)$

$0=-2a-2$, $a=-1$

㉡에서 $\displaystyle\int_{-1}^x f(t)dt=4x^3-4x$

이고 이 등식의 양변을 x에 대하여 미분하면

$f(x)=12x^2-4$

따라서 $f(a)=f(-1)=12-4=8$

답 8

---

5 $\displaystyle\int_1^3 (x^2+4)dx+\int_3^1 (x+2)^2 dx$

$=\displaystyle\int_1^3 (x^2+4)dx-\int_1^3 (x+2)^2 dx$

$=\displaystyle\int_1^3 \{(x^2+4)-(x+2)^2\}dx$

$=\displaystyle\int_1^3 (-4x)dx$

$=\Big[-2x^2\Big]_1^3$

$=-18+2=-16$

답 ①

---

6 함수 $f(x)=\begin{cases}-x+1 & (x\le 1)\\ ax+b & (x>1)\end{cases}$ 이 실수 전체의 집합에서

연속이므로 $x=1$에서 연속이다.

함수 $f(x)$가 $x=1$에서 연속이므로

$\displaystyle\lim_{x\to 1-} f(x)=\lim_{x\to 1+} f(x)=f(1)$이 성립하고

$\displaystyle\lim_{x\to 1-} f(x)=\lim_{x\to 1-} (-x+1)=0$,

$\displaystyle\lim_{x\to 1+} f(x)=\lim_{x\to 1+} (ax+b)=a+b$,

$f(1)=-1+1=0$

이므로 $a+b=0$, 즉 $b=-a$

이때 $f(x)=\begin{cases}-x+1 & (x\le 1)\\ ax-a & (x>1)\end{cases}$이므로

$\displaystyle\int_0^2 f(x)dx=\int_0^1 f(x)dx+\int_1^2 f(x)dx$

$=\displaystyle\int_0^1 (-x+1)dx+\int_1^2 (ax-a)dx$

$=\displaystyle\int_0^1 (-x+1)dx+a\int_1^2 (x-1)dx$

$=\Big[-\dfrac{1}{2}x^2+x\Big]_0^1+a\times\Big[\dfrac{1}{2}x^2-x\Big]_1^2$

$=\Big(\dfrac{1}{2}-0\Big)+a\times\Big\{0-\Big(-\dfrac{1}{2}\Big)\Big\}$

$=\dfrac{1}{2}+\dfrac{1}{2}a>5$

에서 $a>9$

따라서 정수 a의 최솟값은 10이므로

$|ab|=|a\times(-a)|=a^2$의 최솟값은 100이다.

답 100

---

7 $\displaystyle\int_{-2}^2 (3ax^2+2ax+a)dx$

$=\displaystyle\int_{-2}^2 3ax^2 dx+\int_{-2}^2 2ax\,dx+\int_{-2}^2 a\,dx$

$$=2\int_0^2 3ax^2\,dx+0+2\int_0^2 a\,dx$$

$$=2\times\Big[\,ax^3\,\Big]_0^2+2\times\Big[\,ax\,\Big]_0^2$$

$$=2\times 8a+2\times 2a$$

$$=20a=60$$

에서 $a=3$

답 ③

8 최고차항의 계수가 1인 사차함수 $f(x)$가 모든 실수 x에 대하여 $f(-x)=f(x)$를 만족시키므로

$f(x)=x^4+ax^2+b$ ($a,\ b$는 상수)

로 놓을 수 있다.

조건 (나)의 $f(0)=1$에서

$f(0)=b=1$

$$\lim_{h\to 0}\frac{1}{h}\int_1^{1+h}f'(t)\,dt=\lim_{h\to 0}\frac{\displaystyle\int_1^{1+h}f'(t)\,dt}{h}$$

$$=\lim_{h\to 0}\frac{f(1+h)-f(1)}{h}$$

$$=f'(1)$$

이고 $\lim\limits_{h\to 0}\dfrac{1}{h}\displaystyle\int_1^{1+h}f'(t)\,dt=0$이므로

$f'(1)=0$

$f(x)=x^4+ax^2+1$에서 $f'(x)=4x^3+2ax$이므로

$f'(1)=4+2a=0,\ a=-2$

따라서 $f(x)=x^4-2x^2+1$이므로

$f(2)=16-8+1=9$

답 9

1 ②	**2** ④	**3** ③	**4** ⑤	**5** ①
6 ③	**7** ①	**8** ②	**9** 72	

1 $f(x)=\displaystyle\int f'(x)\,dx$

$$=\int(4x^3+6x)\,dx$$

$$=x^4+3x^2+C\ \text{(단, } C\text{는 적분상수)}$$

따라서 $f(1)-f(0)=(4+C)-C=4$

답 ②

다른 풀이

$$f(1)-f(0)=\int_0^1 f'(x)\,dx=\int_0^1(4x^3+6x)\,dx$$

$$=\Big[\,x^4+3x^2\,\Big]_0^1=4-0=4$$

2 $\displaystyle\int_1^2(ax-2)\,dx=\Big[\,\dfrac{a}{2}x^2-2x\,\Big]_1^2$

$$=(2a-4)-\Big(\dfrac{a}{2}-2\Big)$$

$$=\dfrac{3}{2}a-2=4$$

에서 $\dfrac{3}{2}a=6$

따라서 $a=4$

답 ④

3 $\displaystyle\int_0^1\dfrac{x^2-2x}{x+1}\,dx+\int_0^1\dfrac{x-2}{x+1}\,dx$

$$=\int_0^1\Big(\dfrac{x^2-2x}{x+1}+\dfrac{x-2}{x+1}\Big)\,dx$$

$$=\int_0^1\dfrac{x^2-x-2}{x+1}\,dx$$

$$=\int_0^1\dfrac{(x+1)(x-2)}{x+1}\,dx$$

$$=\int_0^1(x-2)\,dx$$

$$=\Big[\,\dfrac{1}{2}x^2-2x\,\Big]_0^1$$

$$=-\dfrac{3}{2}$$

답 ③

4 $\displaystyle\int_0^2 x|x-1|\,dx$

$$=\int_0^1 x|x-1|\,dx+\int_1^2 x|x-1|\,dx$$

$$=\int_0^1(-x^2+x)\,dx+\int_1^2(x^2-x)\,dx$$

$$=\Big[-\dfrac{1}{3}x^3+\dfrac{1}{2}x^2\Big]_0^1+\Big[\dfrac{1}{3}x^3-\dfrac{1}{2}x^2\Big]_1^2$$

$$=\Big(\dfrac{1}{6}-0\Big)+\Big\{\dfrac{2}{3}-\Big(-\dfrac{1}{6}\Big)\Big\}$$

$$=\dfrac{1}{6}+\dfrac{5}{6}$$

$$=1$$

답 ⑤

5 $\int_{-3}^{3}(x^2+a)(x^3+x+1)dx$

$=\int_{-3}^{3}\{x^5+(a+1)x^3+x^2+ax+a\}dx$

$=2\int_{0}^{3}(x^2+a)dx$

$=2\times\left[\dfrac{1}{3}x^3+ax\right]_{0}^{3}$

$=2\times(9+3a)$

$=18+6a=6$

에서 $6a=-12$

따라서 $a=-2$

답 ①

6 $f(x)=\int f'(x)dx=\int(-x^2+2x+3)dx$

$=-\dfrac{1}{3}x^3+x^2+3x+C$ (단, C는 적분상수)

$f'(x)=-x^2+2x+3=-(x-3)(x+1)$이므로

$f'(x)=0$에서 $x=-1$ 또는 $x=3$

함수 $f(x)$의 증가와 감소를 표로 나타내면 다음과 같다.

x	$\cdots$	-1	$\cdots$	3	$\cdots$
$f'(x)$	$-$	0	$+$	0	$-$
$f(x)$	$\searrow$	극소	$\nearrow$	극대	$\searrow$

함수 $f(x)$의 극솟값이 2이므로

$f(-1)=\dfrac{1}{3}+1-3+C=2$, $C=\dfrac{11}{3}$

따라서 $f(0)=C=\dfrac{11}{3}$

답 ③

7 함수 $f(x)$의 한 부정적분을 $F(x)$라 하면

$\dfrac{d}{dx}\left\{\int_{1}^{x}f(t)dt\right\}=\dfrac{d}{dx}\{F(x)-F(1)\}$

$=F'(x)=f(x)$

이므로 $\dfrac{d}{dx}\left\{\int_{1}^{x}f(t)dt\right\}=x^2+ax$에서

$f(x)=x^2+ax$

$f(-1)=1-a=3$에서 $a=-2$

답 ①

8 $\int_{-1}^{1}f(t)dt=a$ (a는 상수)라 하면

$f(x)=3x^3+1+a$

$\int_{-1}^{1}(3t^3+1+a)dt=a$에서

$\int_{-1}^{1}(3t^3+1+a)dt=2\int_{0}^{1}(1+a)dt$

$=2\times\left[(1+a)t\right]_{0}^{1}$

$=2(1+a)=a$

이므로 $a=-2$

따라서 $f(x)=3x^3-1$이고 함수 $f(x)$의 한 부정적분을 $F(x)$라 하면

$\lim_{x\to1}\dfrac{1}{x-1}\int_{1}^{x}f(t)dt=\lim_{x\to1}\dfrac{F(x)-F(1)}{x-1}$

$=F'(1)=f(1)=2$

답 ②

9 $\int_{0}^{x}f(t)dt=f(x)+x^3+ax$ $\cdots\cdots$ ㉠

㉠의 양변을 x에 대하여 미분하면

$f(x)=f'(x)+3x^2+a$ $\cdots\cdots$ ㉡

다항함수 $f(x)$가 상수함수이면 ㉡의 좌변은 상수, 우변은 이차식이 되어 조건을 만족시킬 수 없다.

다항함수 $f(x)$의 최고차항을 bx^n (b는 0이 아닌 상수, n은 자연수)라 하면 $f'(x)$의 최고차항은 nbx^{n-1}이므로 이 등식이 성립하려면 $bx^n=3x^2$이어야 한다.

즉, $b=3$, $n=2$

㉠의 양변에 $x=0$을 대입하면

$0=f(0)+0$, $f(0)=0$

그러므로 $f(x)=3x^2+cx$ (c는 상수)로 놓을 수 있다.

이때 $f'(x)=6x+c$이므로 ㉡에서

$3x^2+cx=(6x+c)+3x^2+a=3x^2+6x+a+c$

즉, $c=6$, $a+c=0$에서 $a=-c=-6$

따라서 $f(x)=3x^2+6x$이므로

$f(a)=f(-6)=108-36=72$

답 72

Level 2 기본 연습 본문 82~83쪽

1 ④	**2** ④	**3** 44	**4** ⑤	**5** ②
6 ②	**7** ⑤			

1 다항함수 $f(x)$가 상수함수이면 $f(0)=4$에서 $f(x)=4$이고 $F'(x)=f(x)=4$이므로 $|F'(1)|\le2$를 만족시키지 않는다.

$2\{F(x)-F(1)\}=(x-1)\{f(x)+f(1)\}$ $\cdots\cdots$ ㉠

다항함수 $f(x)$의 최고차항을 ax^n (a는 0이 아닌 상수, n은 자연수)라 하면 ㉠의 좌변의 최고차항은 $\dfrac{2a}{n+1}x^{n+1}$, 우변의 최고차항은 ax^{n+1}이다.

$\dfrac{2a}{n+1}=a$에서 $a\neq0$이므로

$\dfrac{2}{n+1}=1$, $n=1$

$n=1$이면 $f(x)$는 일차함수이고 $f(0)=4$이므로

$f(x)=ax+4$이다.

$F(x)=\displaystyle\int f(x)dx=\int(ax+4)dx$

$\qquad=\dfrac{a}{2}x^2+4x+C$ (단, C는 적분상수)

㉠에서

$2\left\{\left(\dfrac{a}{2}x^2+4x+C\right)-\left(\dfrac{a}{2}+4+C\right)\right\}$

$=(x-1)\{(ax+4)+(a+4)\}$

$ax^2+8x-a-8=ax^2+8x-a-8$

이므로 함수 $f(x)=ax+4$는 두 상수 a, C의 값에 관계없이 ㉠을 만족시킨다.

이때 $F'(x)=f(x)$에서 $F'(1)=f(1)=a+4$이고 조건 (나)에서

$|a+4|\leq2$, $-2\leq a+4\leq2$

$-6\leq a\leq-2$ $\qquad\qquad$ …… ㉡

$f(3)=3a+4$이고 ㉡에서

$-14\leq3a+4\leq-2$이므로

$-14\leq f(3)\leq-2$

따라서 $f(3)$의 최댓값은 -2, 최솟값은 -14이므로 이들의 곱은 28이다.

답 ④

2 $\displaystyle\int_0^x f(t)dt=g(x)+\int_3^0 f(t)dt$ $\qquad$ …… ㉠

㉠의 양변에 $x=3$을 대입하면

$\displaystyle\int_0^3 f(t)dt=g(3)+\int_3^0 f(t)dt$

$g(3)=6$이고, $\displaystyle\int_3^0 f(t)dt=-\int_0^3 f(t)dt$이므로

$\displaystyle\int_0^3 f(t)dt=6-\int_0^3 f(t)dt$에서

$\displaystyle\int_0^3 f(t)dt=3$, 즉 $\displaystyle\int_3^0 f(t)dt=-3$

$g(4)=10$이므로 ㉠의 양변에 $x=4$를 대입하면

$\displaystyle\int_0^4 f(t)dt=g(4)+\int_3^0 f(t)dt=10+(-3)=7$

답 ④

3 $\displaystyle\lim_{x\to1}\dfrac{f(x)}{x-1}=0$ $\qquad\qquad$ …… ㉠

㉠에서 $x\to1$일 때 (분모)$\to0$이고 극한값이 존재하므로 (분자)$\to0$이어야 한다.

즉, $\displaystyle\lim_{x\to1}f(x)=0$이고 삼차함수 $f(x)$는 연속함수이므로

$f(1)=0$ $\qquad\qquad$ …… ㉡

이때 ㉠에서

$\displaystyle\lim_{x\to1}\dfrac{f(x)}{x-1}=\lim_{x\to1}\dfrac{f(x)-f(1)}{x-1}=f'(1)=0$

$f(1)=0$, $f'(1)=0$이므로 최고차항의 계수가 4인 삼차함수 $f(x)$를

$f(x)=4(x-1)^2(x+a)$ (a는 상수) $\quad$ …… ㉢

로 놓을 수 있다.

$F(x)=\displaystyle\int_0^x f(t)dt$라 하면 $F(x)$는 최고차항의 계수가 1인 사차함수이고

$\displaystyle\lim_{x\to1}\dfrac{1}{x-1}\int_0^x f(t)dt=k$에서

$\displaystyle\lim_{x\to1}\dfrac{F(x)}{x-1}=k$ $\qquad\qquad$ …… ㉣

㉣에서 $x\to1$일 때 (분모)$\to0$이고 극한값이 존재하므로 (분자)$\to0$이어야 한다.

즉, $\displaystyle\lim_{x\to1}F(x)=0$이고 사차함수 $F(x)$는 연속함수이므로

$F(1)=0$

$F(1)=\displaystyle\int_0^1 f(t)dt$

$\qquad=\displaystyle\int_0^1 4(t-1)^2(t+a)dt$

$\qquad=4\displaystyle\int_0^1\{t^3+(a-2)t^2+(1-2a)t+a\}dt$

$\qquad=4\left[\dfrac{1}{4}t^4+\dfrac{a-2}{3}t^3+\dfrac{1-2a}{2}t^2+at\right]_0^1$

$\qquad=4\left(\dfrac{1}{4}+\dfrac{a-2}{3}+\dfrac{1-2a}{2}+a\right)$

$\qquad=4\left(\dfrac{a}{3}+\dfrac{1}{12}\right)=0$

에서 $a=-\dfrac{1}{4}$

이것을 ㉢에 대입하면

$f(x)=4(x-1)^2\left(x-\dfrac{1}{4}\right)=(x-1)^2(4x-1)$

한편, ㉣에서

$\displaystyle\lim_{x\to1}\dfrac{F(x)}{x-1}=\lim_{x\to1}\dfrac{F(x)-F(1)}{x-1}$

$\qquad\qquad\qquad=F'(1)=f(1)=k$

㉡에서 $f(1)=0$이므로 $k=0$

따라서
$$f(k+3)=f(3)=2^2\times 11=44$$

답 44

참고

다음과 같은 방법으로 함수 $f(x)$를 구할 수도 있다.
$F(1)=F(0)=0$, $F'(1)=0$이므로 최고차항의 계수가 1
인 사차함수 $F(x)$를
$$F(x)=x(x-1)^2(x+b) \text{ (b는 상수)}$$
로 놓을 수 있다.
$F(x)=x(x-1)^2(x+b)=(x^3-2x^2+x)(x+b)$에서
$$\begin{aligned}F'(x)&=(3x^2-4x+1)(x+b)+(x^3-2x^2+x)\\&=(x-1)(3x-1)(x+b)+x(x-1)^2\\&=(x-1)\{(3x-1)(x+b)+x(x-1)\}\end{aligned}$$
$F'(x)=f(x)$이므로 ⓒ에서
$$(x-1)\{(3x-1)(x+b)+x(x-1)\}$$
$$=4(x-1)^2(x+a)$$
$$(3x-1)(x+b)+x(x-1)=4(x-1)(x+a) \ \cdots\cdots \text{ⓜ}$$
ⓜ의 양변에 $x=1$을 대입하면
$$2(1+b)=0, \ b=-1$$
ⓜ의 양변에 $x=0$을 대입하면
$$-b=-4a$$
$$a=\frac{1}{4}b=-\frac{1}{4}$$
따라서 $f(x)=4(x-1)^2\left(x-\dfrac{1}{4}\right)$이다.

4 함수 $f(x)$가 실수 전체의 집합에서 연속이므로 $x=1$에서
연속이다.
함수 $f(x)$가 $x=1$에서 연속이므로
$$\lim_{x\to 1-}f(x)=\lim_{x\to 1+}f(x)=f(1)\text{이다.}$$
$$\lim_{x\to 1-}f(x)=\lim_{x\to 1-}(ax^2-1)=a-1,$$
$$\lim_{x\to 1+}f(x)=\lim_{x\to 0+}f(x+1)=\lim_{x\to 0+}\{f(x)+b\}$$
$$=\lim_{x\to 0+}(ax^2-1+b)=-1+b,$$
$$f(1)=f(0)+b=-1+b$$
이므로 $a-1=-1+b$
즉, $a=b$
이때 $0\le x\le 1$에서 $f(x)=ax^2-1$이다.
$f(x+1)=f(x)+b$이므로 정수 n에 대하여 $n\le x\le n+1$
에서의 함수 $y=f(x)$의 그래프를 x축의 방향으로 1만큼,
y축의 방향으로 b만큼 평행이동한 것이 $n+1\le x\le n+2$
에서의 함수 $y=f(x)$의 그래프이다.

그러므로
$1\le x\le 2$일 때 $f(x)=a(x-1)^2-1+b$,
$2\le x\le 3$일 때 $f(x)=a(x-2)^2-1+2b$
이고 $a=b$이므로
$$\begin{aligned}\int_2^3 f(x)dx&=\int_2^3\{a(x-2)^2-1+2a\}dx\\&=\int_2^3(ax^2-4ax+6a-1)dx\\&=\left[\frac{a}{3}x^3-2ax^2+(6a-1)x\right]_2^3\\&=(9a-3)-\left(\frac{20}{3}a-2\right)\\&=\frac{7}{3}a-1=\frac{11}{3}\end{aligned}$$
에서 $a=2$
따라서 $a+b=a+a=2a=4$

답 ⑤

참고

$a=b$이므로 $0\le x\le 3$에서 함수 $y=f(x)$의 그래프는 다음
그림과 같다.

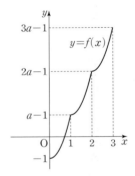

이때 $\displaystyle\int_0^1 f(x)dx$, $\displaystyle\int_1^2 f(x)dx$, $\displaystyle\int_2^3 f(x)dx$의 값은 이 순서
대로 공차가 $b(=a)$인 등차수열을 이룬다.

5 조건 (가)에서
$0\le x\le 1$인 모든 실수 x에 대하여 $f(x)\ge 0$이고,
$1\le x\le a$인 모든 실수 x에 대하여 $f(x)\le 0$이므로
$f(1)=0$이다.
이때 $f(0)=0$, $f(1)=0$이므로 이차항의 계수는 음수, 즉
-4이고 $f(x)=-4x(x-1)$이다.
이차함수 $y=f(x)$의 그래프의 축의 방정식이 $x=\dfrac{1}{2}$이므로
$$\int_0^a f(x)dx=\int_{1-a}^1 f(x)dx \ \cdots\cdots \text{㉠}$$
를 만족시킨다.

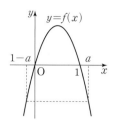

따라서 조건 (나)와 ㉠에서

$$\left| \int_0^a f(x)dx \right| \leq \int_{1-a}^1 f(x)dx = \int_0^a f(x)dx$$인데

$$\left| \int_0^a f(x)dx \right| \geq \int_0^a f(x)dx$$이므로

$$\left| \int_0^a f(x)dx \right| = \int_0^a f(x)dx$$

즉, $\int_0^a f(x)dx \geq 0$이다.

$$\int_0^a f(x)dx = \int_0^a \{-4x(x-1)\}dx$$

$$= -4\int_0^a (x^2-x)dx$$

$$= -4 \times \left[\frac{1}{3}x^3 - \frac{1}{2}x^2 \right]_0^a$$

$$= -4 \times \left(\frac{1}{3}a^3 - \frac{1}{2}a^2 \right)$$

$$= -\frac{4}{3}a^2\left(a - \frac{3}{2} \right) \geq 0$$

에서 $a \leq \frac{3}{2}$

$a > 1$이므로 $1 < a \leq \frac{3}{2}$

닫힌구간 $\left[1, \frac{3}{2} \right]$에서 함수 $f(x)$는 감소하고 $f(1)=0$,

$f\left(\frac{3}{2} \right) = -3$이므로

$$f\left(\frac{3}{2} \right) \leq f(a) < f(1)$$

$$-3 \leq f(a) < 0$$

따라서 $f(a)$의 최솟값은 -3이다.

답 ②

6 조건 (가)에서

$$g'(x) = \int f'(x)dx - \int 6x\,dx$$

$$= f(x) - 3x^2 + C \text{ (단, } C\text{는 적분상수)} \quad \cdots\cdots ㉠$$

조건 (나)의 등식의 양변을 x에 대하여 미분하면

$$f(x) = g(x) + xg'(x) - g(x)$$

즉, $f(x) = xg'(x)$ $\quad\cdots\cdots ㉡$

㉠에 ㉡을 대입하면

$$g'(x) = xg'(x) - 3x^2 + C$$

$$(x-1)g'(x) = 3x^2 - C$$

이 등식의 양변에 $x=1$을 대입하면

$$0 = 3 - C$$

$$C = 3$$

$$(x-1)g'(x) = 3x^2 - 3 = 3(x+1)(x-1)$$

이때 $g'(x)$가 다항함수이므로 $g'(x) = 3x + 3$

$$g(x) = \int g'(x)dx = \int (3x+3)dx$$

$$= \frac{3}{2}x^2 + 3x + C_1 \text{ (단, } C_1\text{은 적분상수)}$$

㉡에서 $f(x) = xg'(x) = 3x^2 + 3x$이고

$f(1) = g(1)$이므로

$$3+3 = \frac{3}{2} + 3 + C_1$$

$$C_1 = \frac{3}{2}$$

따라서 $g(x) = \frac{3}{2}x^2 + 3x + \frac{3}{2}$이므로

$$g(2) = 6 + 6 + \frac{3}{2} = \frac{27}{2}$$

답 ②

7 ㄱ. $0 \leq x < 2$일 때 $|f(x)| = |x-1|$,

$2 \leq x \leq 4$일 때 $|f(x)| = |x-3|$에서

$f(1)=0$, $f(3)=0$이다.

닫힌구간 $[0, 4]$에서 함수 $f(x)$가 연속함수이므로

$0 \leq x < 1$일 때, $f(x) = x-1$ 또는 $f(x) = -x+1$

$1 \leq x < 2$일 때 $f(x) = x-1$이면, $2 \leq x < 3$일 때

$f(x) = -x+3$ $\quad\cdots\cdots ㉠$

$1 \leq x < 2$일 때 $f(x) = -x+1$이면, $2 \leq x < 3$일 때

$f(x) = x-3$ $\quad\cdots\cdots ㉡$

$3 \leq x \leq 4$일 때, $f(x) = x-3$ 또는 $f(x) = -x+3$

이다.

그러므로 가능한 함수 f의 개수는 $2 \times 2 \times 2 = 8$이다.

(거짓)

ㄴ. ㉠, ㉡에 의하여 함수 $y = f(x)$의 그래프는 $1 \leq x \leq 3$에

서 직선 $x=2$에 대하여 대칭이다.

함수 $y = f(x)$의 그래프의 대칭성을 이용하면

$$\int_1^2 f(t)dt = \int_2^3 f(t)dt$$이므로

$$g(2) = \int_1^2 f(t)dt + \int_3^2 f(t)dt$$

$$= \int_1^2 f(t)dt - \int_2^3 f(t)dt = 0$$

그러므로 ㄱ에서 구한 8개의 연속함수 $f(x)$에 대하여
$g(2)=0$이다.

한편, $g(x)=\int_1^x f(t)dt+\int_3^x f(t)dt$에서

$g'(x)=f(x)+f(x)=2f(x)$ ...... ㉢

㉢에서 $g'(2)=2f(2)$이고,

㉠의 경우 $f(2)=1$,

㉡의 경우 $f(2)=-1$이므로

$|g'(2)|=|2f(2)|=2$

따라서 $|g(2)|+|g'(2)|=0+2=2$ (참)

ㄷ. ㉢에서 $g'(x)=2f(x)$이므로

$g'(x)=0$에서 $f(x)=0$

즉, $x=1$ 또는 $x=3$

함수 $g(x)$가 $x=a\ (1<a<4)$에서만 극값을 가지므로
$a=3$이다.

$g'(x)=2f(x)$이므로 $x=3$의 좌우에서 함수 $f(x)$의
부호가 바뀌고 $x=1$의 좌우에서 함수 $f(x)$의 부호가
바뀌지 않아야 한다.

ㄴ에서 $g(2)=0$이므로 $g(a)=g(3)>0$이려면 닫힌구
간 $[2, 3]$에서 함수 $g(x)$는 증가해야 하므로 이 구간에
서 $f(x)\geq0$이어야 한다.

따라서 함수 $y=f(x)$의 그래프는 다음 그림과 같다.

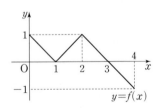

이때 함수 $g(x)$는 $x=3$에서 극대이고

$g(3)=\int_1^3 f(t)dt+\int_3^3 f(t)dt$

$=\int_1^2 f(t)dt+\int_2^3 f(t)dt+0$

$=\int_1^2 (t-1)dt+\int_2^3 (-t+3)dt$

$=\left[\frac{1}{2}t^2-t\right]_1^2+\left[-\frac{1}{2}t^2+3t\right]_2^3$

$=\frac{1}{2}+\frac{1}{2}=1$

따라서 $a+g(a)=3+g(3)=3+1=4$ (참)

이상에서 옳은 것은 ㄴ, ㄷ이다.

답 ⑤

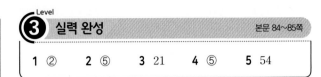

1 $f'(x)=\begin{cases} a & (x<b) \\ -3x^2+x & (x\geq b) \end{cases}$에서 실수 전체의 집합에서
정의된 두 함수 $f_1'(x)$, $f_2'(x)$를
$f_1'(x)=a$, $f_2'(x)=-3x^2+x$라 하자.

함수 $f(x)$가 실수 전체의 집합에서 미분가능하므로 실수
전체의 집합에서 연속이다. 함수 $f(x)$가 연속함수가 되도
록 하는 $f_1'(x)$의 부정적분 중 하나를 $f_1(x)$라 하고,
$f_2'(x)$의 부정적분 중 하나를 $f_2(x)$라 하자.

즉, $f(x)=\begin{cases} f_1(x) & (x<b) \\ f_2(x) & (x\geq b) \end{cases}$라 하자.

함수 $f(x)$가 $x=b$에서 연속이므로

$\lim\limits_{x\to b-}f(x)=\lim\limits_{x\to b+}f(x)=f(b)$이다.

$\lim\limits_{x\to b-}f(x)=\lim\limits_{x\to b-}f_1(x)=f_1(b)$,

$\lim\limits_{x\to b+}f(x)=\lim\limits_{x\to b+}f_2(x)=f_2(b)$,

$f(b)=f_2(b)$

이므로 $f(b)=f_1(b)=f_2(b)$

함수 $f(x)$가 $x=b$에서 미분가능하므로

$\lim\limits_{x\to b-}\dfrac{f(x)-f(b)}{x-b}=\lim\limits_{x\to b+}\dfrac{f(x)-f(b)}{x-b}$이다.

$\lim\limits_{x\to b-}\dfrac{f(x)-f(b)}{x-b}=\lim\limits_{x\to b-}\dfrac{f_1(x)-f_2(b)}{x-b}$

$=\lim\limits_{x\to b-}\dfrac{f_1(x)-f_1(b)}{x-b}$

$=f_1'(b)=a$,

$\lim\limits_{x\to b+}\dfrac{f(x)-f(b)}{x-b}=\lim\limits_{x\to b+}\dfrac{f_2(x)-f_2(b)}{x-b}$

$=f_2'(b)=-3b^2+b$

이므로 $a=-3b^2+b$ ...... ㉠

연속함수 $f(x)$의 역함수가 존재하고

$\lim\limits_{x\to\infty}f'(x)=\lim\limits_{x\to\infty}(-3x^2+x)=-\infty$이므로 모든 실수 x에
대하여 $f'(x)\leq0$이어야 한다.

즉, $x<b$에서 $f'(x)=a\leq0$이고 $x\geq b$에서
$f'(x)=-x(3x-1)\leq0$이어야 한다.

$a=0$이면 $x<b$에서 함수 $f(x)$가 상수함수가 되어 함수
$f(x)$의 역함수가 존재한다는 조건을 만족시키지 않는다.
그러므로 $a<0$이다.

이때 ㉠에서 $a=-3b^2+b=-b(3b-1)<0$이므로

$b<0$ 또는 $b>\frac{1}{3}$ ...... ㉡

또한 $x \geq b$에서 $f'(x) = -x(3x-1) \leq 0$이려면 $b \geq \dfrac{1}{3}$이

고, ⓛ을 만족시키려면 $b > \dfrac{1}{3}$이다.

또한 ⓙ에 의하여 함수 $f'(x)$가 실수 전체의 집합에서 연속

이므로 $f(2) - f(0) = \displaystyle\int_0^2 f'(x)dx$이다.

$f(2) - f(0) = -\dfrac{15}{2}$이므로

$$\int_0^2 f'(x)dx = -\dfrac{15}{2}$$

(i) $b > 2$인 경우

$$\int_0^2 f'(x)dx = \int_0^2 a\,dx = \Big[ax \Big]_0^2 = 2a = -\dfrac{15}{2}$$

에서 $a = -\dfrac{15}{4}$

ⓙ에서

$-3b^2 + b = -\dfrac{15}{4}$, $12b^2 - 4b - 15 = 0$

$b = \dfrac{2 \pm 2\sqrt{46}}{12} = \dfrac{1 \pm \sqrt{46}}{6}$

이때 $b > 2$라는 조건을 만족시키지 않는다.

(ii) $\dfrac{1}{3} < b \leq 2$인 경우

$\displaystyle\int_0^2 f'(x)dx$

$= \displaystyle\int_0^b f'(x)dx + \int_b^2 f'(x)dx$

$= \displaystyle\int_0^b a\,dx + \int_b^2 (-3x^2 + x)dx$

$= \Big[ax \Big]_0^b + \Big[-x^3 + \dfrac{1}{2}x^2 \Big]_b^2$

$= ab + \Big(-6 + b^3 - \dfrac{1}{2}b^2 \Big)$

$= (-3b^2 + b)b + \Big(-6 + b^3 - \dfrac{1}{2}b^2 \Big)$

$= -2b^3 + \dfrac{1}{2}b^2 - 6 = -\dfrac{15}{2}$

에서

$4b^3 - b^2 - 3 = 0$

$(b-1)(4b^2 + 3b + 3) = 0$

$b = 1$ 또는 $4b^2 + 3b + 3 = 0$

이차방정식 $4b^2 + 3b + 3 = 0$의 판별식을 D라 하면

$D = 9 - 48 = -39 < 0$이므로 이 방정식은 실근을 갖지

않는다.

즉, $b = 1$

(i), (ii)에 의하여 $b = 1$이고 ⓙ에서 $a = -2$이므로

$a + b = -2 + 1 = -1$

답 ②

2 조건 (가)의 $\{f(x) + x\}\{f(x) - x\} = x^4 - 3x^2 + 1$에서

$\{f(x)\}^2 - x^2 = x^4 - 3x^2 + 1$

$\{f(x)\}^2 = x^4 - 2x^2 + 1$

$\{f(x)\}^2 = (x^2 - 1)^2$

$f(x) = x^2 - 1$ 또는 $f(x) = -x^2 + 1$

이때 두 곡선 $y = x^2 - 1$, $y = -x^2 + 1$이 두 점 $(-1, 0)$,

$(1, 0)$에서 만나므로 반드시 $f(-1) = 0$, $f(1) = 0$이다.

함수 $f(x)$가 실수 전체의 집합에서 연속이므로 함수 $f(x)$

는 세 구간 $(-\infty, -1]$, $[-1, 1]$, $[1, \infty)$에서 각각 두

함수 $y = x^2 - 1$, $y = -x^2 + 1$ 중 하나를 택하여 정해진다.

그러므로 실수 전체의 집합에서 연속인 함수 $f(x)$가 될 수

있는 것은 8개이다.

(i) $-1 < x < 1$에서 $f(x) = x^2 - 1$인 경우

$-1 < x < 1$인 모든 실수 x에 대하여 $f(x) < 0$이므로

$\displaystyle\int_x^1 f(t)dt < 0$이다.

그러므로 $-1 < x < 1$에서

$f(x) - \displaystyle\int_1^x f(t)dt = f(x) + \int_x^1 f(t)dt < 0$이 되어

조건 (나)를 만족시키지 않는다.

(ii) $-1 < x < 1$에서 $f(x) = -x^2 + 1$인 경우

(a) $x < -1$에서 $f(x) = -x^2 + 1$인 경우

$x \leq 1$에서 $f(x) = -x^2 + 1$이므로

$f(x) - \displaystyle\int_1^x f(t)dt = -x^2 + 1 - \int_1^x (-t^2 + 1)dt$

$\qquad = -x^2 + 1 - \Big[-\dfrac{1}{3}t^3 + t \Big]_1^x$

$\qquad = \dfrac{1}{3}x^3 - x^2 - x + \dfrac{5}{3}$

이때 $\displaystyle\lim_{x \to -\infty} \Big(\dfrac{1}{3}x^3 - x^2 - x + \dfrac{5}{3} \Big) = -\infty$이므로

조건 (나)를 만족시키지 않는다.

(b) $x < -1$에서 $f(x) = x^2 - 1$인 경우

$x \leq 1$인 모든 실수 x에 대하여 $f(x) \geq 0$이므로

$\displaystyle\int_x^1 f(t)dt \geq 0$이다.

그러므로 $x \leq 1$인 모든 실수 x에 대하여

$f(x) - \displaystyle\int_1^x f(t)dt = f(x) + \int_x^1 f(t)dt \geq 0$이 되어

조건 (나)를 만족시킨다.

(i), (ii)에서 조건을 만족시키는 함수 $f(x)$는

$x < -1$에서 $f(x) = x^2 - 1$, $-1 \leq x < 1$에서

$f(x) = -x^2 + 1$임을 알 수 있다.

또 $x \geq 1$에서는 $f(x) = x^2 - 1$ 또는 $f(x) = -x^2 + 1$이다.

$$\int_{-2}^{2} f(x)dx$$

$$=\int_{-2}^{-1} f(x)dx+\int_{-1}^{1} f(x)dx+\int_{1}^{2} f(x)dx$$

$$=\int_{-2}^{-1} (x^2-1)dx+\int_{-1}^{1} (-x^2+1)dx+\int_{1}^{2} f(x)dx$$

이고, $x\geq1$인 모든 실수 x에 대하여 $x^2-1\geq0$, $-x^2+1\leq0$이므로 $\int_{-2}^{2} f(x)dx$의 최댓값, 최솟값을 각각 M, m이라 하면

$$M=\int_{-2}^{-1} (x^2-1)dx+\int_{-1}^{1} (-x^2+1)dx+\int_{1}^{2} (x^2-1)dx$$

$$m=\int_{-2}^{-1} (x^2-1)dx+\int_{-1}^{1} (-x^2+1)dx+\int_{1}^{2} (-x^2+1)dx$$

따라서
$M+m$

$$=2\int_{-2}^{-1} (x^2-1)dx+2\int_{-1}^{1} (-x^2+1)dx$$
$$\quad+\int_{1}^{2}\{(x^2-1)+(-x^2+1)\}dx$$

$$=2\times\left[\frac{1}{3}x^3-x\right]_{-2}^{-1}+2\times\left[-\frac{1}{3}x^3+x\right]_{-1}^{1}+0$$

$$=2\left(\frac{2}{3}+\frac{2}{3}\right)+2\left(\frac{2}{3}+\frac{2}{3}\right)$$

$$=\frac{8}{3}+\frac{8}{3}=\frac{16}{3}$$

답 ⑤

3 $f'(0)=0$이므로 이차함수 $f(x)$를
$f(x)=ax^2+b$ (a, b는 상수, $a\neq0$)으로 놓을 수 있다.
$xg(x)=\int_{-1}^{1} |x-t|f(t)dt$에서

$$xg(x)=\int_{-1}^{1} |x-t|(at^2+b)dt \quad\cdots\cdots\ \bigcirc$$

이차함수 $f(x)$와 연속함수 $g(x)$가 모든 실수 x에 대하여 $\bigcirc$을 만족시키므로 $\bigcirc$의 양변에 $x=0$을 대입하면

$$0=\int_{-1}^{1} |t|(at^2+b)dt$$

$$=\int_{-1}^{1} (at^2|t|+b|t|)dt$$

$$=2\int_{0}^{1} (at^3+bt)dt$$

$$=2\times\left[\frac{a}{4}t^4+\frac{b}{2}t^2\right]_{0}^{1}$$

$$=\frac{a}{2}+b$$

즉, $a+2b=0$ $\quad\cdots\cdots\ \bigcirc$

$\bigcirc$의 양변에 $x=-2$를 대입하면

$$-2g(-2)=\int_{-1}^{1} |-2-t|(at^2+b)dt$$

$$=\int_{-1}^{1} (t+2)(at^2+b)dt$$

$$=\int_{-1}^{1} (at^3+2at^2+bt+2b)dt$$

$$=\int_{-1}^{1} (at^3+bt)dt+\int_{-1}^{1} (2at^2+2b)dt$$

$$=0+2\int_{0}^{1} (2at^2+2b)dt$$

$$=2\times\left[\frac{2a}{3}t^3+2bt\right]_{0}^{1}$$

$$=\frac{4a}{3}+4b$$

$g(-2)=2$이므로

$$\frac{4a}{3}+4b=-4$$

즉, $a+3b=-3$ $\quad\cdots\cdots\ \bigcirc$

$\bigcirc$, $\bigcirc$에서 $a=6$, $b=-3$
따라서 $f(x)=6x^2-3$이므로
$f(2)=21$

답 21

참고

$$g(x)=\begin{cases} 2 & (x<-1) \\ x^3-3x & (-1\leq x\leq 1) \\ -2 & (x>1) \end{cases}$$

4 ㄱ. 함수 $g(x)=\begin{cases} f(x) & (x\leq0) \\ f(x+3) & (x>0) \end{cases}$ 이 실수 전체의 집합

에서 연속이므로 $x=0$에서 연속이다.
즉, $\lim_{x\to0-} g(x)=\lim_{x\to0+} g(x)=g(0)$ $\quad\cdots\cdots\ \bigcirc$
삼차함수 $f(x)$는 연속함수이고, 함수 $f(x+3)$도 연속함수이므로

$$\lim_{x\to0-} g(x)=\lim_{x\to0-} f(x)=f(0),$$

$$\lim_{x\to0+} g(x)=\lim_{x\to0+} f(x+3)=f(3),$$

$$g(0)=f(0)$$

이고 $\bigcirc$에서
$g(0)=f(0)=f(3)$
그런데 $f(0)>0$이면 $f(3)>0$이고 절댓값이 충분히 작은 양수 a에 대하여 닫힌구간 $[3,\ 3+a]$에 속하는 모든 x에서 $f(x)>0$이므로

$$\int_{0}^{a} g(x)dx=\int_{0}^{a} f(x+3)dx=\int_{3}^{3+a} f(x)dx>0$$

이 되어 조건을 만족시키지 않는다.

또 $f(0)<0$이면 절댓값이 충분히 작은 양수 β에 대하여 닫힌구간 $[-\beta,\,0]$에 속하는 모든 x에서 $f(x)<0$이므로

$$\int_0^{-\beta}g(x)dx=\int_0^{-\beta}f(x)dx=-\int_{-\beta}^0 f(x)dx>0$$

이 되어 조건을 만족시키지 않는다.

따라서 $f(0)=0$이므로 $g(0)=f(0)=0$이다. (참)

ㄴ. ㄱ에서 $g(0)=0$이므로 함수 $g(x)$가 모든 실수 x에 대하여 $\int_0^x g(t)dt\le 0$을 만족시키려면 $x\le 0$인 모든 실수 x에 대하여 $g(x)=f(x)\ge 0$이고 $x\ge 0$인 모든 실수 x에 대하여 $g(x)=f(x+3)\le 0$이어야 한다.

이때 삼차함수 $f(x)$에 대하여 $f(0)=f(3)=0$이고 $f(x)$의 최고차항의 계수의 절댓값이 1이므로 최고차항의 계수는 음수, 즉 -1이어야 한다. …… ㉡

$x<0$에서 $f(x)>0$, $x>3$에서 $f(x)<0$이므로 최고차항의 계수가 -1인 삼차함수 $f(x)$는 $x\le 0$에서도 감소하고, $x\ge 3$에서도 감소한다. 그러므로 함수 $g(x)$는 실수 전체의 집합에서 감소한다.

이때 $g'(0)$이 존재하면 함수 $g(x)$는 실수 전체의 집합에서 미분가능하고 모든 실수 x에 대하여 $g'(x)\le 0$이다.

따라서 $g'(0)$이 존재하면 모든 실수 x에 대하여

$$\begin{aligned}\int_0^x |g'(t)|dt&=\int_0^x \{-g'(t)\}dt\\&=\Big[-g(t)\Big]_0^x\\&=-g(x)-\{-g(0)\}\\&=-g(x)-0\\&=-g(x)\ (\text{참})\end{aligned}$$

ㄷ. ㄱ과 ㄴ의 ㉡에서

$$f(x)=-x(x-3)(x-a)=-x^3+(a+3)x^2-3ax$$
$$(a\text{는 }0\le a\le 3\text{인 실수})$$

로 놓을 수 있다.

$$\begin{aligned}\int_0^1 f(x)dx&=\int_0^1 \{-x^3+(a+3)x^2-3ax\}dx\\&=\Big[-\frac{1}{4}x^4+\frac{a+3}{3}x^3-\frac{3a}{2}x^2\Big]_0^1\\&=-\frac{7}{6}a+\frac{3}{4}\end{aligned}$$

$0\le a\le 3$에서 $-\dfrac{11}{4}\le -\dfrac{7}{6}a+\dfrac{3}{4}\le \dfrac{3}{4}$이므로

$\displaystyle\int_0^1 f(x)dx$의 값이 될 수 있는 정수는 $-2,\ -1,\ 0$이다.

한편, $f'(x)=-3x^2+2(a+3)x-3a$이고 $f(3)=0$이므로

$$\begin{aligned}\lim_{h\to 0+}\frac{g(h)}{h}&=\lim_{h\to 0+}\frac{f(h+3)}{h}\\&=\lim_{h\to 0+}\frac{f(3+h)-f(3)}{h}\\&=f'(3)=3a-9\end{aligned}$$

그러므로 $\displaystyle\int_0^1 f(x)dx=-\frac{7}{6}a+\frac{3}{4}$의 값이 최대이면

$\displaystyle\lim_{h\to 0+}\frac{g(h)}{h}=3a-9$의 값은 최소이다.

즉, $-\dfrac{7}{6}a+\dfrac{3}{4}=0$에서 $a=\dfrac{9}{14}$일 때 $\displaystyle\lim_{h\to 0+}\frac{g(h)}{h}$의 값이 최소이고 그 최솟값은

$$3a-9=3\times\frac{9}{14}-9=-\frac{99}{14}\ (\text{참})$$

이상에서 옳은 것은 ㄱ, ㄴ, ㄷ이다.

답 ⑤

5 함수 $f(x)$에서

$$\lim_{x\to 1-}f(x)=\lim_{x\to 1-}(-x^2+1)=0,$$
$$\lim_{x\to 1+}f(x)=\lim_{x\to 1+}(a|x-2|-a)=0,$$
$$f(1)=a|1-2|-a=0$$

이므로 $\displaystyle\lim_{x\to 1-}f(x)=\lim_{x\to 1+}f(x)=f(1)$

즉, 함수 $f(x)$는 $x=1$에서 연속이므로 실수 전체의 집합에서 연속이다.

그러므로 함수 $\displaystyle y=\int_b^x f(t)dt$는 실수 전체의 집합에서 미분가능하다.

한편, 함수 $y=|x|$는 $x\ne 0$인 모든 실수 x에 대하여 미분가능하다.

따라서 함수 $\displaystyle g(x)=|x|\int_b^x f(t)dt$가 실수 전체의 집합에서 미분가능하려면 $x=0$에서 미분가능해야 하므로

$$\lim_{x\to 0+}\frac{g(x)-g(0)}{x-0}=\lim_{x\to 0-}\frac{g(x)-g(0)}{x-0}$$이어야 한다.

$$\begin{aligned}\lim_{x\to 0+}\frac{g(x)-g(0)}{x-0}&=\lim_{x\to 0+}\frac{|x|\int_b^x f(t)dt}{x}\\&=\lim_{x\to 0+}\frac{x\int_b^x f(t)dt}{x}\\&=\lim_{x\to 0+}\int_b^x f(t)dt\\&=\int_b^0 f(t)dt,\end{aligned}$$

$$\lim_{x\to 0-}\frac{g(x)-g(0)}{x-0}=\lim_{x\to 0-}\frac{|x|\int_b^x f(t)dt}{x}$$
$$=\lim_{x\to 0-}\frac{-x\int_b^x f(t)dt}{x}$$
$$=\lim_{x\to 0-}\left\{-\int_b^x f(t)dt\right\}$$
$$=-\int_b^0 f(t)dt$$

이므로 $\int_b^0 f(t)dt=-\int_b^0 f(t)dt$에서

$\int_b^0 f(t)dt=0$, 즉 $\int_0^b f(t)dt=0$

이어야 한다.

따라서 $h(x)=\int_0^x f(t)dt$라 하면 함수 $g(x)$가 실수 전체의 집합에서 미분가능하도록 하는 실수 b는 방정식 $h(x)=0$의 실근이다.

$a<0$이므로 함수 $y=f(x)$의 그래프는 다음 그림과 같다.

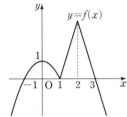

$h'(x)=f(x)$이므로 함수 $h(x)$의 증가와 감소를 표로 나타내면 다음과 같다.

x	$\cdots$	-1	$\cdots$	1	$\cdots$	3	$\cdots$
$h'(x)$	$-$	0	$+$	0	$+$	0	$-$
$h(x)$	$\searrow$	극소	$\nearrow$		$\nearrow$	극대	$\searrow$

$h(3)>h(0)=\int_0^0 f(t)dt=0$이고 $\lim_{x\to\infty}h(x)=-\infty$이므로

$h(x)=0$이 되는 양수 x는 구간 $(3,\infty)$에 단 하나 존재한다.

즉, $M>3$이다.

$b=M$일 때의 함수 $g(x)$에 대하여 $g(3)=18$이므로

$g(3)=|3|\int_M^3 f(t)dt=18$에서

$\int_M^3 f(t)dt=6$

이때 $h(M)=0$, 즉 $\int_0^M f(t)dt=0$이므로

$\int_0^3 f(t)dt=\int_0^M f(t)dt+\int_M^3 f(t)dt$
$$=0+6=6 \qquad\cdots\cdots\ \text{㉠}$$

한편,

$$\int_0^3 f(t)dt=\int_0^1 f(t)dt+\int_1^2 f(t)dt+\int_2^3 f(t)dt$$
$$=\int_0^1(-t^2+1)dt+\int_1^2(-at+a)dt$$
$$\qquad\qquad+\int_2^3(at-3a)dt$$
$$=\left[-\frac{1}{3}t^3+t\right]_0^1+\left[-\frac{a}{2}t^2+at\right]_1^2$$
$$\qquad\qquad+\left[\frac{a}{2}t^2-3at\right]_2^3$$
$$=\frac{2}{3}+\left(-\frac{a}{2}\right)+\left(-\frac{a}{2}\right)=\frac{2}{3}-a \qquad\cdots\cdots\ \text{㉡}$$

㉠, ㉡에서

$\frac{2}{3}-a=6$, 즉 $a=-\frac{16}{3}$

$x\geq 3$에서 $f(x)=ax-3a$, 즉 $f(x)=-\frac{16}{3}x+16$이고

$\int_M^3 f(t)dt=6$이므로

$$\int_M^3 f(t)dt=\int_M^3\left(-\frac{16}{3}t+16\right)dt$$
$$=\left[-\frac{8}{3}t^2+16t\right]_M^3$$
$$=-24+48+\frac{8}{3}M^2-16M=6$$

에서 $4M^2-24M+27=0$

$(2M-3)(2M-9)=0$

$M>3$이므로 $M=\frac{9}{2}$

따라서 $12M=12\times\frac{9}{2}=54$

답 54

07 정적분의 활용

본문 89~95쪽

유제

1 ① **2** 3 **3** ④ **4** ② **5** 27
6 6

1 $y=x^3+x^2-2x$
$\quad =x(x+2)(x-1)$
이므로 곡선 $y=x^3+x^2-2x$와 x축으로 둘러싸인 부분은 다음 그림과 같다.

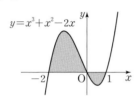

따라서 구하는 넓이는
$$\int_{-2}^{1}|x^3+x^2-2x|dx$$
$$=\int_{-2}^{0}(x^3+x^2-2x)dx+\int_{0}^{1}(-x^3-x^2+2x)dx$$
$$=\left[\frac{1}{4}x^4+\frac{1}{3}x^3-x^2\right]_{-2}^{0}+\left[-\frac{1}{4}x^4-\frac{1}{3}x^3+x^2\right]_{0}^{1}$$
$$=\left\{0-\left(4-\frac{8}{3}-4\right)\right\}+\left\{\left(-\frac{1}{4}-\frac{1}{3}+1\right)-0\right\}$$
$$=\frac{8}{3}+\frac{5}{12}=\frac{37}{12}$$

답 ①

2 $x<0$일 때,
$y=a|x|(x-1)-2a=-ax(x-1)-2a$
$\quad =-a(x^2-x+2)$
이차방정식 $x^2-x+2=0$의 판별식을 D라 하면
$D=1-8=-7<0$이므로 $x<0$에서 곡선
$y=a|x|(x-1)-2a$는 x축과 만나지 않는다.
$x \geq 0$일 때,
$y=a|x|(x-1)-2a=ax(x-1)-2a$
$\quad =a(x^2-x-2)=a(x+1)(x-2)$
이므로 $x \geq 0$에서 곡선 $y=a|x|(x-1)-2a$는 $x=2$에서
x축과 만난다.

그러므로 곡선 $y=a|x|(x-1)-2a\ (a>0)$과 x축, y축
으로 둘러싸인 부분은 다음 그림과 같다.

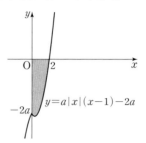

색칠한 부분의 넓이가 10이므로
$$\int_{0}^{2}|a|x|(x-1)-2a|dx$$
$$=-a\int_{0}^{2}(x^2-x-2)dx$$
$$=-a\times\left[\frac{1}{3}x^3-\frac{1}{2}x^2-2x\right]_{0}^{2}$$
$$=\frac{10}{3}a=10$$
따라서 $a=3$

답 3

3 $f(x)=x^2+1$에서 $f'(x)=2x$
$f(1)=2$, $f'(1)=2$이므로 곡선 $y=f(x)$ 위의 점
$(1, f(1))$에서의 접선 l의 방정식은
$y=f'(1)(x-1)+f(1)$, 즉 $y=2(x-1)+2$, $y=2x$
그러므로 곡선 $y=f(x)$와 직선 l 및 y축으로 둘러싸인 부
분은 다음 그림과 같다.

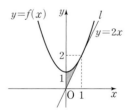

따라서 구하는 넓이는
$$\int_{0}^{1}|f(x)-2x|dx=\int_{0}^{1}\{(x^2+1)-2x\}dx$$
$$=\int_{0}^{1}(x^2-2x+1)dx$$
$$=\left[\frac{1}{3}x^3-x^2+x\right]_{0}^{1}$$
$$=\frac{1}{3}-0=\frac{1}{3}$$

답 ④

4 좌표평면 위에 곡선 $y=x^3+x$와 직선 $y=-x+k\,(0<k<3)$을 나타내면 다음 그림과 같다.

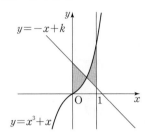

색칠한 두 부분의 넓이가 서로 같으므로

$$\int_0^1\{(x^3+x)-(-x+k)\}dx=0$$

$$\int_0^1(x^3+2x-k)dx=\left[\frac{1}{4}x^4+x^2-kx\right]_0^1$$

$$=\frac{1}{4}+1-k-0=0$$

따라서 $k=\dfrac{5}{4}$

답 ②

5 $f(x)=x^3+3x-3$에서 $f'(x)=3x^2+3>0$이므로 함수 $f(x)$는 실수 전체의 집합에서 증가한다.

$g(1)=k$라 하면 $f(k)=1$에서

$k^3+3k-3=1$

$(k-1)(k^2+k+4)=0$

이차방정식 $k^2+k+4=0$의 판별식을 D라 하면

$D=1-16=-15<0$이므로 이 이차방정식은 실근을 갖지 않는다.

그러므로 $k=1$

$g(1)=1$, $f(1)=1$이므로 두 함수 $y=f(x)$, $y=g(x)$의 그래프는 다음 그림과 같다.

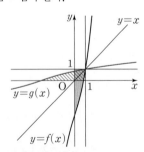

이때 곡선 $y=g(x)$와 x축 및 직선 $x=1$로 둘러싸인 부분의 넓이는 곡선 $y=f(x)$와 y축 및 직선 $y=1$로 둘러싸인 부분의 넓이와 같으므로

$$S=\int_0^1\{1-(x^3+3x-3)\}dx$$

$$=\int_0^1(-x^3-3x+4)dx$$

$$=\left[-\frac{1}{4}x^4-\frac{3}{2}x^2+4x\right]_0^1$$

$$=-\frac{1}{4}-\frac{3}{2}+4=\frac{9}{4}$$

따라서 $12S=27$

답 27

6 시각 $t=0$에서 $t=2$까지 점 P의 위치의 변화량이 4이므로

$$\int_0^2 v(t)dt=\int_0^2 a(t^2-t)dt$$

$$=a\times\left[\frac{1}{3}t^3-\frac{1}{2}t^2\right]_0^2=\frac{2}{3}a=4$$

에서 $a=6$

따라서 시각 $t=0$에서 $t=2$까지 점 P가 움직인 거리는

$$\int_0^2|v(t)|\,dt$$

$$=\int_0^1|v(t)|\,dt+\int_1^2|v(t)|\,dt$$

$$=-\int_0^1 v(t)dt+\int_1^2 v(t)dt$$

$$=-6\times\int_0^1(t^2-t)dt+6\times\int_1^2(t^2-t)dt$$

$$=-6\times\left[\frac{1}{3}t^3-\frac{1}{2}t^2\right]_0^1+6\times\left[\frac{1}{3}t^3-\frac{1}{2}t^2\right]_1^2$$

$$=-6\times\left(-\frac{1}{6}\right)+6\times\frac{5}{6}=6$$

답 6

Level 1 기초 연습
본문 96~97쪽

1 ③	2 ③	3 ④	4 ②	5 ⑤
6 ④	7 ①	8 ③		

1 $\displaystyle\int_0^1 f(x)dx=3$, $\displaystyle\int_0^4 f(x)dx=-6$이고

$\displaystyle\int_0^4 f(x)dx=\int_0^1 f(x)dx+\int_1^4 f(x)dx$이므로

$-6=3+\displaystyle\int_1^4 f(x)dx$, $\displaystyle\int_1^4 f(x)dx=-9$

따라서 곡선 $y=f(x)$와 x축으로 둘러싸인 부분의 넓이는

$$\int_0^4 |f(x)|\,dx = \int_0^1 |f(x)|\,dx + \int_1^4 |f(x)|\,dx$$
$$= \int_0^1 f(x)\,dx + \int_1^4 \{-f(x)\}\,dx$$
$$= \int_0^1 f(x)\,dx - \int_1^4 f(x)\,dx$$
$$= 3 + 9 = 12$$

답 ③

2 곡선 $y = ax^2$과 x축 및 직선 $x = 2$로 둘러싸인 부분의 넓이는
$$S = \int_0^2 |ax^2|\,dx = \int_0^2 ax^2\,dx \qquad \cdots\cdots \text{㉠}$$
두 곡선 $y = 3ax^2$, $y = ax^2$과 직선 $x = 2$로 둘러싸인 부분의 넓이는
$$T = \int_0^2 |3ax^2 - ax^2|\,dx$$
$$= \int_0^2 2ax^2\,dx = 2 \times \int_0^2 ax^2\,dx \qquad \cdots\cdots \text{㉡}$$
㉠, ㉡에서 $\dfrac{T}{S} = 2$

답 ③

3 곡선 $y = -x^3$과 x축 및 직선 $x = k\,(k > 0)$으로 둘러싸인 부분의 넓이는
$$\int_0^k |-x^3|\,dx = \int_0^k x^3\,dx = \left[\frac{1}{4}x^4\right]_0^k = \frac{1}{4}k^4$$
이고 이 넓이가 $2k$이므로
$$\frac{1}{4}k^4 = 2k$$
$k \neq 0$이므로 $k^3 = 8$
$$(k-2)(k^2 + 2k + 4) = 0$$
이차방정식 $k^2 + 2k + 4 = 0$의 판별식을 D라 하면
$$D = 4 - 16 = -12 < 0$$
이므로 이 이차방정식은 실근을 갖지 않는다.
따라서 $k = 2$

답 ④

4 두 곡선 $y = x^3 + 2x$, $y = x^2 + 2x$의 교점의 x좌표는
$$x^3 + 2x = x^2 + 2x,\ x^2(x-1) = 0,\ x = 0 \text{ 또는 } x = 1$$
따라서 두 곡선 $y = x^3 + 2x$, $y = x^2 + 2x$로 둘러싸인 부분의 넓이는
$$\int_0^1 |(x^3 + 2x) - (x^2 + 2x)|\,dx$$
$$= \int_0^1 |x^3 - x^2|\,dx$$

$$= \int_0^1 (-x^3 + x^2)\,dx$$
$$= \left[-\frac{1}{4}x^4 + \frac{1}{3}x^3\right]_0^1 = \frac{1}{12}$$

답 ②

5 $A = \displaystyle\int_{-1}^1 |f(x)|\,dx = \int_{-1}^1 |x^2 - 1|\,dx$
$$= -2\int_0^1 (x^2 - 1)\,dx,$$
$$B = \int_1^k |f(x)|\,dx = \int_1^k |x^2 - 1|\,dx = \int_1^k (x^2 - 1)\,dx$$
$A = 2B$에서
$$-2\int_0^1 (x^2 - 1)\,dx = 2\int_1^k (x^2 - 1)\,dx$$
$$\int_0^1 (x^2 - 1)\,dx + \int_1^k (x^2 - 1)\,dx = 0$$
$$\int_0^k (x^2 - 1)\,dx = 0$$
$$\left[\frac{1}{3}x^3 - x\right]_0^k = 0$$
$$\frac{1}{3}k^3 - k = 0,\ \frac{1}{3}k(k^2 - 3) = 0$$
$k > 1$이므로 $k = \sqrt{3}$

답 ⑤

6 $f(x) = x^3 - x^2 + x$에서 $f'(x) = 3x^2 - 2x + 1$
이차방정식 $3x^2 - 2x + 1 = 0$의 판별식을 D라 하면
$D = 4 - 12 = -8 < 0$이므로 모든 실수 x에 대하여
$f'(x) > 0$이다. 그러므로 함수 $f(x)$는 실수 전체의 집합에서 증가한다.
함수 $y = f(x)$의 그래프와 직선 $y = x$의 교점의 x좌표는
$$x^3 - x^2 + x = x,\ x^2(x-1) = 0,\ x = 0 \text{ 또는 } x = 1$$
한편, 함수 $y = g(x)$의 그래프는 함수 $y = f(x)$의 그래프를 직선 $y = x$에 대하여 대칭이동한 것이다.
그러므로 두 함수 $y = f(x)$, $y = g(x)$의 그래프와 직선 $y = x$는 다음 그림과 같다.

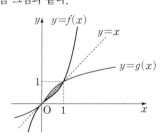

두 함수 $y=f(x)$, $y=g(x)$의 그래프로 둘러싸인 부분의 넓이는 함수 $y=f(x)$의 그래프와 직선 $y=x$로 둘러싸인 부분의 넓이의 2배와 같다.

따라서 구하는 넓이는

$$2\int_0^1 |f(x)-x|\,dx = 2\int_0^1 |(x^3-x^2+x)-x|\,dx$$
$$= 2\int_0^1 |x^3-x^2|\,dx$$
$$= 2\int_0^1 (-x^3+x^2)\,dx$$
$$= 2\times\left[-\frac{1}{4}x^4+\frac{1}{3}x^3\right]_0^1$$
$$= 2\times\frac{1}{12}=\frac{1}{6}$$

달 ④

7 시각 $t=2$에서 점 P의 위치가 4이므로

$$0+\int_0^2 v(t)\,dt=4$$
$$\int_0^2 (4t+a)\,dt=4$$
$$\left[2t^2+at\right]_0^2=4$$
$$8+2a=4$$

따라서 $a=-2$

달 ①

8 $t\geq 1$일 때, 속도 $v(t)$는

$$v(t)=\int a(t)\,dt=\int 2\,dt=2t+C \text{ (단, } C\text{는 적분상수)}$$

$0\leq t\leq 1$일 때 $v(t)=t^2-1$에서 $v(1)=0$이므로

$v(1)=2+C=0$, $C=-2$

그러므로 $t\geq 1$일 때, $v(t)=2t-2$이다.

따라서 시각 $t=0$에서 $t=2$까지 점 P가 움직인 거리는

$$\int_0^2 |v(t)|\,dt=\int_0^1 |v(t)|\,dt+\int_1^2 |v(t)|\,dt$$
$$=\int_0^1 |t^2-1|\,dt+\int_1^2 |2t-2|\,dt$$
$$=\int_0^1 (1-t^2)\,dt+\int_1^2 (2t-2)\,dt$$
$$=\left[t-\frac{1}{3}t^3\right]_0^1+\left[t^2-2t\right]_1^2$$
$$=\left(\frac{2}{3}-0\right)+\{0-(-1)\}$$
$$=\frac{5}{3}$$

달 ③

1 ⑤	2 ④	3 ③	4 ④	5 ②
6 ③	7 ⑤			

1 $f(x)=\frac{2}{7}x^3+x-\frac{16}{7}$에서 $f'(x)=\frac{6}{7}x^2+1>0$이므로

함수 $f(x)$는 실수 전체의 집합에서 증가한다.

두 함수 $y=f(x)$, $y=x$의 그래프의 교점의 x좌표를 구해 보자.

$$\frac{2}{7}x^3+x-\frac{16}{7}=x, \ x^3=8$$
$$(x-2)(x^2+2x+4)=0 \quad \cdots\cdots \ ㉠$$

이차방정식 $x^2+2x+4=0$의 판별식을 D_1이라 하면

$$D_1=4-16=-12<0$$

이므로 이 이차방정식은 실근을 갖지 않는다.

그러므로 ㉠에서 $x=2$

두 함수 $y=f(x)$, $y=-x$의 그래프의 교점의 x좌표를 구해 보자.

$$\frac{2}{7}x^3+x-\frac{16}{7}=-x, \ x^3+7x-8=0$$
$$(x-1)(x^2+x+8)=0 \quad \cdots\cdots \ ㉡$$

이차방정식 $x^2+x+8=0$의 판별식을 D_2라 하면

$$D_2=1-32=-31<0$$

이므로 이 이차방정식은 실근을 갖지 않는다.

그러므로 ㉡에서 $x=1$

그러므로 두 함수 $y=f(x)$, $y=g(x)$의 그래프는 다음 그림과 같다.

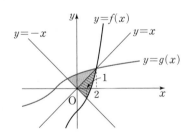

이때 두 함수 $y=g(x)$, $y=|x|$의 그래프로 둘러싸인 부분의 넓이는 세 함수 $y=f(x)$, $y=x$, $y=-x$의 그래프로 둘러싸인 부분의 넓이와 같다.

따라서 구하는 넓이는

$$\int_0^1 \{x-(-x)\}\,dx+\int_1^2 \left\{x-\left(\frac{2}{7}x^3+x-\frac{16}{7}\right)\right\}dx$$
$$=\int_0^1 2x\,dx+\int_1^2 \left(-\frac{2}{7}x^3+\frac{16}{7}\right)dx$$

$$=\left[x^2\right]_0^1+\left[-\frac{1}{14}x^4+\frac{16}{7}x\right]_1^2$$

$$=1+\frac{17}{14}=\frac{31}{14}$$

답 ⑤

2 $x\geq0$일 때, 두 함수 $y=f(x)$, $y=g(x)$의 그래프와 y축으로 둘러싸인 부분의 넓이는

$$\int_0^1|f(x)-g(x)|\,dx=\int_0^1(x-1)^2(x+1)\,dx$$

$$=\int_0^1(x^3-x^2-x+1)\,dx$$

$$=\left[\frac{1}{4}x^4-\frac{1}{3}x^3-\frac{1}{2}x^2+x\right]_0^1=\frac{5}{12}$$

두 함수 $y=f(x)$, $y=g(x)$의 그래프로 둘러싸인 부분의 넓이가 y축에 의하여 이등분되려면 $x\leq0$에서 두 함수 $y=f(x)$, $y=g(x)$의 그래프와 y축으로 둘러싸인 부분의 넓이도 $\frac{5}{12}$이어야 한다.

두 직선 $y=x+1$, $y=ax$의 교점의 x좌표는

$x+1=ax$, 즉 $(a-1)x=1$에서 $x=\frac{1}{a-1}$

이므로

$$\frac{1}{2}\times1\times\frac{1}{1-a}=\frac{5}{12}$$

따라서 $a=-\frac{1}{5}$

답 ④

3 자연수 n에 대하여 곡선 $y=-n^2x^2+1$과 x축으로 둘러싸인 부분의 넓이 S, 두 곡선 $y=-n^2x^2+1$, $y=kx^2$으로 둘러싸인 부분의 넓이 T에 대하여 $S=3T$이려면 두 곡선 $y=-n^2x^2+1$, $y=kx^2$은 다음 그림과 같고, $k>0$이다.

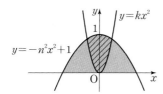

곡선 $y=-n^2x^2+1$이 x축과 만나는 점의 x좌표는

$-n^2x^2+1=0$에서 $x=-\frac{1}{n}$ 또는 $x=\frac{1}{n}$

이므로 이 곡선과 x축으로 둘러싸인 부분의 넓이는

$$S=\int_{-\frac{1}{n}}^{\frac{1}{n}}|-n^2x^2+1|\,dx=2\int_0^{\frac{1}{n}}(-n^2x^2+1)\,dx$$

$$=2\times\left[-\frac{n^2}{3}x^3+x\right]_0^{\frac{1}{n}}=2\times\frac{2}{3n}=\frac{4}{3n}$$

두 곡선 $y=-n^2x^2+1$, $y=kx^2$이 만나는 점의 x좌표는

$-n^2x^2+1=kx^2$, 즉 $(n^2+k)x^2=1$에서

$x=\frac{1}{\sqrt{n^2+k}}$ 또는 $x=-\frac{1}{\sqrt{n^2+k}}$

이므로 이 두 곡선으로 둘러싸인 부분의 넓이는

$$T=\int_{-\frac{1}{\sqrt{n^2+k}}}^{\frac{1}{\sqrt{n^2+k}}}|(-n^2x^2+1)-kx^2|\,dx$$

$$=2\int_0^{\frac{1}{\sqrt{n^2+k}}}\{-(n^2+k)x^2+1\}\,dx$$

$$=2\times\left[-\frac{n^2+k}{3}x^3+x\right]_0^{\frac{1}{\sqrt{n^2+k}}}$$

$$=\frac{4}{3\sqrt{n^2+k}}$$

$S=3T$이므로

$$\frac{4}{3n}=3\times\frac{4}{3\sqrt{n^2+k}}$$

$\sqrt{n^2+k}=3n$, $n^2+k=9n^2$, 즉 $k=8n^2$

따라서 $f(n)=k=8n^2$이므로

$$\sum_{n=1}^5 f(n)=\sum_{n=1}^5 8n^2=8\times\frac{5\times6\times11}{6}=440$$

답 ③

4 곡선 $y=-x^4+2x^3$과 직선 $y=k(x-2)$의 교점 중 x좌표가 2가 아닌 점의 x좌표를 α라 하면

$$B-A$$

$$=\int_\alpha^2\{(-x^4+2x^3)-k(x-2)\}\,dx$$

$$\qquad-\int_0^\alpha\{k(x-2)-(-x^4+2x^3)\}\,dx$$

$$=\int_\alpha^2\{(-x^4+2x^3)-k(x-2)\}\,dx$$

$$\qquad+\int_0^\alpha\{(-x^4+2x^3)-k(x-2)\}\,dx$$

$$=\int_0^2\{(-x^4+2x^3)-k(x-2)\}\,dx$$

$$=\int_0^2(-x^4+2x^3-kx+2k)\,dx$$

$$=\left[-\frac{1}{5}x^5+\frac{1}{2}x^4-\frac{k}{2}x^2+2kx\right]_0^2$$

$$=\frac{8}{5}+2k$$

$B-A=1$이므로

$$\frac{8}{5}+2k=1$$

따라서 $k=-\frac{3}{10}$

답 ④

5 함수 $f(x)$가 실수 전체의 집합에서 연속이므로 $x=1$에서 연속이다.

함수 $f(x)$가 $x=1$에서 연속이므로
$\lim_{x \to 1-} f(x) = \lim_{x \to 1+} f(x) = f(1)$이다.

$\lim_{x \to 1-} f(x) = \lim_{x \to 1-} (-x^2+ax) = -1+a$,

$\lim_{x \to 1+} f(x) = \lim_{x \to 1+} \{f(x-2)+4\}$

$\qquad = \lim_{x \to -1+} \{f(x)+4\}$

$\qquad = (-1-a)+4 = 3-a$,

$f(1) = f(-1)+4 = (-1-a)+4 = 3-a$

이므로 $-1+a=3-a$

즉, $a=2$

그러므로 $-1 \le x < 1$일 때, $f(x) = -x^2+2x$이다.

모든 실수 x에 대하여 $f(x) = f(x-2)+4$이므로 곡선 $y=f(x)$를 x축의 방향으로 2만큼, y축의 방향으로 4만큼 평행이동한 곡선 $y=f(x-2)+4$는 곡선 $y=f(x)$와 일치한다.

따라서 $-2 \le x \le 3$에서 함수 $y=f(x)$의 그래프는 [그림 1]과 같다.

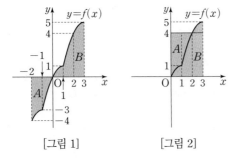

[그림 1]　　　[그림 2]

곡선 $y=f(x)$와 x축(직선 $y=0$) 및 직선 $x=-2$로 둘러싸인 부분의 넓이 A는 곡선 $y=f(x)$와 직선 $y=4$ 및 y축(직선 $x=0$)으로 둘러싸인 부분의 넓이와 같으므로 구하는 넓이 $A+B$는 [그림 2]의 색칠한 부분의 넓이와 같다.

따라서

$A+B = 3 \times 4 + \int_2^3 \{f(x)-4\}dx$

$\qquad = 12 + \int_0^1 f(x)dx$

$\qquad = 12 + \int_0^1 (-x^2+2x)dx$

$\qquad = 12 + \left[-\frac{1}{3}x^3+x^2 \right]_0^1$

$\qquad = 12 + \frac{2}{3} = \frac{38}{3}$

답 ②

6 $\lim_{t \to \infty} v(t) = \infty$이므로 점 P가 출발 후 운동 방향을 바꾸지 않으려면 $t \ge 0$인 모든 실수 t에 대하여 $v(t) \ge 0$이어야 한다.

$t > 0$에서 $v'(t) = t^2-2at = t(t-2a)$이므로
$v'(t) = 0$에서 $t = 2a$

이때 속도 $v(t)$의 증가와 감소를 표로 나타내면 다음과 같다.

t	0	$\cdots$	$2a$	$\cdots$
$v'(t)$		$-$	0	$+$
$v(t)$		$\searrow$	극소	$\nearrow$

따라서 속도 $v(t)$는 시각 $t=2a$에서 최소이고, 최솟값이 0 이상이어야 하므로

$v(2a) = \frac{8}{3}a^3 - 4a^3 + 3a = -\frac{4}{3}a^3 + 3a$

$\qquad = -\frac{4}{3}a\left(a^2 - \frac{9}{4}\right) \ge 0$

$a > 0$이므로 $a^2 \le \frac{9}{4}$, 즉 $0 < a \le \frac{3}{2}$

한편, 시각 $t=2$에서의 점 P의 위치는

$0 + \int_0^2 v(t)dt = \int_0^2 \left(\frac{1}{3}t^3 - at^2 + 3a \right)dt$

$\qquad = \left[\frac{1}{12}t^4 - \frac{a}{3}t^3 + 3at \right]_0^2$

$\qquad = \frac{4}{3} - \frac{8}{3}a + 6a = \frac{4}{3} + \frac{10}{3}a$

따라서 구하는 최댓값은 $a = \frac{3}{2}$일 때

$\frac{4}{3} + \frac{10}{3} \times \frac{3}{2} = \frac{19}{3}$

답 ③

7 $v_1(k) = v_2(k)$에서
$k^2 + ak - a = 2k + a$, $k^2 + (a-2)k - 2a = 0$
$(k+a)(k-2) = 0$
$k = 2$ 또는 $k = -a$ 　　　$\cdots\cdots$ ㉠

두 점 P, Q의 시각 t $(t \ge 0)$에서의 위치를 각각 $x_1(t)$, $x_2(t)$라 하면

$x_1(t) = 0 + \int_0^t (t^2+at-a)dt$

$\qquad = \left[\frac{1}{3}t^3 + \frac{a}{2}t^2 - at \right]_0^t = \frac{1}{3}t^3 + \frac{a}{2}t^2 - at$

$x_2(t) = 0 + \int_0^t (2t+a)dt = \left[t^2+at \right]_0^t = t^2+at$

$x_1(k) = x_2(k)$에서

$\frac{1}{3}k^3 + \frac{a}{2}k^2 - ak = k^2 + ak$

$\dfrac{1}{6}k\{2k^2+(3a-6)k-12a\}=0$

$k\neq0$이므로 $2k^2+(3a-6)k-12a=0$ ...... ㉡

㉠의 $k=2$가 ㉡을 만족시킬 때,

$8+6a-12-12a=0$, $a=-\dfrac{2}{3}$

이므로 a가 정수라는 조건을 만족시키지 않는다.

㉠의 $k=-a$가 ㉡을 만족시킬 때,

$2a^2-a(3a-6)-12a=0$, $a^2+6a=0$

$k\neq0$에서 $a\neq0$이므로 $a=-6$

따라서 조건을 만족시키는 정수 a의 값은 -6이므로

$k=-a=6$

답 ⑤

실력 완성   본문 100~101쪽

1 ①	2 ④	3 ⑤	4 ⑤

1 $f(x)=-x^3+x$에서 모든 실수 x에 대하여

$f(-x)=-f(x)$이므로 곡선 $y=f(x)$는 원점에 대하여 대칭이다.

또한 $f'(x)=-3x^2+1$이므로 모든 실수 x에 대하여

$f'(-x)=f'(x)$이다.

$g(x)=f(x-a)+b$라 하면 두 함수 $f(x)$, $g(x)$는 모두 최고차항의 계수가 -1인 삼차함수이다. 함수 $f(x)-g(x)$는 이차함수이고 조건 (가)에서 점 P의 x좌표를 α라 하면

$f(x)-g(x)=k(x-\alpha)^2$ (k는 상수, $k\neq0$)

이다.

$f(x)-g(x)=k(x^2-2\alpha x+\alpha^2)$에서

$f'(x)-g'(x)=k(2x-2\alpha)=2k(x-\alpha)$이므로

$f'(\alpha)-g'(\alpha)=0$, 즉 $f'(\alpha)=g'(\alpha)$

그러므로 곡선 $y=f(x)$ 위의 점 P에서의 접선의 기울기와 곡선 $y=f(x-a)+b$ 위의 점 P에서의 접선의 기울기가 서로 같다.

점 $P'(-\alpha,\ f(-\alpha))$라 하면 $f'(\alpha)=f'(-\alpha)$이므로 점 P'을 x축의 방향으로 a만큼, y축의 방향으로 b만큼 평행이동한 점이 P이어야 한다.

이때 $a>0$이므로 $\alpha>0$이다.

$A'(1,\ 0)$, $A''(1+a,\ b)$라 하면 직선 A'P'을 x축의 방향으로 a만큼, y축의 방향으로 b만큼 평행이동한 직선이 직선

A''P이고, 두 직선 AP, A'P'의 기울기가 서로 같으므로 직선 A''P가 바로 직선 AP이다.

이때 직선 AP는 곡선 $y=f(x)$와 두 점 A, P를 포함한 2개 이상의 점에서 만나고, 직선 AP는 곡선 $y=f(x-a)+b$와 두 점 P, A''을 포함한 2개 이상의 점에서 만난다.

따라서 조건 (나)를 만족시키려면 직선 AP가 곡선 $y=f(x)$ 또는 곡선 $y=f(x-a)+b$와 만나는 점이 A, P, A''뿐이어야 한다. 즉, 직선 AP가 곡선 $y=f(x)$와 두 점 A, P에서만 만나고, 접점이 P이어야 한다.

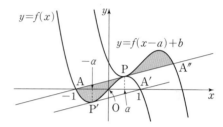

점 P에서의 접선의 방정식은

$y=f'(\alpha)(x-\alpha)+f(\alpha)$

$y=(-3\alpha^2+1)(x-\alpha)-\alpha^3+\alpha$ ...... ㉠

이 접선이 점 $A(-1,\ 0)$을 지나므로

$2\alpha^3+3\alpha^2-1=0$, $(\alpha+1)^2(2\alpha-1)=0$

$\alpha>0$이므로 $\alpha=\dfrac{1}{2}$

㉠에서 직선 AP의 방정식은 $y=\dfrac{1}{4}x+\dfrac{1}{4}$이다.

따라서

$S_1=\displaystyle\int_{-1}^{\frac{1}{2}}\left\{\left(\dfrac{1}{4}x+\dfrac{1}{4}\right)-(-x^3+x)\right\}dx$

$=\displaystyle\int_{-1}^{\frac{1}{2}}\left(x^3-\dfrac{3}{4}x+\dfrac{1}{4}\right)dx$

$=\left[\dfrac{1}{4}x^4-\dfrac{3}{8}x^2+\dfrac{1}{4}x\right]_{-1}^{\frac{1}{2}}=\dfrac{27}{64}$

곡선 $y=f(x-a)+b$와 직선 AP로 둘러싸인 부분의 넓이 S_2는 곡선 $y=f(x)$와 직선 A'P'으로 둘러싸인 부분의 넓이와 같고, 이 넓이는 S_1과 같다.

따라서 $S_1=S_2$이므로

$S_1+S_2=2S_1=2\times\dfrac{27}{64}=\dfrac{27}{32}$

답 ①

참고

문제의 $a>0$, $b>0$인 경우 이외에도 $a>0$, $b<0$인 경우에도 다음과 같이 두 곡선 $y=f(x)$, $y=f(x-a)+b$가 오직 점 P에서 만나고 직선 AP가 곡선 $y=f(x)$ 위의 점 A에서의 접선이면 두 조건 (가), (나)를 만족시킨다.

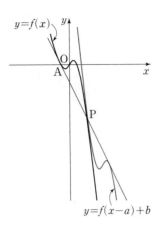

2 시각 t에서의 점 Q의 속도를 $v_2(t)$라 하면

$$v_2(t) = \int a_2(t)dt$$
$$= \int (1-2t)dt$$
$$= t - t^2 + C$$
$$= t(1-t) + C \text{ (단, } C \text{는 적분상수)}$$

$C \leq -\dfrac{1}{4}$이면 $v_2(t) \geq 0$을 만족시키는 t의 개수는 1 이하이므로 조건을 만족시키지 않는다.

$-\dfrac{1}{4} < C \leq 0$이면 $v_2(t) \geq 0$을 만족시키는 모든 t의 값의 범위는 어떤 두 수 t_1, t_2 $(0 \leq t_1 < t_2 \leq 1)$에 대하여 $t_1 \leq t \leq t_2$이고

$$\int_{t_1}^{t_2} |v_1(t)|dt \leq \int_0^1 |v_1(t)|dt$$
$$= \int_0^1 (3t^2+1)dt$$
$$= \left[t^3 + t \right]_0^1 = 2$$

이므로 $v_2(t) \geq 0$인 모든 시간 동안 점 P가 움직인 거리가 10이라는 조건을 만족시키지 않는다.

$C > 0$일 때 $v_2(t) = t - t^2 + C \geq 0$에서

$$t^2 - t - C \leq 0$$
$$\frac{1-\sqrt{1+4C}}{2} \leq t \leq \frac{1+\sqrt{1+4C}}{2}$$

$t \geq 0$이므로 $0 \leq t \leq \dfrac{1+\sqrt{1+4C}}{2}$

$$\alpha = \frac{1+\sqrt{1+4C}}{2} \qquad \cdots\cdots \text{㉠라 하면}$$

$0 \leq t \leq \alpha$에서 점 P가 움직인 거리가 10이므로

$$\int_0^\alpha |v_1(t)|dt = \int_0^\alpha (3t^2+1)dt$$
$$= \left[t^3 + t \right]_0^\alpha$$
$$= \alpha^3 + \alpha = 10$$

에서 $\alpha^3 + \alpha - 10 = 0$

$$(\alpha - 2)(\alpha^2 + 2\alpha + 5) = 0$$

이차방정식 $\alpha^2 + 2\alpha + 5 = 0$의 판별식을 D라 하면 $D = 4 - 20 = -16 < 0$이므로 이 이차방정식은 실근을 갖지 않는다.

그러므로 $\alpha = 2$

㉠에서 $2 = \dfrac{1+\sqrt{1+4C}}{2}$, 즉 $C = 2$이므로

$$v_2(t) = t - t^2 + 2$$

따라서 시각 $t = 3$에서 두 점 P, Q 사이의 거리는

$$\left| \left\{ 0 + \int_0^3 v_1(t)dt \right\} - \left\{ 0 + \int_0^3 v_2(t)dt \right\} \right|$$
$$= \left| \int_0^3 \{v_1(t) - v_2(t)\}dt \right|$$
$$= \left| \int_0^3 \{(3t^2+1) - (t - t^2 + 2)\}dt \right|$$
$$= \left| \int_0^3 (4t^2 - t - 1)dt \right|$$
$$= \left| \left[\frac{4}{3}t^3 - \frac{1}{2}t^2 - t \right]_0^3 \right|$$
$$= \left| 36 - \frac{9}{2} - 3 \right|$$
$$= \frac{57}{2}$$

답 ④

3 시각 $t = t_1$ $(0 < t_1 \leq 1)$에서 두 점 P, Q의 위치가 같으면

$$0 + \int_0^{t_1} v_1(t)dt = 0 + \int_0^{t_1} v_2(t)dt$$
$$\int_0^{t_1} \{v_1(t) - v_2(t)\}dt = 0$$

이때 두 함수 $y = v_1(t)$, $y = v_2(t)$의 그래프가 다음 그림과 같이 서로 다른 네 점에서 만나야 한다.

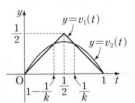

$0 \leq t \leq \dfrac{1}{2}$일 때, 곡선 $y = -kt(t-1)$과 직선 $y = t$의 교점

의 t좌표를 구하면

$t=-kt(t-1)$

$t(kt-k+1)=0$

$t=0$ 또는 $t=1-\dfrac{1}{k}$

두 함수 $y=v_1(t)$, $y=v_2(t)$의 그래프는 모두 직선 $t=\dfrac{1}{2}$ 에 대하여 대칭이므로 나머지 교점의 t좌표는 각각 $\dfrac{1}{k}$, 1이다.

$f(x)=\displaystyle\int_0^x \{v_1(t)-v_2(t)\}dt$라 하면 두 점 P, Q의 위치가 같도록 하는 시각 t의 값은 방정식 $f(x)=0$의 실근과 같다. 그러므로 $0<t\leq1$에서 두 점 P, Q가 오직 한 번 만나려면 $0<x\leq1$에서 방정식 $f(x)=0$의 실근이 오직 하나이어야 한다.

$0<x<1$일 때, $f'(x)=v_1(x)-v_2(x)$이므로

$f'(x)=0$에서 $x=1-\dfrac{1}{k}$ 또는 $x=\dfrac{1}{k}$

$0\leq x\leq1$에서 함수 $f(x)$의 증가와 감소를 표로 나타내면 다음과 같다.

x	0	$\cdots$	$1-\dfrac{1}{k}$	$\cdots$	$\dfrac{1}{k}$	$\cdots$	1
$f'(x)$		$-$	0	$+$	0	$-$	
$f(x)$	0	$\searrow$	극소	$\nearrow$	극대	$\searrow$	

따라서 $0<x\leq1$에서 방정식 $f(x)=0$의 실근이 오직 하나 이려면

$f\left(\dfrac{1}{k}\right)=0$ 또는 $f(1)>0$

(i) $f\left(\dfrac{1}{k}\right)=0$인 경우

$f\left(\dfrac{1}{k}\right)=\displaystyle\int_0^{\frac{1}{k}} \{v_1(t)-v_2(t)\}dt$

$=\displaystyle\int_0^{\frac{1}{k}} v_1(t)dt-\int_0^{\frac{1}{k}} v_2(t)dt=0$

에서

$\displaystyle\int_0^{\frac{1}{k}} v_1(t)dt=\int_0^{\frac{1}{k}} v_2(t)dt$

$\displaystyle\int_0^{\frac{1}{2}} t\,dt+\int_{\frac{1}{2}}^{\frac{1}{k}} (1-t)dt=\int_0^{\frac{1}{k}} (-kt^2+kt)dt$

$\left[\dfrac{1}{2}t^2\right]_0^{\frac{1}{2}}+\left[t-\dfrac{1}{2}t^2\right]_{\frac{1}{2}}^{\frac{1}{k}}=\left[-\dfrac{k}{3}t^3+\dfrac{k}{2}t^2\right]_0^{\frac{1}{k}}$

$\dfrac{1}{8}+\left(\dfrac{1}{k}-\dfrac{1}{2k^2}-\dfrac{1}{2}+\dfrac{1}{8}\right)=-\dfrac{1}{3k^2}+\dfrac{1}{2k}$

$3k^2-6k+2=0$

$k>1$이므로 $k=\dfrac{3+\sqrt{3}}{3}$

(ii) $f(1)>0$인 경우

$f(1)=2f\left(\dfrac{1}{2}\right)$이고 $f(1)>0$이므로

$f\left(\dfrac{1}{2}\right)>0$

$f\left(\dfrac{1}{2}\right)=\displaystyle\int_0^{\frac{1}{2}} \{v_1(t)-v_2(t)\}dt$

$=\displaystyle\int_0^{\frac{1}{2}} v_1(t)dt-\int_0^{\frac{1}{2}} v_2(t)dt$

$=\dfrac{1}{8}-\left[-\dfrac{k}{3}t^3+\dfrac{k}{2}t^2\right]_0^{\frac{1}{2}}$

$=\dfrac{1}{8}-\left(-\dfrac{k}{24}+\dfrac{k}{8}\right)$

$=\dfrac{1}{8}-\dfrac{k}{12}>0$

에서 $k<\dfrac{3}{2}$

$k>1$이므로 $1<k<\dfrac{3}{2}$

(i), (ii)에서 $\dfrac{3+\sqrt{3}}{3}>\dfrac{3}{2}$이므로

$1<k<\dfrac{3}{2}$ 또는 $k=\dfrac{3+\sqrt{3}}{3}$

따라서 $\alpha=\dfrac{3}{2}$, $\beta=\dfrac{3+\sqrt{3}}{3}$이므로

$\alpha+\beta=\dfrac{15+2\sqrt{3}}{6}$

답 ⑤

4 ㄱ. $t=0$일 때, 곡선 $y=x^2$ $(0\leq x\leq1)$과 두 선분 PR, QR 로 둘러싸인 부분의 내부와 사각형 OABC의 내부의 공통부분은 [그림 1]과 같다.

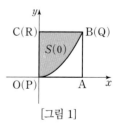

[그림 1]

따라서

$S(0)=\displaystyle\int_0^1 (1-x^2)dx$

$=\left[x-\dfrac{1}{3}x^3\right]_0^1$

$=\left(1-\dfrac{1}{3}\right)-0=\dfrac{2}{3}$ (참)

ㄴ. $-1<\alpha<0$인 α에 대하여 $S(\alpha)$의 값은 [그림 2]의 색칠한 부분의 넓이와 같다. 또한 $S(1+\alpha)$의 값은 [그림 3]의 색칠한 부분의 넓이와 같다.

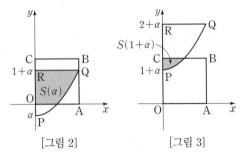

[그림 2]   [그림 3]

곡선 $y=x^2+\alpha$를 y축의 방향으로 1만큼 평행이동한 것이 곡선 $y=x^2+\alpha+1$이므로 곡선 $y=x^2+\alpha$ $(0\le x\le 1)$과 x축(직선 $y=0$) 및 y축으로 둘러싸인 부분의 넓이는 곡선 $y=x^2+\alpha+1$ $(0\le x\le 1)$과 직선 $y=1$ 및 y축으로 둘러싸인 부분의 넓이와 같다.

따라서 $S(\alpha)+S(1+\alpha)$의 값은 곡선 $y=x^2$ $(0\le x\le 1)$과 두 선분 OC, CB로 둘러싸인 부분의 넓이와 같으므로 ㄱ에 의하여

$$S(\alpha)+S(1+\alpha)=\frac{2}{3}\ (참)$$

ㄷ. ㄴ에 의하여

$$S\left(-\frac{1}{2}\right)+S\left(\frac{1}{2}\right)=\frac{2}{3}$$

$$S\left(-\frac{1}{2}\right)+S\left(\frac{1}{2}\right)+S(\beta)=1에서$$

$$S(\beta)=\frac{1}{3}$$

ㄱ에서 $S(0)=\frac{2}{3}$이므로 $\beta\neq 0$

(ⅰ) $0<\beta<1$인 경우

$0<t<1$일 때, 곡선 $y=x^2+t$ $(0\le x\le 1)$과 직선 $y=1$이 만나는 점의 x좌표는 $x^2+t=1$에서 $x^2=1-t$, $x>0$이므로 $x=\sqrt{1-t}$

따라서

$$S(t)=\int_0^{\sqrt{1-t}}\{1-(x^2+t)\}dx$$
$$=\left[(1-t)x-\frac{1}{3}x^3\right]_0^{\sqrt{1-t}}$$
$$=(1-t)\sqrt{1-t}-\frac{1}{3}(1-t)\sqrt{1-t}$$
$$=\frac{2}{3}(1-t)\sqrt{1-t}$$

$S(\beta)=\frac{2}{3}(1-\beta)\sqrt{1-\beta}=\frac{1}{3}$에서

$(\sqrt{1-\beta})^3=\frac{1}{2}$, $\sqrt{1-\beta}=\sqrt[3]{\frac{1}{2}}$

$1-\beta=\sqrt[3]{\frac{1}{4}}$, 즉 $\beta=1-\sqrt[3]{\frac{1}{4}}$

(ⅱ) $-1<\beta<0$인 경우

$S(\beta)=\frac{1}{3}$이면 ㄴ에서 $S(1+\beta)=\frac{1}{3}$이고

(ⅰ)에서 $1+\beta=1-\sqrt[3]{\frac{1}{4}}$이므로

$$\beta=-\sqrt[3]{\frac{1}{4}}$$

(ⅰ), (ⅱ)에서 모든 β의 값의 곱은

$$-\sqrt[3]{\frac{1}{4}}\times\left(1-\sqrt[3]{\frac{1}{4}}\right)=\sqrt[3]{\frac{1}{16}}-\sqrt[3]{\frac{1}{4}}\ (참)$$

이상에서 옳은 것은 ㄱ, ㄴ, ㄷ이다.

답 ⑤

참고

$-1<t<0$일 때, 곡선 $y=x^2+t$ $(0\le x\le 1)$이 x축과 만나는 점의 x좌표를 구해 보자.

$x^2+t=0$에서 $x^2=-t$

$x>0$이므로 $x=\sqrt{-t}$

사각형 OAQR의 넓이는 $1\times(1+t)=1+t$

곡선 $y=x^2+t$ $(0\le x\le 1)$과 x축 및 직선 $x=1$로 둘러싸인 부분의 넓이는

$$\int_{\sqrt{-t}}^1(x^2+t)dx=\left[\frac{1}{3}x^3+tx\right]_{\sqrt{-t}}^1$$
$$=\frac{1}{3}+t+\frac{1}{3}t\sqrt{-t}-t\sqrt{-t}$$
$$=\frac{1}{3}+t-\frac{2}{3}t\sqrt{-t}$$

그러므로 $-1<t<0$일 때,

$$S(t)=(1+t)-\left(\frac{1}{3}+t-\frac{2}{3}t\sqrt{-t}\right)$$
$$=\frac{2}{3}+\frac{2}{3}t\sqrt{-t}$$

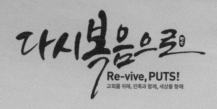

Re-vive, PUTS!
교회를 위해, 민족과 함께, 세상을 향해

상심한 자들을 고치시며 그들의 상처를 싸매시는도다
― 시편 147편 3절 ―

우리는 모두
위로가 필요합니다

평양에서 광나루까지 달려온 123년,
여러분에게 주어진 소명에 손잡고
장신공동체가 함께 달려갑니다.

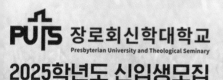

한국, 공학이 답이다
공학은 미래다 한국공학대학교

한국공학대학교
TECH UNIVERSITY OF KOREA

공 학 은
미 래 다

한림대학교 2025학년도
신입생 모집

입학상담 033-248-1302~1316
입학안내 홈페이지 https://admission.hallym.ac.kr

2023년 글로컬대학 선정

교육부, 2027년까지 연간 200억원
5년간 1,000억원 사업비 지원

한림대학교
HALLYM UNIVERSITY

서일에서 LEVEL UP

서일대학교 2025학년도
신입생모집

수시 1차	2024. 09. 09.(월)~10. 02.(수)
수시 2차	2024. 11. 08.(금)~11. 22.(금)
정 시	2024. 12. 31.(화)~2025. 01. 14.(화)